中国城市科学研究系列报告 中国工程院咨询项目
中国城市科学研究会　主编

中国建筑节能年度发展研究报告 2012

2012 Annual Report on China Building Energy Efficiency

 清华大学建筑节能研究中心　著

中国建筑工业出版社

图书在版编目（CIP）数据

中国建筑节能年度发展研究报告 2012/清华大学建筑节能研究中心著. —北京：中国建筑工业出版社，2012.2
（中国城市科学研究系列报告）
ISBN 978-7-112-14063-3

Ⅰ.①中… Ⅱ.①清… Ⅲ.①建筑-节能-研究报告-中国-2012 Ⅳ.①TU111.4

中国版本图书馆CIP数据核字（2012）第 026789 号

责任编辑：齐庆梅
责任设计：赵明霞
责任校对：党 蕾 刘 钰

中国城市科学研究系列报告
中国城市科学研究会 主编
中国建筑节能年度发展研究报告 2012
2012 Annual Report on China Building Energy Efficiency
清华大学建筑节能研究中心 著

*

中国建筑工业出版社出版、发行（北京西郊百万庄）
各地新华书店、建筑书店经销
北京红光制版公司制版
北京富生印刷厂印刷

*

开本：787×1092毫米 1/16 印张：17¼ 字数：295千字
2012年3月第一版 2012年3月第一次印刷
定价：**46.00**元
ISBN 978-7-112-14063-3
（22111）

版权所有 翻印必究
如有印装质量问题，可寄本社退换
（邮政编码 100037）

《中国建筑节能年度发展研究报告 2012》顾问委员会

主任：仇保兴

委员：（以拼音排序）

　　　陈宜明　韩爱兴　何建坤　胡静林

　　　赖　明　倪维斗　王庆一　吴德绳

　　　武　涌　徐锭明　寻寰中　赵家荣

　　　周大地

本 书 作 者

清华大学建筑节能研究中心

江　亿（第2章，第3章）

杨旭东（第2章，第3章）

杨　秀（第1章）

张声远（第1章）

魏庆芃（1.4.2）

肖　贺（1.4.2）

单　明（第2章，3.1，3.5，3.6，4.1.1，4.2.3，5.1，5.11）

杨　铭（3.3，4.1.1，4.2.2，4.3.1，4.3.2，5.9）

王鹏苏（3.2，3.3，4.3.4）

李沁笛（3.4，5.7）

续宇鹏（5.3）

杨彩青（2.3）

特邀作者

大连理工大学	陈　滨，张雪研，朱佳音，索　健（4.1.2，4.2.2，5.10）
华南理工大学	赵立华，金　玲，高云飞，贾佳一（4.1.3，5.8）
中国建筑西南设计研究院	冯　雅（4.1.3）
北京化工大学	刘广青，陈晓夫，张伟豪（4.2.1，4.3.5）
北京市可持续发展促进会	章永杰，叶建东（4.3.1，4.3.3）
清华大学	李定凯（4.3.4，4.3.5）
南京林业大学	张齐生，周建斌（4.3.6）
农业部沼气科学研究所	马诗淳，李　强（4.3.7）
中国农业大学	李里特，肖若福（4.3.8）
哈尔滨工业大学	金　虹（5.2）
西安建筑科技大学	刘加平，杨　柳，刘艳峰，成　辉（5.4，5.5，5.6）

总　　序

建设资源节约型社会，是中央根据我国的社会、经济发展状况，在对国内外政治经济和社会发展历史进行深入研究之后做出的战略决策，是为中国今后的社会发展模式提出的科学规划。节约能源是资源节约型社会的重要组成部分，建筑的运行能耗大约为全社会商品用能的三分之一，并且是节能潜力最大的用能领域，因此应将其作为节能工作的重点。

不同于"嫦娥探月"或三峡工程这样的单项重大工程，建筑节能是一项涉及全社会方方面面，与工程技术、文化理念、生活方式、社会公平等多方面问题密切相关的全社会行动。其对全社会介入的程度很类似于一场新的人民战争。而这场战争的胜利，首先要"知己知彼"，对我国和国外的建筑能源消耗状况有清晰的了解和认识；要"运筹帷幄"，对建筑节能的各个渠道、各项任务做出科学的规划。在此基础上才能得到合理的政策策略去推动各项具体任务的实现，也才能充分利用全社会当前对建筑节能事业的高度热情，使其转换成为建筑节能工作的真正成果。

从上述认识出发，我们发现目前我国建筑节能工作尚处在多少有些"情况不明，任务不清"的状态。这将影响我国建筑节能工作的顺利进行。出于这一认识，我们开展了一些相关研究，并陆续发表了一些研究成果，受到有关部门的重视。随着研究的不断深入，我们逐渐意识到这种建筑节能状况的国情研究不是一个课题通过一项研究工作就可以完成的，而应该是一项长期的不间断的工作，需要时刻研究最新的状况，不断对变化了的情况做出新的分析和判断，进而修订和确定新的战略目标。这真像一场持久的人民战争。基于这一认识，在国家能源局、住房和城乡建设部、国家发改委的有关领导和学术界许多专家的倡议和支持下，我们准备与社会各界合作，持久进行这样的国情研究。作为中国工程院"建筑节能战略研究"咨询项目的部分内容，从2007年起，把每年在建筑节能领域国情研究的最新成果编撰成书，作为《中国建筑节能年度发展研究报告》，以这种形式向社会及时汇报。

清华大学建筑节能研究中心

前　言

按照2010年确定的计划，今年的建筑节能年度发展研究报告的主题是农村住宅节能。

一个月前（2011年12月28日）中央农村工作会议在京召开，温家宝总理针对目前新农村建设工作中的问题指出：社会主义新农村建设是贯穿我国现代化建设全过程的一项重大任务。目前我国最大的发展差距仍然是城乡差距，最大的结构性问题仍然是城乡二元结构。城镇化的快速发展，为解决好"三农"问题创造了有利条件，但并不会自然带来农村面貌的较快改变。要全面推进农村各项建设，建设好农民幸福生活的美好家园。农村建设应保持农村的特点，有利于农民生产生活，保持田园风光和良好生态环境。不能把城镇的居民小区照搬到农村去，赶农民上楼。要长期坚持把国家基础设施建设的重点放到农村。建设部门要加强对村庄规划和农村建房的指导，提高农村民居设计和建设水平。

这段讲话是我们开展新农村建设的指导思想，也是农村住宅节能工作的总纲。"社会主义新农村建设是贯穿我国现代化建设全过程的一项重大任务"，这就是新农村建设的重大意义。尽管改革开放是三十年前以小岗村的土地承包制为标志而开始，但是这些年在高速城镇化进程和飞速经济发展中，我们是不是有些把农村的问题遗忘了呢？"我国最大的发展差距仍然是城乡差距，最大的结构性问题仍然是城乡二元结构"。只有全面解决农村文明建设、文化生活、经济发展问题，才能真正实现几代人向往的中华民族的现代化。然而农村各项建设和发展的基础是村落、房屋和基础设施的建设。"建设好农民幸福生活的美好家园"是实现农村现代化的基础。然而，按照什么样的蓝图建设新农村呢？近年来，随着新农村建设的兴起，也随着城镇房地产业发展对土地的渴求，不少地方开始"农村城镇化"，农民住进住宅小区，坐公交车去农田干活；家庭养殖、手工业加工等依赖于农副产品的生产活动也都"集中化"、"公司化"。随之而来的就是生活用能的大幅度增长和传统的生物质能源迅速被燃煤、燃气等商品能源所替代。居住方式的改变将带来生产、生活和文化活动的全面改变。而这应该是我们所期待的未来中国农村的景色吗？"农村建设应保持农村的特点,有利于农民生产生活,保持田园风光和良好生态环境。不能把城镇的居民小区照搬到农村去,赶农民上楼"。温总理作了清晰的表态。我国的人口、土地、资源和地理条件的特点决定了我国农村未来的发展模式。我们决不能套用城镇建设的发展模式来建设新农村,同样,也不能套用城市建筑节能的方法来解决农村住宅节能问题,必须根据农村的土地、资源、环境特点和由农民生产与生活方式决定的居住模式之特点,来规划、发展相适应的农村生活用能系统,来实现农村的建筑节能。我们在近三十年的城市发展建设过程中走过了太多的弯路,得到了太多的经验与教训,现在来谈城市的"低碳、生态、绿色"改造都有数不清的困难、障碍。相比之下农村还几乎是一张白纸,一片待开发的处女地。农村的生产、生活模式和由此决定的居住模式,农村的各类资源状况,可能更适合于实现"低碳、生态、绿色"。我们为何不能利用这难得的时机,从一开始建设起就将其作为主要目标,"保持田园风光和良好生态环境",而避免先"城镇化"进楼,然后面对诸多的困难再去改造、去"低碳"?

但就能源问题而言,我们发现目前农村住宅用商品能源(主要是燃煤、电力、燃气)总量已达到城镇建筑用商品能源的三分之一,而且正在以每年超过10%的速度增长,同时,农村过去长期广泛使用的生物质能正在逐年减少。如果农宅的室内环境和用能模式都达到城市住宅标准,则农村住宅用能甚至有可能超过目前的城市建筑用能总量。这将使我国出现严重的能源紧缺问题。反之,目前倡导的各种解决能源问题的途径:发展太阳能等可再生能源,深度开发和利用生物质能源,强化建筑的节能改造等,在城市建筑中实施都有各种各样的困难,而在农村却往往有着得天独厚的条件!从单位资金投入可以期待获得的节能减排量来看,目前农村住宅和能源系统的改造可以获得2~3倍于城市的节能减排收益。那么我们为什么不能加强对农村住宅节能的关注,把建筑节能的战场拓展到农村,至少把农村的建筑节能看成与城市的建筑节能工作同样重要呢?这是我们通过近年来研究所得到的新认识。

深入认识一个事物是对其开展深入研究并得到有益成果的基础。农村住宅节能的研究也只能建立在全面深入调查的基础上。为此,近年来清华大学在农业部和其他有关部门的支持下,组织了几百名学生利用假期对全国各地农村开展了全面的调查,同时也组织队伍对一些典型案例进行测试和专题研究。本书的第2章就是这些调查研究的汇总。本书的所有研究和结论也都是建立在这些调查数据基础之上的。

本书的第3章是我们对中国农村的能源系统和农村居住建筑节能的认识及未来

发展模式的思辨。从农村资源、环境特点、生产与生活方式特点的分析出发，我们提出在北方农村应发展"无煤村"、在南方农村应发展"生态村"，并具体给出实施这一目标的技术、政策及机制。这应该是完全可行的方案。相比目前在城市建设开发和能源领域的开发中动辄几千亿的资金投入，实现"无煤村"、"生态村"不仅在投入/节能减排中占有很大优势，而且还可以显著改善农村的生态环境，大幅度提高农民的实际生活水平，大幅度缩小目前的城乡差别。这不正是我们这一代人现在的追求和梦想所在吗？

按照已经确定的架构，本书第4章介绍建立农村的新能源系统和实现农村的建筑节能相关的关键技术，第5章介绍一些成功的和有特色的工程案例。我们发现这是一件很困难的工作。与城市建筑节能的技术成果和实施案例相比，适合农村的技术，在农村得到成功示范的工程项目都要少得多，信息收集起来也困难得多。这也从一个侧面反映出我国目前在城乡建筑节能方面研究、推进和发展中的不平衡。需要更多的人关注农村建筑节能问题，需要更多的社会资源投入到农村建筑节能中，需要听到更多的关于农村建筑节能的声音。这两章的内容中很多是由长年坚持在农村建筑节能工作第一线的研究者所提供和编写。对他们为了中国新农村建设长期艰苦卓绝和富有创新的工作深表钦佩，也感谢他们对本书热情和无私的支持。尽管如此，由于我们的研究工作和资料搜集工作有限，这里所给出的节能技术和工程案例只能说是有代表性的和有典型意义的，但不能说是最好的。一定还有许多非常好的技术没有被编入第4章中，也一定有很多出色的成功工程案例没有写入第5章。然而，从编入本书的技术和工程案例也已经能够说明，北方农村"无煤村"、南方农村"生态村"的目标在技术、经济上都是可行的，是可操作、可实现的，让我们一起努力吧。

本书是由清华大学建筑节能研究中心的杨旭东教授主持完成。他设计了全书的框架，撰写了第3章的主要内容，并对全书做了多次全面修订，倾注了大量心血。杨旭东教授1999年在美国MIT获得博士学位，并作为终身副教授应邀在美国迈阿密大学开创建筑环境与建筑技术课程与研究方向。2005年作为清华大学百人计划的学者和教育部"长江学者"特聘教授应邀回国工作。面对众多经费充裕、前景诱人的科研项目，他毅然选择了农村建筑节能。从那时候起，他搭起研究队伍，投入了自己一半以上的时间，跑遍北京郊区、东北农村、四川抗震前线、闽西山区、云贵高原，开展了全面普查，建立了农村建筑节能实验基地，在深入的科学研究和工程实践的基础上，对我国农村建筑节能和新能源系统的建设开始产生新的认识和构想。真希望有更多的研究志愿者能投入到这一可以大有作为的广阔天地中。

杨秀博士仍然继续她对中国建筑能耗模型的研究，并如同往年一样完成了本书第1章的撰写。对她的高质量工作特别表示感谢。全书的总体编辑和整理是由胡姗同学完成。这是她第一次参加这项工作，半年来投入巨大的精力，终于圆满地完成了任务，为此也向她表示祝贺和感谢。

最后，感谢美国能源基金会对本书最佳实践案例研究与调查测试工作的大力支持。当然，还要感谢中国建筑工业出版社齐庆梅编辑对本书一如既往的支持。她在很短的时间内高质量地完成了本书的编辑出版工作，保证了本书如期与读者见面。

江亿

2012年1月31日于清华大学节能楼

目　录

第 1 篇　中国建筑能耗现状分析

第 1 章　中国建筑节能现状 ………………………………………………… 2
1.1　能耗现状分析 ………………………………………………………… 2
1.2　建筑能耗的特点与节能途径 ………………………………………… 11
1.3　"十一五"建筑节能工作进展 ……………………………………… 19
1.4　建筑用能出现的新变化 ……………………………………………… 35

第 2 篇　农村住宅节能专题

第 2 章　农村住宅用能状况分析 …………………………………………… 50
2.1　农村相关概念界定 …………………………………………………… 50
2.2　农村住宅能源消费总量及结构 ……………………………………… 52
2.3　农村住宅室内环境状况 ……………………………………………… 59
2.4　北方采暖用能 ………………………………………………………… 67
2.5　南方采暖用能 ………………………………………………………… 77
2.6　炊事用能 ……………………………………………………………… 81
2.7　照明用能 ……………………………………………………………… 84
2.8　其他家电用能 ………………………………………………………… 86
2.9　小结 …………………………………………………………………… 87

第3章 农村住宅用能可持续理念及发展模式探究 …… 89

- 3.1 我国农村的特点 …… 89
- 3.2 农宅建筑形式的传承发展和可再生能源利用原则 …… 93
- 3.3 发展目标和对策 …… 110
- 3.4 农村住宅对国家建筑节能及低碳发展的影响 …… 119
- 3.5 财政支持与政策保障 …… 125
- 3.6 总结和展望 …… 131

第4章 农村住宅节能技术讨论 …… 136

- 4.1 建筑本体节能技术 …… 136
- 4.2 典型农村采暖用能设备 …… 147
- 4.3 新能源利用技术 …… 161

第5章 农村住宅节能最佳实践案例 …… 192

- 5.1 北京市农宅节能改造示范 …… 192
- 5.2 黑龙江省生态草板房 …… 199
- 5.3 秦皇岛市低能耗村落示范 …… 205
- 5.4 西部新型窑居示范项目 …… 210
- 5.5 青海省太阳能采暖示范工程 …… 218
- 5.6 四川地震灾后重建生态民居示范项目 …… 226
- 5.7 福建土楼建筑群 …… 232
- 5.8 潮汕爬狮农村住宅演变 …… 239
- 5.9 太阳能空气采暖系统在北方农宅中的应用 …… 247
- 5.10 辽宁省"四位一体"生态模式实践案例简介 …… 253
- 5.11 四川省低碳生态示范村项目 …… 257

第1篇　中国建筑能耗现状分析

第1章 中国建筑节能现状

1.1 能耗现状分析

1.1.1 建筑能耗的总体情况

本书讨论的建筑能耗,指的是民用建筑的运行能耗,即在住宅、办公建筑、学校、商场、宾馆、交通枢纽、文体娱乐设施等非工业建筑内,为居住者或使用者提供采暖、通风、空调、照明、炊事、生活热水,以及其他为了实现建筑的各项服务功能所使用的能源。

考虑到我国南北地区冬季采暖方式的差别、城乡建筑形式和生活方式的差别,以及居住建筑和公共建筑人员活动及用能设备的差别,将我国的建筑用能分为北方城镇采暖用能、城镇住宅用能(不包括北方地区的采暖)、公共建筑用能(不包括北方地区的采暖),以及农村住宅用能四类。

(1)北方城镇采暖用能

指的是采取集中供热方式的省、自治区和直辖市的冬季采暖能耗,包括各种形式的集中采暖和分散采暖。地域涵盖北京、天津、河北、山西、内蒙古、辽宁、吉林、黑龙江、山东、河南、陕西、甘肃、青海、宁夏、新疆和西藏的全部城镇地区,以及四川的一部分。

将该部分用能单独考虑的原因是,北方城镇地区的采暖多为集中采暖,包括大量的城市级别热网与小区级别热网。与其他建筑用能以楼栋或者以户为单位不同,这部分采暖用能以住宅小区、城市区域等多楼栋多户集体为主,不适宜和其他建筑用能一样,以楼栋或者以户为单位来进行计算与研究。

按热源系统形式的不同、规模大小和能源种类分类,包括大中规模的热电联产、小规模热电联产、区域燃煤锅炉、区域燃气锅炉、小区燃煤锅炉、小区燃气锅炉、热泵集中供热等集中采暖方式,以及户式燃气炉、户式燃煤炉、空调分散采暖和直接电加热等分散采暖方式。使用的能源种类主要包括燃煤、燃气和电力。本章研究集中采暖系统的热电联产系统或锅炉与供热相关的一次煤耗,即包括了热源和热力站损失、管网损失和建筑得热量。

(2) 城镇住宅用能（不包括北方地区的采暖）

指的是除了北方地区的采暖能耗外,城镇住宅所消耗的能源。从终端用能途径上,包括家用电器、空调、照明、炊事、生活热水,以及夏热冬冷地区[1]的省、自治区和直辖市的冬季采暖能耗。城镇住宅使用的主要商品能源种类是电力、燃煤、天然气、液化石油气和城市煤气等。

夏热冬冷地区的冬季采暖绝大部分为分散形式,热源方式包括空气源热泵、直接电加热等针对建筑空间的采暖方式,以及炭火盆[2]、电热毯、电手炉等各种形式的局部加热方式。

(3) 公共建筑用能（不包括北方地区的采暖）

指除了北方地区的采暖能耗外,公共建筑内由于各种活动而产生的能耗,包括空调、照明、插座、电梯、炊事、各种服务设施,以及夏热冬冷地区的省、自治区和直辖市公共建筑的冬季采暖能耗。公共建筑使用的商品能源种类是电力、燃气、燃油和燃煤等。

(4) 农村住宅用能

指农村家庭生活所消耗的能源。从终端用能途径上,包括炊事、采暖、降温、照明、热水、家电。农村住宅使用的主要能源种类是电力、燃煤和生物质能（秸秆、薪柴）。其中的生物质能耗不纳入国家能源宏观统计,本书中将其单独列出。

本章的建筑能耗数据来源于清华大学建筑节能研究中心建立的中国建筑能耗模型（China Building Energy Model,简称 CBEM）的研究结果[3],分析我国建筑能

---

[1] 在本书的计算过程中,夏热冬冷地区包括上海、安徽、江苏、浙江、江西、湖南、湖北、四川、重庆,以及福建等省市。

[2] 炭火盆能耗为非商品能耗,不纳入国家能源宏观统计,本书中提到的建筑能耗不包括这一部分。

[3] 模型构架基于清华大学博士学位论文《基于能耗数据的中国建筑节能问题研究》,杨秀,2009 年 12 月;基础数据基于统计数据进行了更新。其中 2008~2010 年的建筑面积为估算数据。

耗现状和1996~2010年的逐年变化。

如表1-1所示，2010年建筑总能耗（不含生物质能）为6.77亿tce❶，占全国总能耗的20.9%❷；建筑商品能耗和生物质能共计8.16亿tce。建筑总面积为453亿m²，单位面积的建筑能耗为14.5kgce/m²。从建筑能耗的变化来看，1996~2010年间，建筑面积迅速增长，建筑能耗强度缓中有升，两方面因素造成建筑能耗总量持续增加，如图1-1、图1-2所示。

中国2010年建筑能耗　　　　　　　　　　　表1-1

用能分类	建筑面积	商品能耗				生物质能	总能耗（含生物质能）
		电	非电商品能	总商品能耗（不含生物质能）	单位面积商品能耗		
单位	亿m²	亿kWh	万tce	万tce	kgce/m²	万tce	万tce
北方城镇采暖	98	74	16090	16330	16.6	—	16330
城镇住宅（除北方采暖）	144	3820	4230	16360	11.4	—	16360
公共建筑（除北方采暖）	79	4200	4020	17370	22.1	—	17370
农村住宅	230❸	1360	13570	17690	7.7	13860	31550
合　计	453	9450	37700	67750	14.5	13860	81610

1.1.2　四个用能分类的能耗情况

图1-3给出2010年四个建筑用能分类的能耗总量、建筑面积和能耗强度。

---

❶ 本篇采用发电煤耗法对终端电耗进行换算，即按照每年的全国平均火力发电煤耗把电力换算为标煤。其中，2010年的系数为1kWh=0.318kgce。

❷ 2010年的中国能耗总量为32.49亿tce，数据来源于中国统计年鉴2011表7-2。

❸ 中国统计年鉴中缺乏农村住宅面积数据，CBEM中的农村住宅面积由乡村人口数（中国统计年鉴2011，表3-1）与农村人均住房面积（中国统计年鉴2011，表10-36）相乘获得。该方法算得2010年农村住宅面积为230亿m²，与《中国城乡建设统计年鉴2011》中的2010年农村住宅面积（242亿m²）相比，误差为5%。

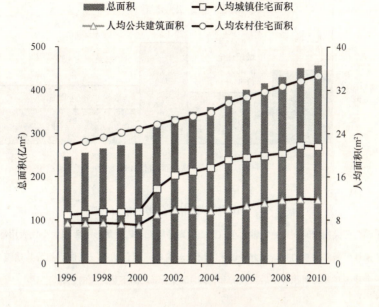

图 1-1　1996～2010 年建筑面积的逐年变化

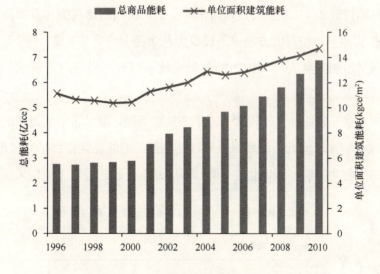

图 1-2　1996～2010 年建筑总能耗和能耗强度的逐年变化

从用能总量来看，呈四分天下的局势，四类用能各占建筑能耗的 1/4 左右。

从能耗强度来看，四类用能有显著差别，公共建筑（不含北方采暖）是最高的用能分类，达 22.1kgce/m²，接近城镇住宅（不含北方采暖）的 2 倍，而农村住宅的商品能耗强度最低，仅为 7.7kgce/m²（然而，如果将农村地区的生物质能计入的话，其能耗强度可达 13.7kgce/m²）。

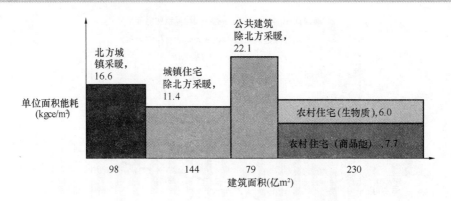

图 1-3 2010 年五个用能分类的能耗情况

注：横轴为四类用能的面积，纵轴为单位面积的商品能耗，因此矩形的面积大小代表用能分类的能耗。需要注意的是，北方城镇采暖用能对应的面积包括在城镇住宅和公共建筑之内，因此我国建筑总面积等于后三项的和，即 453 亿 m^2，而不是四项的总和。

从面积来看，农村住宅是最大的分类，占全国建筑总面积的 51%；城镇建筑中，住宅占到接近 2/3，是公共建筑面积的 2 倍；而城镇建筑中北方寒冷和严寒地区的面积占了 44%，使得北方城镇采暖成为总能耗中的重要组成。

结合四个用能分类从 2000～2010 年的变化，如图 1-4、图 1-5 所示，进一步发现以下显著特点：

①北方城镇采暖能耗强度较大，近年来持续下降，显示了节能工作的成效。

②2000 年以来，除北方城镇采暖外，其他各类的能耗强度都呈持续增长趋势，增长最快的是公共建筑（不含北方采暖），从 2005 年起超过北方城镇采暖成为能耗

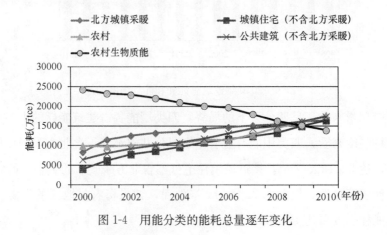

图 1-4 用能分类的能耗总量逐年变化

强度最高的分类,是最近几年节能的重点。

③农村住宅商品能耗总量增加的同时,生物质能使用量持续快速减少,如果现有的 1.4 亿 tce 生物质能耗都被商品能耗所取代,农村住宅的商品能耗将增加近一倍。

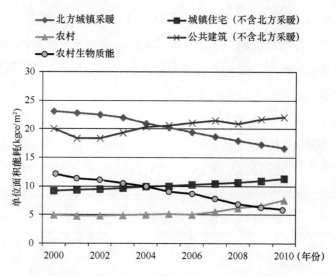

图 1-5　用能分类的商品能耗强度逐年变化

下面对每一个用能分类的变化进行详细的分析。

(1) 北方城镇采暖

2010 年北方城镇采暖能耗为 1.63 亿 tce,占建筑能耗的 24.1%。2000~2010 年,北方城镇建筑采暖面积从 33 亿 m^2 增长到 98 亿 m^2,增加了近 2 倍。从能耗总量来看,北方城镇建筑采暖能耗从 0.84 亿 tce 增长到 1.63 亿 tce,增加了不到 1 倍,明显慢于建筑面积的增长,体现了节能工作取得的显著成绩——平均的单位面积采暖能耗从 2000 年的 23.1kgce/m^2 降低到 2010 年的 16.6kgce/m^2。

具体说来,能耗强度降低的主要原因包括建筑保温水平提高、高效热源方式占比提高和供热系统效率提高。

①建筑保温水平的提高。近年来,住房城乡建设部通过多种途径提高建筑保温水平,包括:建立覆盖不同气候区、不同建筑类型的建筑节能设计标准体系,从 2004 年底开始的节能专项审查工作,以及"十一五"期间开展的既有居住建筑改造。这三方面工作使得我国建筑的保温水平整体大大提高,起到了降低建筑实际需

热量的作用。

②高效热源方式占比迅速提高。各种采暖方式的效率不同❶，目前缺乏对各种热源方式对应面积的确切统计数据，但总体看来，高效的热电联产集中供热、区域锅炉方式取代小型燃煤锅炉和户式分散小煤炉，使后者的比例迅速减少，从接近50%降低到不足10%；以燃气为能源的采暖方式比例增加，到2010年，包括燃气热电联产、各种规模的燃气锅炉和壁挂炉采暖占北方城镇采暖总面积的4.5%。

③供热系统效率提高。近年来，特别是"十一五"期间开展的既有建筑改造工作，使得各种形式的集中供热系统效率得以整体提高。

（2）城镇住宅（不含北方采暖）

2010年城镇住宅能耗（不含北方采暖）为1.64亿tce，占建筑总能耗的24.1%，其中电力消耗3820亿kWh，非电商品能消耗（燃气、煤炭）0.42亿tce。由CBEM模型，2010年我国城镇住宅各终端用能途径的能耗如表1-2所示❷。

2010年城镇住宅各终端用能途径的能耗　　　　　　　　　表1-2

	实际能耗	折合为标准煤（万tce）	单位面积能耗	占住宅总能耗的比例
空调	460亿kWh电	1460	3.2kWh/m²	8%
照明	920亿kWh电	2930	6.4kWh/m²	17%
家电	1080亿kWh电	3430	7.5kWh/m²	20%
炊事	燃气、燃煤和电力共计4610万tce	4610	3.2kgce/m²	26%
生活热水	燃气和电力共计3920万tce	3920	2.7kgce/m²	22%
夏热冬冷地区冬季采暖❸	390亿kWh电	1240	7.5kWh/m²	7%

---

❶ 关于各种采暖方式热源效率的详细分析见《中国建筑节能发展年度研究报告2011》的2.3节。简单说来，各种主要的采暖方式中，燃气采暖方式的热源效率与锅炉大小没有直接关系，实际使用的效率为85%~90%之间。燃煤采暖方式中，热源效率最高的是热电联产集中供热，其次是各种形式的区域燃煤锅炉，效率在35%~85%之间，一般说来，大锅炉采暖效率高于中小型锅炉，而分户燃煤炉采暖效率最低，根据炉具和采暖器具的不同，效率可低至15%。

❷ 电力按2010年全国平均火力发电水平换算为标准煤，换算系数为1kWh=0.318kgce。

❸ 仅指夏热冬冷地区的省、自治区和直辖市的城镇住宅，2010年该地区的城镇住宅面积为58亿m²。

2000~2010年城镇住宅面积迅速增长,增加了2.3倍,是驱动该类能耗总量出现3倍增长的最直接原因。城镇住宅单位面积能耗缓慢持续增加,一方面是家庭用能设备种类和数量明显增加,造成能耗需求提高;另一方面,炊具、家电、照明等设备效率提高,减缓了能耗的增长速度。比如,由于城镇燃气普及率的提高,从2000年的45.4%提高到2010年的92.0%❶,城市燃煤炊事灶大量减少,同时家庭平均建筑面积大幅度增加,造成炊事单位面积能耗的降低。再如,节能灯大量取代白炽灯,将照明光效提高了4~5倍。

(3) 公共建筑(不含北方采暖)

2010年公共建筑面积约为79亿 m^2,占建筑总面积的17%,能耗(不含北方采暖)为1.74亿tce,占建筑总能耗的25.6%,其中电力消耗为4200亿kWh,非电商品能耗(煤炭、燃气)为4020万tce。

我国的公共建筑用能存在明显的二元分布特征❷,即大量普通公共建筑集中分布于电耗强度在50~70kWh/m^2 这个较低的能耗水平,少部分大型公共建筑则集中分布在120~180kWh/m^2 的较高能耗水平,后者的能耗强度是前者的2~4倍,如图1-6所示。目前缺乏大型公共建筑面积的统计数据,据估算,2010年大型公共建筑面积约为6亿 m^2,占公共建筑总量的比例约为8%。

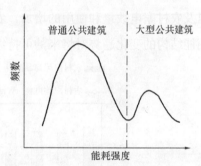

图1-6 我国公共建筑能耗呈现明显的二元结构分布特征

2000~2010年公共建筑面积增加了1.4倍,平均的单位面积能耗从2001年的18.3kgce/m^2 增加到2010年的22.1kgce/m^2,增加了1.2倍,是增长最快的建筑用能分类。最近十几年间,新建公共建筑中大型公共建筑的比例不断提高,档次越来越高(如各地政府大楼,高档文化设施,高档交通设施和高档写字楼等),兴建造型千奇百怪、能耗巨大的大型公共建筑成为某种体现经济发展水平的"标签"。另一方面,既有公共建筑相继大修改造,由普通公共建筑升级为大型公共建筑。这

---

❶ 引自中国统计年鉴2011。
❷ 关于公共建筑二元分布特征的详细叙述见《中国建筑节能年度发展研究报告2010》第2.3节。

些变化导致大型公共建筑比例逐年增加，出现图 1-6 所示的公共建筑分布向高能耗的"大型公共建筑"尖峰转移，是公共建筑单位面积能耗增长的最主要驱动因素。

（4）农村住宅

2010 年农村住宅的商品能耗为 1.77 亿 tce，占建筑总能耗的 26.1%，其中电力消耗为 1360 亿 kWh，非电商品能（燃煤、燃气、液化石油气）为 1.34 亿 tce。此外，2010 年农村生物质能（秸秆、薪柴）的消耗约折合为 1.39 亿 tce❶。

2000～2010 年农村人口从 8.1 亿减少到 6.7 亿人，而人均住房面积从 24.8m^2/人增加到 34.1m^2/人❷，带来总住房面积的增长。

以家庭户为单位来看农村住宅能耗的变化，如图 1-7 所示，户均总能耗没有明显的变化，而生物质能有被商品能耗取代的趋势，占总能耗的比例从 2000 年的 71% 下降到 2010 年的 44%。随着农村电力普及率的提高、农村收入水平的提高，以及农村家电数量和使用的增加，农村户均电耗呈快速增长趋势。但总体看，农村用能结构的变化趋势对将来的可持续发展非常不利。主要是越来越多的生物质能被

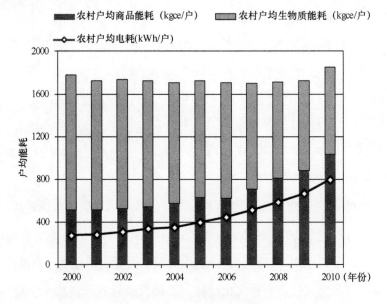

图 1-7 农村户均能耗的变化

---

❶ 2010 年的农村能耗数据，根据第 2 章给出的 2007 年农村商品能耗和生物质能耗数据，以及 2006～2008 年的变化趋势外推估算。

❷ 引自中国统计年鉴 2011，表 3-1。

煤炭所取代，随之带来了一系列问题。因此，如何充分利用农村地区可再生资源丰富的优势，通过整体的能源解决方案，实现农村生活水平的提高和控制能源消耗的均衡发展，尤其是维持农村非商品能为主的特征，是农村住宅节能的关键。关于此问题的讨论详见本书第 3 章。

1.2 建筑能耗的特点与节能途径

图 1-8 是世界几个主要国家目前的建筑能耗状况。其中横坐标为人均建筑运行能耗，纵坐标为单位建筑面积的运行能耗。从图中可以看出，即使按照我国的城镇建筑作比较，无论是人均还是单位建筑面积的运行能耗，都远低于目前的发达国家。此外，美国总能耗目前占全球总能耗的 22%，其建筑运行能耗约占其总能耗的 40%，换言之美国建筑运行消耗了全球 8.8% 的能源，为其约 3 亿人口提供建筑中的服务。而我国总商品能源消耗约占全球总量的 18%，城市建筑用能约占总能耗的 20%，即全球总能耗的 3.6%，而这是为我国近 6 亿城镇人口提供服务的总建筑能耗。由此可知，我国城镇人口人均建筑运行能耗仅为美国全国人均建筑运行能耗的 1/5。

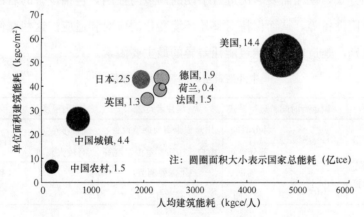

图 1-8 世界上几个主要国家的建筑运行能耗状况（2008 年）

注：各国的电力消耗按中国 2008 年全国平均火力发电煤耗换算，1kWh=0.326kgce。数据来源：中国：CBEM 模型结果；日本：Handbook of Energy & Economic Statistics in Japan，2011；美国：EIA, Building Energy Databook 2010；欧洲：http://epp.eurostat.ec.europa.eu.

分析具体的能耗数据可看出，中外的建筑能耗差别主要源于用能设备的运行模式、建筑内居住者或使用者的行为，以及室内环境的设定参数。以空调能耗为例，如表 1-3 所示，居民控制的室内参数不同是最根本的原因。从通风量来看，发达国家大多严格规定满足用户需求的新风量，为了保证送风量的稳定，一方面增加建筑物的气密性，同时使用机械通风系统来控制送风量；而在中国，通过开窗通风来获得新风十分常见，并不对新风量有严格的定量控制。从室内温度要求来看更是如此，如图 1-9 所示，中美两国居民的室内设定温度有显著的差别：中国居民的夏季室内设定温度显著高于美国，冬季室内设定温度显著低于美国。此外，中国居民更容易接受与室外温度一起波动的室内温度，而不像发达国家那样追求恒温恒湿的室内环境。由于这些不同的要求，国内外对建筑内的系统设备技术的选择与操作也产生了明显的不同。在发达国家的居住建筑中，全时间全空间的空调方式十分常见；而在中国，仅在个别高级社区楼盘中才能找到全时间全空间的集中空调的案例，并且由于能源费用高昂，往往用户并不太接受这种方式。不同的技术条件下，也会对居民的行为产生不同的影响，例如全时间全空间的空调方式，逐渐带来的是全自动化方式，居民开始适应无需手动调节的、全自动控制的室内环境营造方式，从而就越来越依赖于机械手段带来的自动化以及对室内环境的全面控制。而部分时间部分空间的空调方式，往往需要居民进行手动的调节与控制，包括设备的启停、开闭外窗、调整遮阳设备等，从而保持对室外环境变化的应对和适应。这些在使用方式与需求上的区别，是造成中外建筑能耗差异的最主要因素。

中外建筑空调能耗差别的原因　　　　　　　表 1-3

	特征	空调运行时间	运行模式	居住者行为	室内温度	新风量
中国	自然和谐	短	部分时间、部分空间	用户根据需要调节设备、窗户、窗帘、室内温度等	根据外界气候有较大波动	自行开窗解决
美国	全面掌控	长	全时间、全空间	不需要调节，实现自动化	恒温	机械送风，有固定的新风量

由以上分析看出，建筑能耗与农业、工业的能耗有不同的特点。农业、工业的能耗伴随着生产过程产生，如钢铁生产、农业机具使用等，其能耗量与其创造出的产品产量、质量，以及相关环节创造的 GDP 直接相关。提高生产效率和能源系统效率，能够直接带来能耗强度的降低。而建筑能耗为建筑使用者或居住者提供服务，很多情况下能源使用并不直接产生 GDP，而能耗大小多源于不同的选择或行为，与使用者或居住者的幸福感并非直接相关。

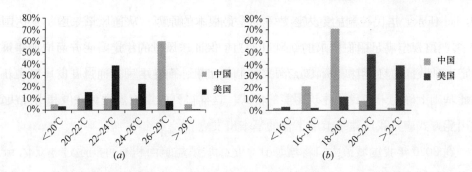

图 1-9 中美两国室内空调设定温度比较
(a) 夏季；(b) 冬季

建筑领域的节能，不仅与提高能源使用系统的效率有关，更与能源消费模式、提供的服务和服务方式有关。

一方面，在满足某种服务需求时，生活习惯的不同造成巨大的能耗差异。例如，利用阳光晾晒衣物和使用烘干机，夏季在室外温度合适时开窗通风降温与长时间使用空调降温，这些不同的生活习惯虽然达到了同样的干衣、降温的目的，所对应的能耗却是天壤之别。

另一方面，不同生活方式下需要的节能技术不同。例如，在广州地区，当生活方式是夏季空调满足"全时间全空间恒温恒湿"时，则增加围护结构外保温、提高建筑气密性是十分必要的节能措施，同时使用中央空调系统统一处理负荷，便于冷机高效运行以及节能管理。而当居民的生活习惯是通风开窗，并且允许室温在18~28℃间波动时，保温过度反而会使得过渡季与冬季室内温度过高、延长了空调使用时间、增加能耗；同时气密性也只需保持在正常水平即可，过度气密性反而不利于充分利用室外自然冷热源；并且，在这种生活方式下，采用分体式空调机更能适应和更高效地处理不同终端用户的个性需求。

因此，建筑节能绝非单纯指系统能源效率提高，更应该关注能源消费模式和生活方式。在制定中国建筑节能战略的过程中，需要清醒地认识中外建筑能耗之间的差距。与工业部门不同，这种差距并不简单说明中国在建筑及室内环境营造方面的落后，更不能认为中国在今后的发展过程中在建筑能耗量上一定会追上发达国家的水平。如果说在系统设备与能效水平方面，中国离发达国家还有一定的距离，从而需要追赶；在生活方式方面，孰优孰劣，更主要的是一个社会变迁与文化发展问题,而不是通过"冬季温度设定变高、环境控制更精确"等指标来决定的社会发展水平。相应地,要明确我国建筑节能的总体目标,需要结合我国能源与资源禀赋、确定未来我国社会能源、资源分布形态,从而得到各类建筑能耗强度的可能范围,在此基础上确定未来我国建筑用能的方式。这样得到的用能强度允许值和由此决定的用能方式应是我国建筑节能工作的基本出发点。

到 2020 年我国城镇人口将增加到 9 亿,城镇建筑面积有可能超过 300 亿 m^2,这时,即使维持 2010 年城镇建筑单位面积的能耗水平,全国城镇建筑能耗也将达到近 7 亿 tce,再加上农村建筑能耗,就会使我国城乡建筑总的运行能耗超过 9 亿 tce。而按照我国能源的中长期规划,2020 年全国总的能源消耗量应控制在 42 亿 tce 以内,这是从国内的各个可以开发的能源资源和可能的各个进口渠道综合分析所得到的结果。这样建筑能耗大约可维持在全国总能耗的 20%~25%,也就是 8~10 亿 tce。对于一个以制造业为主和出口产品占很大比例的国家来说,这是合理的份额。而如果城镇单位面积能耗达到美国目前水平的 80%,2020 年我国城镇建筑能耗就将达到 16.5 亿 tce,城乡建筑总能耗则可能突破 19 亿 tce,我国建筑能耗将占到每年可以获得的总能源的 45%,这将严重阻碍我国社会、经济和城市的发展。因此从我国今后城市化发展速度和能源供求状况看,未来的单位建筑能耗强度必须维持在目前的水平,这应该作为建筑节能工作的长远目标。

从全球能源状况来看,可以得到同样的结果。如果全球人均建筑能耗都达到目前的美国水平,则全球建筑能耗就会达到目前的全球全部能耗(包括建筑、交通、工业能耗)的 180%,这显然不可能实现;如果人均能耗达到目前的欧洲水平,则大约需要 120% 的全球总能耗,这也属于不可实现的范围。如果认为今后全球总的能源消耗量不能再增加,而建筑运行能耗应维持在总能耗的 35% 以下,则目前中国城镇人均建筑能耗正好接近于按照这个数字得到的全球人均量。这样的估算也表明,中国以及其他发展中国家,都不可能按照目前发达国家的建筑能耗强度来发展,必须将建筑能耗维持在远比目前发达国家低得多的水平。

因此,中国只能在保持人均建筑用能强度基本不增长的前提下,通过技术创新来改善室内环境,进一步满足居住者的需要;不能借"提高居民生活水平"(事实上只是在生活方式上全部效仿发达国家,这种效仿能否定义为"提高"还有待商榷)之名而放任人均建筑能耗大幅度上涨,这是中国建筑节能工作必须面对的问题。

在这样的能源限制下，中国的建筑节能工作不能盲目地以发达国家既定的建筑舒适性和服务质量标准为目标，然后通过最好的技术条件去实现这样的需求；而应该先明确建筑能耗上限，然后量入为出，通过创新的技术力争在这样的能耗上限之内营造最好的室内环境和提供最好的服务。

图 1-10 给出我国和发达国家实现建筑节能的不同路线。不同的路线图也就表明我国和发达国家建筑节能工作的不同的侧重点。发达国家建筑节能工作的中心是如何提高设备系统和建筑本体的能效水平，从而实现在维持其目前的生活方式下的逐步节能降耗；而我国目前建筑节能的关键则是确定建筑用能上限，在这个上限下，通过研究创新的技术来提高建筑物的服务水平，而不是在追求最好的建筑服务质量的前提下再谈建筑节能。

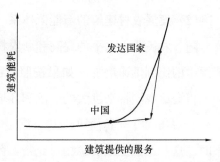

图 1-10　中国和发达国家不同的建筑节能路线图

这是我国建筑节能的基本战略。具体说来，针对各类建筑用能，可能的途径和对策为：

（1）降低北方城镇建筑采暖能耗

单位建筑面积采暖能耗平均降至目前的 60%，即 10kgce/m^2，使今后北方城镇建筑总量再增加一倍后采暖总能耗不变。

其技术关键为：

1）扩大热电联产热源的比例，使目前供热面积大于 200 万 m^2 以上的集中供热系统都采用高效的热电联产方式，同时推广基于"吸收式换热"的热电联产新流程❶，进一步提高热电联产热源能源利用效率；

2）推广以室温调节技术为核心的集中供热末端分户调节与热费分摊技术❷，彻底改变目前的过量供热现象，并通过热费改革促进使用者自觉地降低室内采暖温度并减少供暖期开窗次数；

---

❶　详见《中国建筑节能年度发展研究报告 2011》3.2 节。
❷　详见《中国建筑节能年度发展研究报告 2011》3.3 节。

3) 对部分围护结构保温严重不良的既有建筑进行围护结构节能改造,以降低采暖需热量,并提高室内舒适水平;

4) 对热电联产集中供热不能涉及的区域和建筑,推行各种清洁高效的分散采暖方式(热泵、壁挂燃气炉等)。

(2) 发展农村建筑的新能源体系

随着农民收入水平的提高和新农村建设的展开,农村商品用能消耗量和占农村能源中的比例迅速增加。如果按照目前城镇的发展模式解决农村的居住与用能问题,将会给我国带来巨大的能源和环境问题。对于农林牧业为主要收入的农牧区,秸秆、薪柴和牲畜粪便可以基本满足其建筑能源需求(炊事、采暖、生活热水)。同时,这些地区土地资源相对充裕,劳动力成本相对低廉,因此具备良好的发展可再生能源的条件。未来的农村建筑除了做好围护结构的合理设计、被动式节能,大幅度降低建筑冬季采暖和夏季降温能源需求外,在能源供应上形成以生物质能源和其他可再生能源(太阳能、小水电、风能)为主,辅之以电力和其他商品能源的新的农村建筑供能体系。在满足新农村发展建设和生活水平显著改善的条件下,燃煤消耗总量在目前的水平上显著降低,电力消耗量稍有增加,而生物质能源利用率和使用效率则在目前的基础上大幅度增加。为此需要的关键技术为:

1) 大幅度提高农村建筑热性能的技术,包括北方建筑的保温,被动式太阳能利用,以及改进北方火炕、火墙采暖的技术途径;南方被动式隔热降温技术和适宜的采暖方式来分别改善夏季和冬季农宅室内的热环境状况;

2) 发展村级生物质固体压缩成型技术,在加工规模和管理上发展以村为单位的小规模代加工模式;禽畜粪便等生物质资源利用则优先考虑使用沼气发酵技术;

3) 开发与生物质固体压缩成型燃料配套的高效清洁采暖、炊事灶,使生物质能的能源利用率从目前的不足15%提高到50%以上,并且减少生物质直接燃烧造成的室内空气污染;

4) 提高沼气系统冬季运行效率的关键技术,包括选择新的菌种,发展新的沼气池型,以及与太阳能热利用的综合解决方案;

5) 继续鼓励太阳能热水器在农村地区更大规模的推广和利用,并研发新型被动式太阳能采暖及太阳能空气集热采暖技术;

6) 在北方地区提倡"无煤村"和在南方地区提倡"生态村",摒弃煤炭在农村地区的应用，形成使用新能源的时尚文化，决不能把商品能源使用量或比例纳入衡量新农村建设的指标。

为实现上述目标，除需要组织大型科技攻关和技术推广外，还必须有相应的政策支持：

1) 国家把发展可再生能源的财政补贴措施支持方向重点放在农村，吸引各界资金扶持，推进农村能源的产业化发展；

2) 加大技术研发支持力度，将农村能源技术研究基地放在农村，培养大批农村建筑节能技术人员。

(3) 严格控制公共建筑能耗的增长

近年来，高能耗的大型公共建筑正在成为新建公共建筑的主流，而既有的一般公共建筑也在陆续升级改建而成为高能耗大型公共建筑，这就使高能耗大型公共建筑在公共建筑总量中的比例持续增加，从而使公共建筑能耗总量大幅度增加。为此应把我国的公共建筑总量控制在 120 亿 m^2 以内，高能耗大型公共建筑总量控制在 20 亿 m^2 以内，公共建筑除采暖外的用能总量控制在每年 7200 亿 kWh 以内。为此需要：

1) 严格控制公共建筑总体规模，要充分考虑公共建筑规模增大后带来的对能源、交通和环境的不利影响，不能把它简单地作为拉动投资、增加 GDP 的手段。应采用以 120 亿 m^2 封顶的"天花板"政策，将指标分配到省市各级，层层严格控制。更要严格控制新建的高能耗大型公共建筑项目。

2) 对各类公共建筑实行全过程的用能定额管理制。对于新建建筑，在规划审批时就根据建筑功能确定全年总用能指标，并以此作为设计招标、方案审查、施工图审查、设备招标、施工验收等建设过程各阶段的节能审查依据，并作为正式运行后的实际用能定额，实施根据定额的分级电价。对既有建筑也需要根据建筑实际状况确定用能定额，并逐渐实现用能定额管理。

3) 发展具有我国特色的、从与自然和谐的理念出发的公共建筑设计与环境控制系统。发展相适宜的创新系统、技术与装置。使办公建筑空调通风和照明能耗全年在 35kWh/m^2 以内，大型公共设施（大型商场、交通枢纽、文化体育设施）空调通风和照明能耗全年在 45kWh/m^2 以内。

4) 通过技术创新解决各类高发热量的数据中心设备排热和室内环境控制问题，

使这类机房空调通风耗电量不超过机房设备耗电量的35%。通过新的系统形式和控制方式降低图书档案室类型的室内环境控制系统运行能耗，使得单位建筑面积空调通风能耗不超过 $25kWh/m^2$。

5）健全公共建筑运行能耗监测管理系统和相应的监管机制，并使其成为支持节能服务公司模式的服务平台，使合同能源管理（EMC）这一节能改造服务模式有效地服务于既有公共建筑的节能改造。

(4) 城镇住宅除采暖外能耗

城镇住宅除采暖外能耗目前远低于发达国家水平，不同的生活方式是最重要的影响因素。因此提倡节能型生活方式，避免能耗在未来因生活方式变化而产生大幅度攀升，是住宅节能最重要的措施。此外，在住宅推广鼓励高效用能产品，可使得未来城镇住宅生活水平进一步提高，而用电量没有明显增长，使住宅用电量平均在每户每年2000kWh以下。这包括：

1）提倡和维持节能型生活方式。反对"全时间、全空间"、"恒温恒湿"，提倡"部分时间、部分空间"、"随外界气候适当波动"，营造室内环境。

2）发展与生活方式相适应的建筑形式。反对那些标榜为"先进"、"节能"、"高技术"，而全密闭、不可开窗、采用中央空调的住宅建筑形式；大力发展可以开窗，可以有效自然通风的住宅建筑形式，尽可能发展各类被动式调节室内环境的技术手段。

3）鼓励推广节能家电器具，并通过市场准入制度，限制低能效家电产品进入市场。

4）大力推广节能灯，对白炽灯实行市场禁售。

5）限制电热洗衣烘干机、电热洗碗烘干机等高能耗家电产品。

(5) 研究开发夏热冬冷地区的住宅室内环境调控方式

夏热冬冷地区的住宅采暖能耗将成为未来我国建筑能耗的可能增长点。目前还缺少有效的技术解决方案能够在目前的能耗水平下大幅度改善这一地区冬季室内环境，提高居民生活质量。应该开发依靠电动热泵技术、分户或分室的、能够实现"部分时间、部分空间"室内环境控制，并兼顾温度控制和湿度控制、兼顾冬夏供冷供热需求的室内环境控制系统和相应装置。环境控制系统耗电量应控制在全年不超过 $25kWh/m^2$。

严格禁止建设不符合节能型生活方式的建筑环境控制系统。具体包括：

1) 任何地区都不适宜建设供冷面积超过 10 万 m^2 的区域供冷系统；
2) 在长江流域及其以南地区不适宜建设区域供热系统；
3) 在任何地区的多户式住宅都不适宜采用集中的中央空调系统。

全面落实上述各点，可以使我国人口达到 15 亿后，在满足全民健康文明的生活、生产和文化生活的需求的条件下，全国建筑运行的商品能（不包括生物质能源和与建筑一体化的可再生能源）消耗不超过 8 亿 tce/年。仅为目前日本和欧洲人均水平的 1/3 到 1/4，美国人均水平的 1/8。实现这一目标，不仅可以为我国长期的社会和经济稳定发展提供基本条件，同时也为发展中国家在新的能源与环境条件下实现现代化和可持续发展找到一条新的途径。

1.3 "十一五"建筑节能工作进展

建筑节能工作一向是我国节能工作的重点内容之一。2006 年，建设部发布《建设事业"十一五"规划纲要》（建综 [2006] 53 号），提出"十一五"期间，累计新建节能建筑 21.5 亿 m^2 等约束性目标。围绕这些目标，我国开展大量的建筑节能工作，如表 1-4 所示。这些工作主要围绕三个方面展开：1) 建筑物的围护结构；2) 建筑物内的用能系统、设备与技术；3) 建筑节能工作的配套能力建设。为了保障建筑节能工作的顺利实施，采用的手段主要包括四类：1) 强制性手段，包括行政命令与标准等方式；2) 政策激励工具，以财政补贴为主；3) 市场激励作用，指的是提高技术与产品的性价比，通过市场作用在居民生活中普及；4) 非强制性手段，包括信息披露、自主自愿能效标识等。

从表 1-4 中可见，我国的建筑节能工作中，针对建筑物围护结构以及节能工作配套能力建设两个方面的工作，主要采用行政命令的方式展开；而对于建筑物内的用能系统、设备与技术，则往往采取财政补贴激励的手段来推广。从执行结果来看，"十一五"既定目标基本完成，各项工作的具体情况如表 1-4 所示，其执行与落实将在后面的章节中逐一介绍。

我国建筑节能工作的着力点、采取主要手段的分类以及"十一五"期间的工作进展

表1-4

具体节能工作	着力点						"十一五"期间工作进展（截至2010年底）
	建筑围护结构		用能系统、设备与技术		配套能力建设		
	新建建筑	既有建筑	常规终端用能设备	可再生能源技术	发挥市场作用	完善政府监管	
围绕全国节能展开的工作							
建筑节能标准	✓	✓					累计新建符合标准的建筑48.6亿m²，占2010年城镇建筑面积存量的22%
节能建筑材料			△				占墙体材料应用的比例达到70%，2010年3500亿块标砖
可再生能源							
太阳能热水器				●	★		累计集热器面积1.68亿m²，其中城镇近1亿m²
太阳房				●			累计约1700万m²
太阳灶				★			累计约180万m²
光伏发电建筑一体化				●			累计建成145.6MW，在建704MW，合计850.6MW
浅层地表能（地/水源热泵）				●			累计2.27亿m²
沼气				●			累计3050万户（2009年数据），产气140亿m³
绿色建筑							
评价标识			△		△		累计112个项目，建筑面积超过1300万m²
示范工程			△		△		累计217个项目，建筑面积超过4000万m²
节能惠民工程							
节能空调			●		●		累计3900万台，财政补贴3400万台
家电以旧换新			●		●		累计回收旧家电5761万台（截至2011年6月），财政补贴259亿元
节能家电下乡			●		★		累计9779万台，财政补贴3.6亿只
绿色照明工程						●	在用量35.9亿只（2009年数据），累计财政补贴3.6亿只
合同能源管理						✓	累计投资约23亿元
围绕北方城镇居住建筑展开的工作							
节能改造		●					累计城镇1.82亿m²
供热计量							累计表3.6亿m²，计量收费1.5亿m²（2009年数据）

续表

具体节能工作	着力点					"十一五"期间工作进展（截至2010年底）
	建筑围护结构	用能系统、设备与技术			配套能力建设		
	新建建筑	既有建筑	常规终端用能设备	可再生能源技术	发挥市场作用	完善政府监管	
围绕公共建筑展开的工作							
节能改造		●					节能改造补贴20元/m²，2011年开始，尚无执行数据能耗统计33000栋，审计4850栋，公示6000栋，动态监测1500余栋
节能监管体系						√	
围绕农村建筑展开的工作							
节能改造		●					农村39900户

注：1. √代表强制性手段，△代表非强制性手段，●代表通过政策手段的补贴，★代表市场机制中的"节能改造"由不同文件规定，因此分别列举。
2. 在居住建筑，公共建筑节能与农村建筑中的"节能改造"由不同文件规定，因此分别列举。
3. 对各项节能工作采取手段归因类似但侧重点不同，能源不乏之处，表中结果仅代表该项工作的最主要手段。

数据来源：住房和城乡建设部. 关于2010年全国住房城乡建设领域节能减排专项监督检查情况通报（建办科[2011] 25号）. 2011-04-14；住房和城乡建设部. 2010. 住房和城乡建设部副部长仇保兴在第六届国际绿色建筑与建筑节能大会暨新技术与产品博览会上的演讲. http://www.mohurd.gov.cn/ldjh/jsbfld/201004/t20100408_200306.htm [2010-08-27]；国家发展和改革委员会. 2011-03-14. 节能产品惠民工程"取得明显成效——"十一五"节能减排回顾之五. http://www.sdpc.gov.cn/xwfb/t20110314_399362.htm [2011-03-14]；
中国照明学会，北京华通人商用信息有限公司. 2009年度照明产品市场的调查分析朔报告. 2010, 6；中机系（北京）信息技术研究院. 2011-03-24. 中国建筑节能服务行业发展现状和前景分析. http://china.toocle.com/cbna/item/2011-03-24/5710441.html [2011-05-06]；http://www.chinagb.net/cstc/hyfz/jyiyj/bzyj/20070718/14860.shtml [2011-05-06]；
农业部科技教育司. 农村能源统计年鉴. 北京：中国农业出版社. 2008；
百度文库. 2011-05-06. 中国太阳能热水报告. http://wenku.baidu.com/view/7ffacee74a417866fb84a8edc.html [2011-05-06]；
能源基金会. 2007.《可再生能源法》有效实施与产业发展研究. 北京：能源基金会资助项目报告. G-0709-09370；
吴达成，王斯成，赵玉文. 2009年度太阳能光伏利用产业发展状况，展望及政策建议. 中国可再生能源学会光伏专委会. 2010, 4 (33), Pg: 5-9；
赵勇强，时璟丽，高虎. 中国可再生能源发展现状、展望及政策措施建议. 中国可再生能源. 2001, 4 (33), Pg: 5-9；
产业在线网，时璟丽，高虎. 中国可再生能源咨询有限公司. 2010年中国冰箱行业统计表. http://data.mofcom.gov.cn/SWSJDomestic/business/domestictrade/countryside/Country-side.action# [2011-12-09]；家电以旧换新管理信息系统. 2011-06-29. 家电以旧换新销售额突破2000亿元. http://jdyjhx.mofcom.gov.cn/website/web-News!view.shtml?_id=187845404 [2011-12-09]；
商务部. 2010. 2010年12月家电下乡—补贴统计表. http://jdyjhx.mofcom.gov.cn/website/webNews!view.shtml?_id=187845404 [2011-12-09]。

为了进一步加快建设资源节约型、环境友好型社会，2011年国务院印发《"十二五"节能减排综合性工作方案》(国发[2011]26号)，提出到2015年全国万元国内生产总值能耗下降到0.869tce（按2005年价格计算），"十二五"期间全国累计实现节能6.7亿tce的宏大目标。住房城乡建设部也于12月1日发布了《住房城乡建设部关于落实〈国务院关于印发"十二五"节能减排综合性工作方案的通知〉的实施方案》(建科[2011]194号)，提出到"十二五"期末，建筑节能形成1.16亿tce节能能力的目标。具体行动方面，则囊括了"推动建筑节能"、"促进农村节能减排"、"推动商业和民用节能"以及"加强公共机构节能减排"等方面，并在"十一五"的常规节能工作主要方面的基础上，明确提出"严格建筑拆除管理"与"引导消费行为"，并制订了北方采暖地区既有居住建筑供热计量和节能改造4亿m²以上，夏热冬冷地区既有居住建筑节能改造5000万m²，公共建筑节能改造6000万m²，高效节能产品市场份额大幅度提高等具体目标。与"十一五"相比，目标更高，路径更宽。

下文主要介绍表1-4中的建筑节能设计标准、既有建筑节能改造、北方城镇居住建筑供热计量、公共建筑监管体系、合同能源管理、可再生能源利用、节能惠民工程、家电下乡、绿色照明工程以及绿色建筑能效标识等10项建筑节能工作的开展情况。

(1) 新建建筑节能设计标准的出台与实施

中国处于快速城镇化的进程中，城市建设规模巨大，每年城镇新建建筑面积为10～15亿m²，因此，新建建筑是建筑节能的重点，并且当前正是抓紧新建建筑节能的时机。出台新建建筑节能标准旨在：1) 通过对围护结构保温性能的限定，以降低空调采暖负荷；2) 通过对建筑内用能系统与设备的能效及运行管理的规定，以提高用能效率；3) 鼓励一些被动式用能设计，以进一步减少建筑通风、照明等负荷。

我国的第一部城镇建筑节能设计标准颁布于1986年，之后陆续出台或更新了针对不同的气候区、不同建筑类型的建筑节能设计标准，如表1-5所示，目前已形成覆盖全国主要气候区以及居住建筑和公共建筑等主要建筑类型的标准体系。我国的建筑节能标准以节能百分比作为目标，目前北方地区和夏热冬冷地区的城镇居住建筑节能百分比目标提高至65%，其他建筑节能目标为50%。政府、学术与业界，通常依据节能百分比目标而将上述标准简称为"50%标准"或"65%标准"。需要指出的是，标准中提出的节能百分比目标通常基于某种特定的使用条件所说，实际用能过程中的节能程度与标准所命名的百分比并不相符❶；从这一层意义上来看，所谓的"50%标准"或"65%标准"，只是对标准或符合某类节能标准的建筑的简称，是一种简化的符号与标志，并不代表实际建筑能耗降低的程度❷。

中国城镇建筑节能设计标准的不同类型及出台时间　　　　表 1-5

年份	标准号	标准名称	气候区	建筑类型	节能目标
1986	JGJ 26—1986	民用建筑节能设计标准（采暖居住建筑部分）（已废止，由 JGJ 26—2010 替代）	严寒寒冷	住宅	30%
1993	GB 50189—93	旅游旅馆建筑热工与空气调节节能设计标准（已废止，由 GB 50189—2005 替代）	全部	公共建筑	无
1995	JGJ 26—1995	民用建筑节能设计标准（采暖居住建筑部分）（已废止，由 JGJ 26—2010 替代）	严寒寒冷	住宅	50%
2001	JGJ 134—2001	夏热冬冷地区居住建筑节能设计标准（已废止，由 JGJ 134—2010 替代）	夏热冬冷	住宅	50%
2003	JGJ 75—2003	夏热冬暖地区居住建筑节能设计标准	夏热冬暖	住宅	50%
2005	GB 50189—2005	公共建筑节能设计标准	全部	公共建筑	50%
2010	JGJ 26—2010	严寒、寒冷地区居住建筑节能设计标准	严寒寒冷	住宅	65%
2010	JGJ 134—2010	夏热冬冷地区居住建筑节能设计标准	夏热冬冷	住宅	50%❸

为了推进建筑节能标准的贯彻实施，"十一五"期间还开展了一系列保障工作，包括：

1）制定新建建筑标准执行目标。建设部在 2006 年 3 月发布的《建设事业"十一五"规划纲要》提出在"十一五"期间累计建设节能建筑面积 21.5 亿 m^2，新建

---

❶ 以《夏热冬暖地区居住建筑节能设计标准》（JGJ 75—2010）为例，提出："居住建筑通过采用合理节能建筑设计，增强建筑围护结构隔热、保温性能和提高空调、采暖设备能效比的节能措施，在保证相同的室内热环境的前提下，与未采取节能措施前相比，全年空调和采暖总能耗应减少 50%"。有研究（杨秀，张声远等，2011）分析指出，其中"与未采取节能措施前"指的是在标准给出的"全空间、全时间"的假定生活方式下，采用 1980 年代的建筑设计和设备系统，计算得到的建筑空调采暖能耗，是一个基于假定条件的能耗计算值。而从当前居民的实际条件来看，上述计算用的假定条件仅在不超过 5%的居民家庭中成立。也就是说，对于超过 95%的家庭而言，并不能真正感受到在目前建筑用能水平上节约 50%的效果。

❷ 杨秀，张声远，齐晔，江亿，建筑节能设计标准与节能量估算。城市发展研究，2011 年 11 月。

❸ 该标准在总则中取消了节能百分比目标，但在一些具体指标的限定细则中，仍以 50%为量化依据。

建筑严格实施节能50%的设计标准，有条件的大城市和严寒、寒冷地区启动节能65%的新建建筑节能设计标准。

2) 出台配套行业标准，支持设计标准在建设全过程中的落实。出台《建筑节能工程施工质量验收规范》(GB 50411—2007)，为保证建筑物在施工与验收过程中与节能设计标准一致，提供切实可行的技术标准支持。

3) 发布政策法规，明确建筑节能工作涉及各主体的责任。我国先后出台了《民用建筑节能管理规定》(2005年，建设部令第143号，已废止，由后者替代)与《民用建筑节能条例》(2008年，国务院令第530号)，详细规定了各级建设行政管理部门和市场主体，在设计、施工、验收、销售、运行中有关建筑节能设计标准执行的责任与处罚规定。

4) 组织节能监督审查工作。2004年开始，建设部开始了全国范围的"建筑节能专项审查"，审查设计、施工、验收、市场交易过程中节能标准的执行情况；同时为配合建筑节能专项审查，中国部分地方建设主管部门还实施了建筑节能标准的设计、施工、验收闭合监管等措施，例如唐山市的"建筑节能闭合管理程序"等。

新建建筑节能设计标准在"十一五"期间得到深入贯彻与执行，至2010年底，设计阶段执行比例为99.5%，施工阶段执行比例为95.4%，分别比2005年提高了42个百分点和71个百分点。"十一五"期间累计建成节能建筑面积48.57亿m^2，占既有建筑面积的比例达23.1%，与2005年不足2%相比提高超过21个百分点❶。

(2) 既有建筑节能改造

2005年我国城镇建筑面积为164.5亿m^2，超过98%的既有建筑均未符合50%建筑节能标准的要求，因此针对该部分建筑的围护结构节能改造亦是建筑节能的重点之一。我国目前住宅建筑除采暖外的能耗水平较低，且受围护结构水平影响不大，因此对围护结构节能改造旨在降低北方地区建筑物的冬季采暖负荷。

与新建建筑节能设计标准的落实不同，既有建筑节能改造主要经由政府主导完成，由上级部门制订建筑改造目标，并分解到地方；各地方将相应的改造工作贯彻落实。2004年的《节能中长期专项规划》提出开展既有居住建筑与公共建筑节能

---

❶ 《关于2010年全国住房城乡建设领域节能减排专项监督检查建筑节能检查情况通报》(建办科[2011]25号)，2011年4月13日。

改造，大城市完成改造面积25%，中等城市达到15%，小城市达到10%的目标。2007年国务院出台《国务院关于印发节能减排综合性工作方案的通知》（国发[2007]15号），正式提出"十一五"期间完成1.5亿m^2建筑节能改造任务目标。建筑节能改造工作的任务量化目标十分明确。为了充分调动地方人民政府的积极性，财政部于2007年12月20日颁发了《北方采暖区既有居住建筑供热计量及节能改造奖励资金管理暂行办法》，提出45~55元/m^2的奖励额度，其内容包括建筑围护结构节能改造、室内供热系统计量及温度调控改造、热源及供热管网热平衡改造三方面，奖励办法兼顾了改造量和节能效果两个方面❶。其中属于建筑围护结构节能改造的比例达60%。此外，为了更进一步督促地方政府落实建筑节能改造工作，住房城乡建设部还将该工作纳入全国"建筑节能专项审查"工作的范畴，从行政层面加以保障。

各地方政府亦在中央财政基础上增加地方支出以支持建筑节能改造工作。例如，2009年颁布的《济南市既有居住建筑供热计量及节能改造实施方案》提出在中央财政奖励资金45元/m^2的基础上，市里再给予补助40元/m^2，合计每平方米补助85元支持建筑节能改造工作。随着"十二五"工作的开展，地方政府将加大补贴的力度。例如，北京市建筑节能改造将给予每平方米100元补贴，这相当于北京市政府额外补贴55元/$m^2$❷。

截至2010年底，我国累计完成建筑节能改造面积1.82亿m^2，超额完成"十一五"1.5亿m^2的目标❸。但完成改造的面积仅占2010年城镇保有建筑面积的0.8%。仅考虑北方城镇地区的建筑面积的话，该比例也不到2%。在我国，仍有大量的既有建筑不符合建筑节能标准的相关规定，建筑节能改造工作还有很大的空间。

（3）供热计量收费

---

❶ 气候区奖励基准分为严寒地区和寒冷地区两类：严寒地区为55元/m^2，寒冷地区为45元/m^2。改造内容指建筑围护结构节能改造、室内供热系统计量及温度调控改造、热源及供热管网热平衡改造三项，对应的权重系数分别为：60%，30%，10%。节能效果系数根据实施改造后的节能量确定。

❷ 北京将对建筑节能改造项目每平方米给予100元补助，金融界，2011-12-16。http://finance.jrj.com.cn/house/2011/12/16114811850829.shtml 引文日期：2012-1-10。

❸ 《关于2010年全国住房城乡建设领域节能减排专项监督检查建筑节能检查情况通报》（建办科[2011]25号），2011年4月13日。

北方城镇建筑的采暖能耗是我国建筑能耗的重要组成部分，2010年占比为24.1%，一向是我国建筑节能工作的重中之重。由于历史的原因，我国北方城镇地区的建筑采暖按建筑面积收费。这种不考虑个体差异、吃"大锅饭"的收费制度一直备受诟病，无法对居民和企业形成足够有效的经济激励，从而阻碍了该地区建筑节能工作的顺利开展。因此，自2003年以来，我国就已经开始开展供热体制改革，目的是通过改革供热收费制度，建立市场手段，以减少采暖终端用户用能浪费，提高供热企业节能运行的积极性，完善节能改造成本分摊以推动建筑节能改造的进行。这项工作的核心是供热计量收费制度的建立。

我国首个关于供热体制改革的文件是2003年建设部、国家发改委等八部委联合印发的《关于城镇供热体制改革试点工作的指导意义》（建城［2003］148号），明确提出"稳步推行按用热量计量收费制度，促进供用热双方节能"。"十一五"期间，供热计量收费工作深入推进，范围不断扩大。由"政府机关与公共建筑"（《关于推进供热计量的实施意见》（建城［2006］159号）），扩展至"北方采暖地区既有居住建筑"（《关于推进北方采暖地区既有居住建筑供热计量及节能改造工作的实施意见》（建科［2008］95号））。

在这个过程中，政府开展的主要工作包括：

1) 制订工作目标，并分解目标到省。《关于推进北方采暖地区既有居住建筑供热计量及节能改造工作的实施意见》（建科［2008］95号）中，将北方采暖区既有居住建筑供热计量及节能改造1.5亿m^2的任务分解到各省区市。分解到各省的同时要求各省级建设主管部门结合本地区的建筑情况、供热采暖情况及经济发展水平，将改造目标进一步分解到各城市（区），由省级政府再分解到各市，由市级人民政府负责组织和实施节能改造。

2) 出台相关标准，如《供热计量技术规程》（JCJ 173—2009）等。部分城市如兰州市，于2010年11月还出台《关于兰州市供热计量价格的通知》，根据通知，居民热费标准为31.5元/GJ。这些标准的出台，保障供热计量工作的开展有法可依。

3) 出台政策，明确各相关主体责任。2008年2月2日住房城乡建设部等四部委局颁发了《关于进一步推进供热计量改革工作的意见》（建城［2010］14号），对供热计量改革工作的不同内容分别作了规定，明确了政府和供热单位的主体责任和奖惩要求。

4) 推出财政补贴。2004年2月5日颁发了《关于供热企业税收问题的通知》，2006年11月27日颁发了《关于继续执行供热企业相关税收优惠政策的通知》，对供热企业进行减免税的优惠。财政部于2007年12月20日颁发了《北方采暖区既有居住建筑供热计量及节能改造奖励资金管理暂行办法》，对室内供热系统计量及温度调控改造、热源及供热管网热平衡改造的奖励额度为 $18\sim22$ 元$/m^2$。

我国自2006年开始推行强制性的计量表安装，至2009年底，供热计量装表面积达到3.6亿 m^2，占北方城镇集中采暖总面积的4.5%；其中实现供热计量收费的面积约1.5亿 m^2。供热计量装表与收费在大城市的推广力度较大，比如天津市2009年底累计完成1342万 m^2 的供热计量，占全市集中供热面积的7%，高于全国平均比例。

(4) 政府办公建筑与大型公共建筑节能监管体系

大型公共建筑目前占全国公共建筑的比例不超过7%，但因其单位面积能耗强度往往是普通公共建筑的2~4倍，使其占公共建筑能耗的比例超过20%。考虑到在城镇化进程中，大量的大型公共建筑不断涌现，使其成为建筑节能的重点之一。建立节能监管体系，有助于落实建筑运行全部环节的各项节能管理措施。

围绕公共建筑节能与建立节能监管体系开展的主要工作有：

1) 制订发展目标。国务院《民用建筑节能条例》(国务院令第530号)与《公共机构节能条例》(国务院令第531号)中规定国家机关办公建筑与大型公共建筑应该建立能耗计量、完成能源审计。国务院《节能减排综合性工作方案》(国发[2007] 15号)中规定：在25个示范省市建立大型公共建筑能耗统计、能源审计、能效公示、能耗定额制度。

2) 出台配套标准导则，为建立体系提供技术依据。建设部2005年颁布了《空调通风系统运行管理规范》(GB 50365—2005)，以加强公共建筑运行管理。同时还出台了国家机关办公建筑和大型公共建筑能源审计导则，以及国家机关办公建筑和大型公共建筑能耗监测系统建设、验收与运行管理规范、国家机关办公建筑及大型公共建筑能耗监测系统楼宇分项计量设计安装技术导则、分项能耗数据采集技术导则、分项能耗数据传输技术导则、数据中心建设与维护技术导则等系列，以全面指导大型公共建筑的能源审计工作。

3）国家划拨专项经费用于支持公共建筑能耗监管能力建设。建设部于2007年开始在23个城市组织试行民用建筑能耗统计工作；为支持能耗统计工作，财政部印发《国家机关办公建筑和大型公共建筑节能专项资金管理暂行办法》（财建[2007]558号），建立专项基金补助建立建筑节能监管体系支出，包括搭建建筑能耗监测平台、进行建筑能耗统计、建筑能源审计和建筑能效公示等支出。

4）出台财政激励政策。2011年，财政部出台了《关于进一步推进公共建筑节能工作的通知》（财建[2011]207号），进一步提出对公共建筑节能改造补贴20元/m^2。

截至2010年底，全国共完成国家机关办公建筑和大型公共建筑能耗统计33000栋，完成能源审计4850栋，公示了近6000栋建筑的能耗状况，已对1500余栋建筑的能耗进行了动态监测[1]。通过节能监管体系建设，极大地推进了"用建筑能耗数据说话"的观念在建筑节能领域的普及，有利于建筑节能工作的原则由"单纯罗列节能技术"向"以能耗数据为导向"的转移，促使建筑节能工作真正落实在实际建筑运行能耗的减少上。另一方面，通过全面掌握公共建筑的能耗水平及耗能特点，带动了节能运行与改造的积极性，有力地促进了节能潜力向现实节能的转化。

(5) 合同能源管理

所谓合同能源管理（EMC，Energy Management Contract）制度，指的是节能服务公司（Energy Service Company，ESCo）为使用者降低建筑能耗而提供的咨询、检测、设计、融资、改造、运行、管理等节能活动。建立合同能源管理制度，旨在通过建立市场机制来促进建筑使用者进行节能改造并优化运行管理，以达到降低建筑能耗水平的目的。

合同能源管理在国外是较成熟的使用市场手段鼓励建筑节能的措施，收效明显。我国一直鼓励合同能源管理制度的发展。早于1998年，中国政府、世界银行和全球环境基金联合开展了国际合作项目——"世行/GEF中国节能促进项目"，首次引进合同能源管理机制并推动其在中国的发展。2006年，国务院出台《关于

---

[1] 《关于2010年全国住房城乡建设领域节能减排专项监督检查建筑节能检查情况通报》（建办科[2011]25号），2011年4月13日。

加强节能工作的决定》（国发［2006］28号）中提出"加快推行合同能源管理，推进企业节能技术改造"，正式将合同能源管理制度纳入官方工作的范畴。此后，2007年《国务院关于印发节能减排综合性工作方案的通知》（国发［2007］15号）指出："培育节能服务市场，加快推行合同能源管理，重点支持专业化节能服务公司为企业以及党政机关办公楼、公共设施和学校实施节能改造提供诊断、设计、融资、改造、运行管理一条龙服务"；2008年《公共机构节能条例》（国务院令第531号），明确了"公共机构可以采用合同能源管理方式，委托节能服务机构进行节能诊断、设计、融资、改造和运行管理"；2009年《节能中长期专项规划》中，再次提出鼓励专业节能公司采用合同能源管理方式，为中小企业、公共机构实施节能改造。2010年发布《财政部、国家发展改革委关于印发〈合同能源管理项目财政奖励资金管理暂行办法〉的通知》（财建［2010］249号），提出对符合条件的合同能源管理项目进行支持与奖励。针对建筑合同能源管理，2011年颁布的《财政部、住房城乡建设部关于进一步推进公共建筑节能工作的通知》（财建［2011］207号）提出，将重点城市节能改造补助与合同能源管理机制相结合。

这些文件正式提出并鼓励将合同能源管理纳入我国建筑节能工作的范畴。为了促进合同能源管理在中国的应用，充分发挥市场作用推动建筑节能工作，开展的配套工作包括：

1) 颁布相关标准，以规范行业发展。2010年8月9日，国家标准化管理委员会发布了《合同能源管理技术通则》（GB/T 24915—2010），规定了合同能源管理的术语和定义、合同类型、技术要求和参考合同文本等，有效地降低了合同能源管理项目中的谈判、交易、履行等合约费用。

2) 出台财政激励政策，如税收减免及财政补贴等。根据2010年6月国家发展改革委员会、财政部、中国人民银行、国家税务总局联合制定的《关于加快推行合同能源管理促进节能服务产业发展的意见》提出，对节能服务公司实施合同能源管理项目，取得的营业税应税收入，暂免征收营业税，对其无偿转让给用能单位的因实施合同能源管理项目形成的资产，免征增值税。同年，财政部、国家发改委印发《合同能源管理项目财政奖励资金管理暂行办法》（财建［2010］249号），对合同能源管理提出具体的财政补贴政策：中央财政奖励标准为240元/tce，省级财政奖励标准不低于60元/tce。各地方政府也纷纷出台响应政策。如2010年9月9日，四川省政府正式出台《关于加快推行合同能源管理促进节能服务产业发展的实施意见》(川办发[2010] 80号),明确了四川省合同能源管理的推广目标,规定公共机构、大型公共建筑的所有者、物业管理者或长期租用者、重点用能单位在实施节能改造时,要优先采用合同能源管理方式进行;并指出从信贷、减免税收等多方面进行扶持,如暂免征收营业税、免征增值税等。

"十一五"期间,建筑领域的合同能源管理发展十分迅速,项目投资由2007年的不足5.5亿元,增至2009年14亿元,估计2010年约23亿元,增长超过3倍❶。但与合同能源管理在工业领域的投资规模相比(288亿元)远远不足。目前的合同能源管理项目仍集中在工业领域,建筑领域的节能服务产业仍处于萌芽状态,节能服务体系尚未建立完善,中国亟须建立健全建筑节能服务市场。合同能源管理在建筑领域的发展,还有较长的路要走。

(6) 可再生能源利用

国家鼓励发展各类可再生能源在建筑中的应用技术,旨在通过提高设备能效与可再生能源的比例,达到降低建筑内化石能源消耗的目的。目前,建筑中的可再生能源利用,主要包括太阳能、地热能与生物质能等,其中太阳能利用主要包括了光热与光电两种方式;生物质能利用主要在农村,包括生物质固体压缩燃料、沼气等(农村仍大量使用的生物质直接燃烧不在国家政策补贴之列)。

目前我国政府针对可再生能源利用的主要工作包括:1)制定可再生能源在建筑中的应用与发展目标;2)出台各种标准规范,规范相关可再生能源技术在建筑中的应用;3)出台财政激励政策,鼓励技术应用与普及;4)启动示范项目工程。各项工作涉及的主要政策文件如表1-6所示。

事实上,地方政府对可再生能源的建筑应用相关政策的响应亦十分积极,纷纷出台相应的地方政策予以支持。2010年,北京启动"金色阳光"工程,至2012年12月31日前:对商品房中应用的前100万 m^2 太阳能集热器面积,按照每平方米200元的标准予以补贴;对所有采用与建筑物结合的太阳能屋顶光伏发电项目的公共建筑,每瓦每年额外补助1元,补偿将持续3年;对采用太阳能采暖系统的农村

---

❶ 建筑EMC市场2010年规模超过23亿元,拓盟智能网,http://www.topm.net/yz.asp?id=183,引文日期:2012-1-10。

住宅，按照 30% 改造成本给予补贴等。河北省邢台市出台了系列优惠激励政策，如太阳能应用根据不同情况减免 50% 城市维护费、每户补贴 500 元、补贴造价的 10%，县（市、区）财政对新民居建设示范村实施太阳能建筑一体化的按每户 300~500 元标准给予补贴等。

可再生能源建筑应用的相关政策列表　　　　　表 1-6

相关能源与技术	主要工作			
	制订目标	标准支持	财政激励	示范工程
太阳房、太阳灶		1 项	财建 [2009] 306 号，60 元/m²	
太阳能热水器	能源发展"十一五"规划	2 项	财建 [2006] 460 号，未定额 财建 [2009] 306 号，60 元/m²	
光伏建筑一体化	可再生能源中长期发展规划	3 项	财建 [2006] 460 号，未定额 财建 [2009] 129 号，20 元/Wp	财建 [2006] 460 号 财建 [2006] 459 号
浅层地表能			财建 [2009] 306 号，60 元/m² 财建 [2009] 397 号，50% 投资	
沼气	能源发展"十一五"规划	1 项	中发 [2006] 1 号，800 元/户	
秸秆固体燃料			财建 [2008] 735 号，按销售额	

注：可再生能源相关技术繁多，表中未能穷举。

总的来看，太阳能光热利用与沼气，是"十一五"期间技术比较成熟、应用最为广泛的两项可再生能源技术（除生物质能直接燃烧以外）。至 2010 年底我国城乡累计的在用太阳能热水器集热器面积约 1.68 亿 m²❶，相当约 8000 万户城乡居民在使用太阳能热水器。2010 年底累计沼气产气量达 140 亿 m³❷，其热值相当于 1120 万 tce。其他可再生能源利用技术也稳步推广，地源水源热泵等浅层地表能利用技术涉及的建筑面积由 2005 年的不足 0.5 亿 m² 迅速增加至 2010 年底的超过 2.3 亿 m²，尽管在某些地区推广过程中由于对具体情况考虑不足而不能获得预期的节能

---

❶ 中国太阳能热水器报告，百度文库，2011-05-06，http://wenku.baidu.com/view/7ffaee74a417866fb84a8edc.html，引文日期：2011-05-06；能源基金会.《可再生能源法》有效实施与产业发展研究. 北京：能源基金会资助项目报告：G-0709-09370.2007.

❷ 赵勇强，时璟丽，高虎. 中国可再生能源发展状况、展望及政策措施建议. 可再生能源. 2001, 4(33)：5-9.

效果，但在一部分应用工程中还是显示出显著的节能效益。

光伏建筑一体化是"十一五"期间的热点技术，政府花费较多财政补贴用于推广该类技术。但受成本高昂及城市应用条件不佳等因素影响，该类技术在城市建筑领域的应用推进缓慢，远远迟滞于我国太阳能光伏产业的产能扩张水平。事实上，由于光伏产业的高能耗与高污染特点，其对环境的影响尚有较大争议。

(7) 节能惠民工程

该项政策缘于《国务院关于印发 2009 年节能减排工作安排的通知》（国办发 [2009] 48 号），旨在推广高效节能家用电器在中国的应用。推广的主要手段，是通过财政补贴来鼓励居民购买和使用符合更高能效标准的家用电器。

我国对节能家电的财政补贴，经历了由间接补贴到直接补贴的转变。2007 年财政部颁布《高效节能产品推广财政补助资金管理暂行办法》（财建 [2007] 1027 号），提出中央财政对高效节能产品生产企业给予补助，再由生产企业按补助后的价格进行销售，消费者是最终受益人。至 2009 年 5 月，财政部、国家发改委颁布了《关于开展"节能产品惠民工程"的通知》（财建 [2009] 213 号），提出 2009～2012 年间对能效等级在 1 级或 2 级以上的空调等 10 类产品进行推广，并附《财政部 国家发展改革委关于印发〈"节能产品惠民工程"高效节能房间空调推广实施细则〉的通知》（财建 [2009] 214 号），提出从 2009 年 6 月 1 日起，对能效 1 级的空调补助标准为每套 500～850 元，对能效 2 级的空调补助标准为每套 300～650 元等，消费者直接受益。

节能惠民工程极大地推进了高效节能家电在我国的普及。以空调为例，2009 年之前，2 级以上能效的节能空调占全国空调销售量的比例仅为约 5%；至 2010 年，该比例达 67%。节能空调已成为我国空调市场的主流。

但需要指出的是，购买节能家电并不直接等于节能。仍以空调为例，空调在实际使用中的电力消耗取决于其能效以及使用方式。能效指的是空调制备单位冷量所需消耗的电量，一般说来，能效等级越高的空调，在制备同样冷量时消耗的电量越小。而使用方式，指的是空调的设定温度、使用小时数、空调房间通风换气率等方面。这是空调实际电耗的决定性影响因素，与能效无关，但由居民的生活习惯决定。比如，如果使用时间增加 1 倍，即使空调能效提高 10%，但实际的效果是用能增长了 80%，而非节能 10%。而且，高能效的空调的生产能耗高于普通空调，如果在寿命期内使用小时数并不多,从空调的全生命周期来看可能并不是节能的。

家电能源效率的提高是住宅节能的重要一环。不过,节能的最终目标是减少能源的消耗量。从这个角度来看,家用电器领域的节能工作,最终还应落实在居民生活方式的调整与引导上。

(8) 家电下乡

为促进社会主义新农村建设,构建和谐社会,贯彻落实国务院关于促进家电下乡的指示精神,财政部、商务部在反复调查研究的基础上,提出了财政补贴促进家电下乡的政策思路,以扩大内需、改善民生,促进社会主义新农村建设。

该政策经历了试点、推广与全国推行三个阶段。根据《关于加大家电下乡政策实施力度的通知》(财建 [2009] 48号),目前下乡产品包括电视机、洗衣机、冰箱(冰柜)、手机、空调、电脑、热水器、微波炉、电磁炉、电动自行车等十大品种,每户每类限购2台,每台享受销售价格13%的财政补贴。从能效上来看,节能环保是家电下乡产品的基本要求,根据农村市场的调查显示:下乡产品中,冰箱、冷柜为新标准的2级;洗衣机全自动能效等级达到2级以上,双桶3级以上,比市场平均水平高2~3个等级。

经过几年的实践,家电下乡试点产品已经成为农民购买家电的首选。商务部家电下乡信息管理系统显示(http:∥jdxx.zhs.mofcom.gov.cn/index.shtml):截至2011年8月1日,累计销售家电下乡产品1.8亿台,实现销售额4082亿元,发放财政补贴469亿元。

家电下乡政策一方面起到了改善农民生活、提振农村消费的作用,缓和了由于国际金融危机造成的市场萎缩对我国家电行业的冲击;但从能源消耗的角度来看,尽管其推广的家电都是符合国家能效等级标准要求的产品,但最终会导致农村生活用电量的增长。尤其是将空调、电热水器等产品也作为家电下乡产品向农村推广,有可能导致农村用电量的急剧增长,增加农民的经济负担,加重本来已经十分脆弱的农村地区电网负担,是需要辨证考虑的问题。

(9) 绿色照明工程

"绿色照明工程"从1996年9月18日就已开始实施,至今已有15年历史。2007年12月,财政部和国家发改委颁布了《高效照明产品推广财政补贴资金管理暂行办法》(财建 [2007] 1027号),进一步提出按中标企业供货价格的30%(大宗用户）或 50%（居民个人）补贴高效照明产品，最终受益人是大宗用户和城乡居民。以居民购买（武汉市）为例：各社区统计居民采购节能灯的规格与数量并统一收取货款；社区交付采购清单及货款给各街道办；各街道办将统计结果上报发改委；由发改委组织，中标企业与街道办完成货款交割，补贴于此时交付给中标企业；各社区依据采购清单向居民发放节能灯。

部分地方政府在中央补贴的基础上进一步增加地方支出，促进节能灯使用。例如上海市 2008 年启动了"千万节能灯进家庭"活动，居民在购买节能灯时不仅能享受 50% 的国家补贴，还享受 20% 的地方补贴，并且自 2011 年起每户家庭申购节能灯的数量由 5 只增加到 10 只。

另一方面，我国也逐步开始限制白炽灯的消费。2011 年 11 月，国家发改委、商务部、海关总署、国家工商总局、国家质检总局联合印发了《关于逐步禁止进口和销售普通照明白炽灯的公告》，决定从 2012 年 10 月 1 日起，按照功率大小分阶段逐步禁止进口和销售普通照明白炽灯（均为 15W 以上的白炽灯）。

当前我国的节能灯在用量多达 35.9 亿只（2009 年），其中中央财政通过补贴共推广 3.6 亿只节能灯（截至 2010 年底）[1]，极大地推动了节能灯具价格的下降及其在居民中的普及。

（10）绿色建筑能效标识

中国一直致力于建筑能效标识制度的建立。最早的项目是 20 世纪 90 年代零星的绿色建筑工程实践，进而通过"十五"国家科技攻关项目形成了中国第一部《绿色建筑技术导则》。2003 年底，由清华大学、中国建筑科学研究院、北京市建筑设计研究院等专业机构组成的课题组研究公布了"绿色奥运建筑评估体系"，是中国第一个有关绿色建筑的评价、论证体系，为建筑能效标识奠定了重要的基础。

2006 年初，建设部与科技部联合发布了《绿色建筑评价标准》（GB/T 50378—2006），是中国第一个关于绿色建筑的标准规范；标准将绿色建筑等级由低至高分为一星级、二星级和三星级三个等级；标准自愿执行，由政府官方评价，其推广以政府官方培训为主。随后建设部与科技部出台了一系列政策措施，如《绿色

---

[1] 十一五节能减排回顾：节能产品惠民工程有明显成效，中央政府网站，2011-10-09，http://www.gov.cn/gzdt/2011-10/09/content_1964649.htm，引文日期：2011-12-10。

建筑评价标识管理办法》(建科函[2007]206号)、《绿色建筑评价技术细则》(建科函[2007]205号)、《绿色建筑评价技术细则补充说明(运行使用部分)》(建科函[2009]235号)和《绿色建筑评价技术细则补充说明(规划设计部分)》(建科函[2008]113号)等,用于指导绿色建筑评价标识和绿色建筑设计评价标识项目评价工作。至此,中国绿色建筑能效标识体系初步建立。

目前中国的绿色建筑能效标识采取自愿原则。截至2010年底,全国有112个项目获得了绿色建筑评价标识,建筑面积超过1300万 m^2,全国实施了217个绿色建筑示范工程,建筑面积超过4000万 $m^2$❶。这些实践推动了绿色建筑概念在全国范围的普及,使得绿色建筑成为城市建设的风向标。

需要指出的是,建筑运行能耗的多少,与实际应用的地理、气候等客观条件以及用户对建筑物的使用情况息息相关,不能因为获得"绿色建筑"标识,就简单地认为这些建筑在其寿命期内都能实现绿色节能。因此,建造"绿色建筑",更重要的是看后续能耗监测显示的实际运行效果。

1.4 建筑用能出现的新变化

1.4.1 城镇化过程中出现的大拆大建和空置问题

进入新世纪以来,我国城镇建筑面积增速明显变快,如图1-1所示,2000～2010年面积增长了2倍,年均增加13.3亿 m^2,平均增速为每年11.3%,大大快于1990～1999年6.3%的增速;其中"十一五"期间,我国建筑面积累计增长近85亿 m^2(2010年的建筑面积为估算),平均每年增长15亿～20亿 m^2,年均增速为6.2%。

我国处在城镇化与现代化进程中,城镇化水平持续提高,从2000年的36.2%增加到2010年的50.0%。城镇人口的增加是驱动建筑面积增长的首要因素。以住宅为例,"十一五"期间共新增城镇人口1.0亿,其中每年城镇人口新增1300万～

---

❶《关于2010年全国住房城乡建设领域节能减排专项监督检查建筑节能检查情况通报》(建办科[2011]25号),2011年4月13日。

2000万人，以人均面积达到2010年平均水平21.6m²/人❶来计算，每年需建造住房面积达2.8亿~4.3亿m²。

除了人口增加外，城镇居民的居住条件改善、办公休闲场所增加也是建筑面积增加的重要原因。仍以住宅为例，城镇人均住宅面积由1999年的9.6m²/人增加至2005年的19.2m²/人，再到2010年的21.6m²/人。目前中国城镇人口约6亿，平均每年提高人均建筑面积0.5~0.7平方米❷，因而每年亦需建造住房面积达3亿~4亿m²。

除了以上发展中对建筑面积的必要需求外，在快速城镇化过程中，还出现了一些与能源、经济和社会发展息息相关的新动向，值得关注。

(1) 城市建设中的大拆大建问题

住房城乡建设部副部长仇保兴在第六届国际绿色建筑与建筑节能大会上指出，中国拆除建筑的平均寿命仅有25~30年。

前述"十一五"期间，我国建筑面积累计增长近85亿m²；但同期我国的竣工建筑面积多达131亿m²。如果不考虑统计与计算误差，相当于约35%的建筑被拆除。仅按城镇建筑面积来看，"十一五"期间累计增长约58亿m²，同期竣工城镇建筑面积达88亿m²，相当于30亿m²的建筑被拆除，约占竣工面积的34%。

1970年，我国的城镇建筑总面积仅约10亿m²，这批建筑至2010年的寿命超过40年。建筑设计寿命通常为50~100年，如果按50年来计算，即使将1970年前的10亿m²建筑全拆除，也意味着至少有20亿m²的建筑在"十一五"期间被拆除时，其寿命小于40年。也就是说，"十一五"期间的拆建比高达23%，并且被拆除的建筑均在未达到设计寿命期限前就被拆除。

由于城市规划变更、用地性质改变、地价房价变动等因素，造成一批房屋被拆除。这其中，存在很多未到设计寿命的"年轻"建筑被提前拆除，形成浪费。这些"短命建筑"在各级城市大拆大建中不断涌现，实质上就是城镇化进程中，地方政

---

❶ 根据《中国统计年鉴2011》数据显示，我国城镇人均住宅面积约31.6m²/人。但该数据为户籍人口抽样数据。根据城镇房屋总面积与城镇总人口数据计算得到的城镇人均住宅面积约为21.6m²/人。

❷ 这是考虑到我国人均住宅面积仍远低于发达国家水平，日本约30m²/人，美国约60m²/人，仍有较大的增长空间。从历史数据（国家统计局，2011）看，我国在过去的十年中，平均每年提高人均建筑面积0.5~0.7m²。

府片面追求发展速度、缺乏科学规划而导致的重复建设问题。

研究❶表明，如果中国现有住宅建筑的寿命由50年变为25年，在寿命期内，摊到每年的建造能耗将增加1倍。不仅如此，由于建筑寿命变短，需要更多的建材来建造房屋。

(2) 住宅空置率

建筑是一种高能耗的商品，除了建成后使用的能耗外，其建造和施工过程也有大量资源和能源需求。根据相关研究❷，生产用于住房的建材（如水泥、钢铁、玻璃等）的能耗，折合到建筑面积约为 3850MJ/m^2 竣工面积，折合 131.6kgce/m^2 竣工面积；而施工过程的能耗，按统计数据计算，约为 6.9kgce/m^2 施工面积❸。如果按建筑50年的寿命来计算，平摊到每年的建材和施工能耗约 2.8kgce/m^2。因此，在某种意义上说，住宅空置浪费了建材和建筑施工的能耗。此外，北方使用集中采暖的建筑，即使空置，每年也会消耗相应的采暖能耗，约为 10~20kgce/m^2，同样造成能耗的浪费。

空置住宅面积有两类概念，一类是指新建但尚未销售的住宅面积，表征的是房地产市场的运行状态。根据发达国家经验，5%~10%的住房空置率表明房地产市场是健康的，而考虑到我国的发展阶段，有研究提出10%~15%的空置率是可接受的范围❹。统计数据表明我国近年来的空置率在20%~30%之间变化。

第二类空置住宅是指已经售出的住房未投入使用的部分，即闲置住房，闲置比例过高会造成资源浪费。对此类空置住房，发达国家通过增加持有成本、经济惩罚等措施，对其实行严格的管理。

近期，关于鄂尔多斯的康巴什新城的讨论再次引发人们对我国城镇已售住宅空置的关注。2010年5月和8月央视财经频道接连进行了两期"空置房"的调查报道，调查结果显示，北京、天津等地的一些热点楼盘的空置率达40%。孟斌等2007年在北京50个2003~2006年售出后入住的小区，根据电表显示的用电情况

---

❶ 麻林巍，李政，倪维斗，付峰. 对我国中长期（2030、2050）节能发展战略的系统分析. 中国工程科学. 2011年第13卷第6期，25-29。

❷ 顾道金，谷立静，朱颖心，林波荣，盖甲子. 建筑建造与运行能耗的对比分析，暖通空调，2007年第37卷第5期：50，58；60。

❸ 中国统计年鉴2011.

❹ 周达. 对我国住房空置率相关问题的分析. 中华建设，2010年12期：52-53.

进行了空置率调查，发现平均空置的住房套数占被调查住房的比例高达 27.16%，而且空置率水平从市中心向外逐渐升高的现象非常明显❶。这类调查，主要采用数亮灯、抄电表和水表等方式，其结果真实性可能受多种因素影响，例如楼盘选择上的片面性、调查时长不足、被调查居民出差等问题。但这些调查至少反映我国已销售住房中却有较多的售出但未投入使用的情况。

大量已售住房空置现象出现的成因，既包括用地者（主要是房地产开发商）、政府、金融机构、消费者心理等方面因素，也包括市场机制、政策的影响等多方面因素。然而，高住房空置率反映了市场供需不匹配、有投资投机现象，并带来能源和资源大量浪费，是值得关注的。

目前我国仍然处于城镇化与现代化的进程中，未来一段时期内对于房屋等基础设施的需求仍然十分庞大。应对发展过程中出现的大拆大建、住房空置问题，是实现可持续发展必须面对的重要挑战。

1.4.2 公共建筑高能耗型趋势

清华大学建筑节能研究中心自 1996 年起，对北京市上百栋国家机关办公建筑和大型公共建筑能耗进行了摸排工作，逐步建立了大型公共建筑的能耗数据库。深圳市建筑科学研究院与上海市建筑科学研究院（集团）有限公司多年来也进行了对大量当地公共建筑扎实的能耗审计与摸排工作，积累了许多建筑实际运行能耗数据，各个研究机构的相应数据也被纳入到了数据样本库当中。表 1-7 所示为本节进行分析所参考的数据库❷。

我国部分省市办公建筑能耗数据来源与样本总量　　　　　表 1-7

省市	城镇人口（万人）	GDP（元/人）	城市级别	办公建筑性质	数据来源	样本量
A	1492	70452	超大	商务写字楼	调研走访	52
				国家机关办公楼		84

---

❶ 孟斌，张景秋，齐志营. 北京市普通住宅空置量调查. 城市问题，2009 年第 4 期：6-11.
❷ 肖贺. 办公建筑能耗统计分布特征与影响因素研究［工学硕士学位论文］. 北京：清华大学建筑技术科学系，2011.

续表

省市	城镇人口（万人）	GDP（元/人）	城市级别	办公建筑性质	数据来源	样本量
B	1236	78989	超大	商务写字楼	能耗审计公示	601
B	1236	78989	超大	政府办公楼	能耗审计公示	260
C	598	62574	超大	商务写字楼	能耗审计公示	228
C	598	62574	超大	政府办公楼	能耗审计公示	664
D	246	41166	超大	商务写字楼	能耗审计调研	241
D	246	41166	超大	政府办公楼	能耗审计公示	370
E	541	35500	超大	商务写字楼	能耗审计公示	75
E	541	35500	超大	政府办公楼	能耗审计公示	392
F	612	34873	超大	商务写字楼	能耗审计	129
F	612	34873	超大	政府办公楼	能耗审计	186
G	4295	44744	省	办公楼	能耗公示	76
H	269	50283	超大	政府办公楼	能耗审计公示	172
I	354	21339	超大	商务写字楼	能耗审计公示	54
I	354	21339	超大	政府办公楼	能耗审计公示	61
J	244	48054	超大	政府办公楼	能耗审计公示	226
K	117	15915	特大	办公楼	能耗公示	72
L	263	33615	超大	商务写字楼	能耗审计公示	57
L	263	33615	超大	政府办公楼	能耗审计公示	540
M	340	19254	省	办公楼	能耗公示	133

在剔除各城市离群值样本后，计算各城市政府办公建筑与商务办公建筑建筑面积除集中采暖外电耗强度，其统计分布特征值如图 1-11、图 1-12 所示。

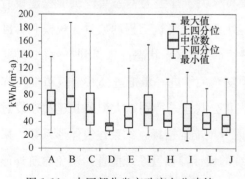

图 1-11 中国部分省市政府办公建筑，单位面积除集中采暖外电耗强度

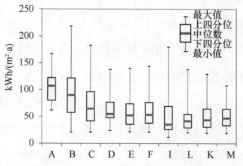

图 1-12 中国部分省市商业办公建筑，单位面积除集中采暖外电耗强度

通过对这些公共建筑的能耗数据分析,发现我国办公建筑单位面积除集中采暖外电耗强度存在"二元分布"特征❶,即大量普通公共建筑集中分布于除采暖外电耗强度在 50~70kWh/(m^2·a)这个较低的能耗水平,少部分大型公共建筑则集中分布在 80~120kWh/(m^2·a)的较高能耗水平。且这种特征完全不同于与美国和日本的"单峰分布"特征(如图 1-13 所示)。

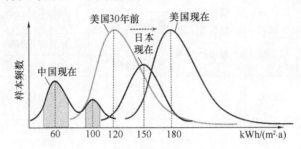

图 1-13　中国办公建筑"二元分布"特征及与发达国家的比较

这种"二元分布"的现象,反映出我国公共建筑的建设正处在一个重要的转折点：2000 年以前所建的公共建筑除了个别为了某种特殊需要而建成高能耗的高档建筑外,绝大多数建筑为能耗较低的"一般公共建筑"。而本世纪以来,随着各个城市发展速度的不同,公共建筑的建设都先后由"一般公共建筑"为主的状况转为高能耗的大型公共建筑为主。包括城镇化水平较低的中小城市,为了改变自身形象,也打造"标志性建筑",彰显"现代性",盲目地贪大求洋或互相攀比,与以往的既有公共建筑相比,形成一批高能耗公共建筑,从而构成双峰的"二元分布"。

为了遏制这种高能耗办公建筑突增的现象,住房城乡建设部、国家发改委、财政部、监察部、审计署也于 2007 年联合发布《关于加强大型公共建筑工程建设管理的若干意见》(建质[2007]1 号),规定大型公共建筑工程的数量、规模和标准要与"国情"和"地方的财力"相适应。然而目前这一状态尚未得到有效的抑制。财政部、住房城乡建设部于 2011 年 5 月颁发《关于进一步推进公共建筑节能工作的通知》(财建[2011]207 号),提出将强化公共建筑特别是大型公共建筑建设过程的能耗指标控制,在规划、设计阶段引入分项能耗指标,约束建筑体形系数、采暖空调、通风、照明、生活热水等用能系统的设计参数及系统配置,避免建筑外形

---

❶　肖贺,魏庆芃. 公共建筑能耗二元结构变迁. 建设科技,2010(8)：31-34.

片面追求"新、奇、特",用能系统设计指标过大,造成浪费。

1.4.3 夏热冬冷地区的集中供热

夏热冬冷地区❶的住宅采暖绝大部分为分散采暖,热源方式包括空气源热泵、直接电加热等的采暖方式,以及炭火盆、电热毯、电手炉等各种形式的局部加热方式。由于分散采暖设备的使用种类、使用时间和使用方式很难全面统计,夏热冬冷地区城镇采暖的能耗数据很难获取。本书仅计算该地区采用各种电力采暖方式的电力消耗(不包括小煤炉等非电能耗,以及炭火盆等非商品能源消耗),结果发现,如图1-14所示,该地区采暖电耗从1996年不到1亿kWh,到2010年增长为390亿kWh。

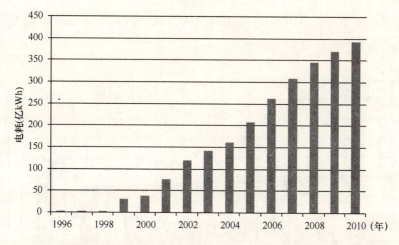

图1-14 1996~2010年夏热冬冷地区城镇采暖能耗变化

该地区城镇住宅采暖能耗迅速增长,是由多方面的原因造成的。

首先,该地区的城镇住宅建筑面积迅速增长,由1996年的约13亿m^2增加到2010年的58亿m^2,增长了3.5倍。同时,冬季使用商品能源,特别是电作为采暖能源的家庭数量持续增长。也即,使用商品能源采暖的建筑面积亦在持续增长。

其次,该地区的城镇住宅单位面积能耗也在发生深刻的变化。从平均值来看,2010年夏热冬冷地区城镇采暖的总电耗为390亿kWh,平摊到该地区所有的建筑,

---

❶ 在本书的计算过程中,夏热冬冷地区包括上海、安徽、江苏、浙江、江西、湖南、湖北、四川、重庆,以及福建等省市。

约为 6.8kWh/m², 比 2005 年增长了 50%。当地居民冬季室温和生活方式的变化，是促使单位面积能耗增长的重要因素。这些变化，主要包括采暖设备形式的变化（如空调能效的提高、热泵采暖空调的推广等）、设备运行形式的变化（如运行期延长、空调空间增加等）以及室温需求的变化（通常表现为室内平均温度的提高）。但值得注意的是，这些变化并不是单方向的，相关的调查研究表明，不同家庭间生活方式差别很大。

模拟研究进一步表明，不同生活方式对应的采暖能耗差别十分巨大。计算在不同的生活方式下（主要通过不同室温以及设备运行形式来刻画），同一座普通塔楼居住建筑在上海和武汉的冬季采暖能耗，如图 1-15 所示，结果表明，采暖温度从 14℃升到 22℃，从间歇改为连续，采暖耗电量相差 8~9 倍。目前该地区城镇住宅大部分室温低于 20℃，采用间歇采暖的生活方式，因此平均的采暖耗电量在 5~10kWh/m² 范围。

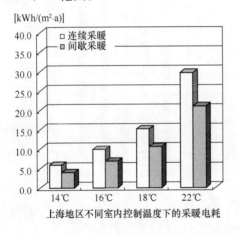
上海地区不同室内控制温度下的采暖电耗

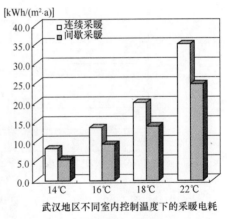
武汉地区不同室内控制温度下的采暖电耗

图 1-15　上海、武汉住宅冬季采暖电耗模拟计算结果

注：采用模拟分析软件 DeST 计算，采暖方式为使用空气源热泵，其 COP 取 1.9。

夏热冬冷地区冬季室温改善的需求由来已久，主要体现在当地部分居民对于更高室温、更长采暖时间与更多采暖空间的需求。2010 年两会期间，湖南省人大代表吴和枝提交了"关于南方地区集中供暖的建议"，进一步反映了该地区居民改善冬季采暖的需求。目前，集中供热是呼声较高的采暖方式之一，并且发展较早，至今已成为该地区部分省市的重要工作内容之一。

以合肥市为例，该市于 1989 年成立热力公司，对 60 万 m² 建筑实施集中供热,并于之后持续向居民小区延伸供热管道,扩大集中供热范围。至2002年,合肥市热力公司与该市发电厂签下协议,开始热电联产合作,向350万 m^2 建筑供热,开始了热电联产热源在集中供热中的应用。次年合肥市出台了《合肥市集中供热管理办法》,开始了合肥市"集中供热大规模进入小区"的进程❶。再如武汉市,于2006年开始"冬暖夏凉"工程,并将其纳入"十二五"规划。该工程的重要组成部分是集中采暖供冷,"据规划,武汉集中供热制冷将以热电联产为主要依托,同时大力发展'冷、热、电'三联供和燃气空调,适度发展地泵热技术。力争到'十二五'末期,集中供热制冷覆盖区域达500平方公里,服务人口160万人。"❷ 2010年8月颁布的《江苏省节约能源条例(修订草案)》❸提出,"县级以上地方人民政府应当进行城市热力规划,推广热电联产、集中供热和集中供冷,提高热电机组利用率,发展热能梯级利用技术,热、电、冷联产技术和热、电、煤气三联供技术,提高热能综合利用率。新建的开发区和有条件的城镇、住宅区,应当集中供热。"

从目前已经开展的长江流域地区集中供热项目来看,各省市的相关工作均从提高居民生活水平、实现节能减排的原则出发,但在具体执行上却发生了分歧,主要集中在以下几点:

1)集中供热收费制度的选择。目前武汉市区集中供热的采暖季从12月1日至次年2月28日,供热采取居民自愿原则,热价按面积收取,25元/m^2。与武汉固定热价不同,江苏省扬州市则于2010年1月1日起实施了集中供热价格与煤炭价格联动制度,一定程度上将市场机制部分引入了集中供热市场。此外,在一些区域级别的小区集中热网,还实现了"集中供暖、分户计量",如武汉市的天源城·伟鹏苑等。

2)集中供热热源的选择。2008年,杭州市政府转发《关于杭州市主城区供热方式调整总体方案的通知》,提出"2009年6月底前,杭州将完成现有蒸汽网和热

---

❶ 投资1.2亿的主管网月底竣工合肥集中供热今冬大扩张. 生态安徽,2004.10.12,http://www.ecoah.gov.cn/Pages/Show.aspx?NewsID=10517,引文日期:2012-1-10.

❷ 武汉将城市集中供热制冷纳入"十二五"规划. 武汉综合新闻网,2010.8.7,http://news.cjn.cn/whyw/201008/t1193392.htm,引文日期:2011-2-14.

❸ 江苏省节约能源条例. 江苏人大网. 2011-2-21,http://www.jsrd.gov.cn/jsrd/huizzl/hygb/1118/201102/t20110221_60238.html,引文日期:2012-1-10.

水网的全部热用户改造工作，将现行的以煤炭为一次能源的集中供热方式改造为主要以天然气为一次能源的集中与分散相结合的供热方式，在有条件的地方采用区域能源中心（小区域燃气锅炉集中供热和冷热电联供）的方式实施供热改造。"这意味着杭州市的集中供热方式发生了一定的变化，由燃煤热源转向天然气热源，由城市级集中热网转向为区域级小区集中热网等❶。江苏省南通市的集中供热方式则发生了相反的变化。2010年春节后，该市西城区实现用大型发电厂的富余蒸汽向周边用户进行集中供热，逐步取代中小型锅炉和小型热电❷。

3) 集中供热价格过高。以武汉市某实现"集中供热、分户计量"的小区为例，其在2004~2005年的首个采暖季里，向139户居民供暖仅67天，每平方米供暖费为25元。该费用水平远高于该小区其他采用电采暖、分户式燃气壁挂炉以及热泵空调采暖的居民的电费。与气候更寒冷的北京的集中供热相比，其供暖费也更高（北京市采暖期约120天，收费30元/m²）。为了节省热费，某用户在采暖季只打开两个暖气片，平均每天仅开8小时，并按照7折（优惠价）结算供暖费为832元。这相当于在集中供热小区的居民，却实际上选择了间歇分散供暖，为集中供暖系统的建设投入没有起到相应的作用❸。

产生上述问题的根源，在于对"集中采暖在长江流域地区是否节能"这个问题的理解。单纯从能耗的角度来看，与目前该地区 5~10kWh/m²（相当于1.6~3.2kgce/m²）的冬季采暖电耗水平相比，采用集中供热造成的能耗水平将大幅提高。

如果该地区采用集中供热方式，将直接改变该地区居民的采暖方式。一是间歇采暖方式改为连续的，一是室温会很自然地上升到20℃。然而，这一地区居民经常开窗通风的生活习惯却很难改变，因此无论建筑围护结构保温如何，室内外由于空气交换造成的热量散失会很大。当采暖方式变化为集中供热、连续运行、室温设定值为20℃时，即使采用保温性能很好的围护结构，通过模拟计算得到平均采暖

---

❶ 集中供热将退出杭州市区将试点设置分布式能源供热. 中国供热信息网, 2008-11-11, http://www.china-heating.com/newsgai/list.asp?unid=11106, 引文日期：2012-1-10.

❷ 南通市西城区实现集中供热减排工程迈出关键步伐. 中国供热信息网, 2010-2-23, http://www.china-heating.com/newsgai/list.asp?unid=12797, 引文日期：2012-1-10.

❸ 武汉集中供暖的尴尬与期望. 荆楚网, 2005-11-7, http://www.cnhubei.com/200510/ca915472.htm, 引文日期：2012-1-10.

需热量仍高达 60kWh/(m² · a)。再考虑集中供热系统广泛存在的不均匀损失和过量供热问题,建筑耗热量将相应达到每个冬季 80kWh/(m² · a)左右的热量。

进而考虑热源的一次能耗,如果以平均效率为 70％的燃煤锅炉作为热源,这样的集中采暖单位面积一次能耗将达到 114kWh/(m² · a),折合 14.0kgce/(m² · a),超过目前平均能耗的 5~7 倍。如果考虑使用热电联产热源,单位面积的一次能耗也将达到 6.3~10kgce/(m² · a)。

因此,无论采用何种系统形式,夏热冬冷地区采用集中供热后,单位建筑面积的采暖能耗将不可避免地出现 2~7 倍的增长。从而,集中供热方式价格高昂也有因可循,难免造成上述在集中供热小区的居民重新转向间歇采暖的方式,造成集中供热系统投入的浪费,以及能源的浪费。因此,在目前我国的能源资源禀赋约束以及居民的经济水平与生活方式条件下,在夏热冬冷地区大规模推广集中供热难免出现费力不讨好的局面。对于个别小区中采用高昂的代价实现集中采暖,不是普适的改善当地居民冬季采暖的合理方式。

那么适宜夏热冬冷地区的冬季采暖方式是什么呢?

实际上,目前该地区采用间歇采暖、局部采暖、定时开窗通风的生活习惯,如果能在有人活动的时间和建筑空间内提供较为完善的局部采暖设施,适当提高室内温度,避免目前一些热风装置吹风感大、噪声严重等问题,也可以提供较为舒适的冬季室内环境。此外,这一地区在夏季都会出现炎热、高湿的气候,空调和除湿又是满足室内基本的舒适要求的必要措施。考虑到冬季和夏季的室内外温度,冬季室外温度 5℃,室内 16℃;夏季室外温度 35℃,室内温度 25℃;正是空气源热泵最适合的工作状况。如果研制开发出新型的热泵空调系统,可以满足这种局部环境控制、间歇采暖和空调的需求,同时在冬季能以辐射的形式或辐射对流混合形式实现快速的局部采暖,夏季同时解决降温和除湿需求,这将更适宜这一地区室内环境控制的要求。

通过新型的热泵空调系统,完全可以使用局部间歇采暖方式❶来满足当地居民不断提高的采暖需求,同时将采暖平均需热量可以控制在 35kWh/(m² · a),若取

---

❶ 此工况下,全天 12 小时采暖,并且采暖空间集中于有人的房间。这相当于只有一半的面积全天 12 小时采暖。室温取为 16℃,较符合当地居民长期以来的冬季着衣习惯,不必频繁地脱换衣物。

热泵的 COP 为 3.5❶，则平均冬季采暖电耗可以在 $10kWh/(m^2 \cdot a)$ 以内，折合一次能源不到 $4kgce/(m^2 \cdot a)$，远低于集中供热方式的煤耗水平。

1.4.4 农村的城镇化发展倾向

从世界发达国家的发展历史来看，城镇化是人类文明进步和经济社会发展的大趋势，也是传统农业国向现代化工业国转变的必由之路。国家统计局 2012 年 1 月 17 日公布的数据显示，2011 年末，我国大陆城镇人口 69079 万人，比上年末增加 2100 万人；乡村人口 65656 万人，减少 1456 万人，城镇人口数量首次超过农村人口，这成为中国城镇化和社会发展程度的一个重要转折点和标志。

实际上，城镇化的内涵不仅仅是农村人口向城镇集中，还包含了社会、空间、经济转换等多方面的内容，如城市文明和城市生活方式的传播和扩散，城市空间的发展和合理化利用，非农产业从业人员及非农产业产值比重不断增加等，这些因素都是综合衡量城镇水平的基本条件。虽然目前国内许多省市和地区都出台了加快推进城镇化进程的文件，但是对农村城镇化的认识还存在很大的片面性，往往只偏重于依靠撤并村庄、推广农民集中居住来实现农村地域的城镇化，通过行政干预手段强制性推进整个转变过程，打破了经济发展到一定程度后，农村向城市过渡的自然发展节奏，这样势必产生与农村当地实际状况不相匹配的诸多问题。

以农村土地为例，一般来说，加快城镇化进程，促进产业和人口向城市集聚，可以实现节约耕地的目的，但是从目前的结果来看，情况并非如此。由于农村土地城镇化以后，可以通过经营城市中的土地获取巨额的利润回报，因此，有些地方会打着城镇化的旗号，从农民手中廉价购买大量土地，侵犯了农民利益，导致农民永久性失去土地，使土地的城镇化速度大大高于人口的城镇化速度。从 1990～2005 年，我国城镇人口增长了 88%，而城市建成区面积却扩大了 140%，城市用地增长率与人口增长率之比为 1.6∶1。但是从近年来耕地被占的农户统计数据中可以发现，仅有 1.5% 的人得以安置就业，5% 的人得以转为城市居民，这说明了仅仅是土地的城镇化并不能代表真正意义上的城镇化。

农村的城镇化还会导致农民生活方式向城镇化转变，集中居住后的农村住宅用

---

❶ 相应的工况为冬季室外温度 5℃，室内 16℃。

能水平和能源消费支出向城镇住宅用能水平靠拢。对浙江某地方的失地农民安置家庭调研中发现，农民的生活支出平均每户从11617元增加到15706元，平均每户增加4000元左右，增幅达35%以上，其中很大比例是由于增加了能源消费造成的[1]。与此同时，如果农民的生产模式不发生与城镇化相适应的转变的话，可能会引起一系列问题。集中居住的居民如果仍然以第一产业为主，那么由于失去了传统民居所具有的院落、厢房等用来存放生产资料、生活材料的空间，将会对生产和生活带来极大的不便。更为严重的后果是，如果农民失去了赖以生存的生产用地，同时所需要的非农产业又不能及时建立起来的话，那么农民的收入和生活水平将会急剧下降。上述任何一个情景的出现，都不是城镇化的初衷。

除此之外，还有一系列其他问题伴随着农村的城镇化而产生。例如农民居住模式的改变，农村传统农居、历史文化遗产和文化传统被破坏，农村住宅能耗的增长和农户能源消费的增加，对农民意愿缺乏尊重而造成农民的不信任情绪加剧等。

正如国务院总理温家宝在2011年12月27日召开的中央农村工作会议上所指出的，农村建设应保持农村的特点，有利于农民生产生活，保持田园风光和良好生态环境。不能把城镇的居民小区照搬到农村去，赶农民上楼。温总理还在会议上一再提到要吃透民情，了解农村的真实情况和群众的真实想法，使决策和工作更加切合实际。

对于我国以农业为主的农民，纵观其文化生产活动、生活方式和能源消耗模式等，如果对农村城镇化过程处理不当，可能会使不少农民沦落为"种田无地、用能无源、就业无岗、低保无份"的"多无"农民，最终影响到社会的和谐与稳定。在农村城镇化进程中，需要综合众多因素，全面、正确地理解城镇化，在充分结合当地的文化传统与生活习惯的基础上，科学地规划村镇建设，避免农村建设盲目效仿城市，并发展合理的能源供应、利用和室内环境改善技术，这样才可以找到科学的解决方案，这些都将在本书的第3章进行详细论述。

---

[1] 韩俊，秦中春，张云华．引导农民集中居住存在的问题与政策思考[J]．调查研究报告，2006 (254)．

第 2 篇　农村住宅节能专题

第 2 章　农村住宅用能状况分析

2.1　农村相关概念界定

在本章的开始，首先对本书所涉及的农村、农村人口、农村住宅、农村住宅能耗等基本概念进行解释和界定❶。农村是相对于城市的称谓，是指经济方式以农业生产为主的区域，其中农业生产方式包括各种农场（如粮食种植、畜牧和水产养殖场）、林场（林业生产区）、园艺和蔬菜生产等，对于一些主要生产方式已经由农业生产转变为第二产业或第三产业的地区不包括在本书所探讨的范围之内。农村人口是指全年大部分时间在农村居住，且以农牧业生产为主要经济来源的人口，对于仍然持有农村户口但是长期居住在城市且从事非农业生产的人口不包括在本书范围内。由于目前农村地区的各类建筑中，住宅的面积和用能都占有绝大多数比例，所以本书所讨论的农村建筑主要为农村住宅（简称农宅），即其内部使用者的经济方式仍然以农牧业生产为主的农村地区居住建筑。农村住宅能耗是指农村住宅在实际运行过程中所发生的生活能耗，包括炊事、采暖、生活热水、空调、照明、家电共六个方面，不包括用于农村住宅建造、农机具工作和小型企业等方面的生产能耗。

与人口集中的城市显著不同的是，农村人口呈散落居住，并形成了以村落为主要行政单元的小规模聚居模式。长期以来，农村住宅绝大多数采用自筹自建的个人方式，建房时大多沿袭传统的粗放型模式，主要以分散式的单体住宅为主，缺乏整

---

❶《中国大百科全书》（第二版）（由中国大百科全书出版社出版）对本书所涉及的部分概念的定义与本书不同，在《中国大百科全书（第二版）》中存在以下定义：

农村：区别于城镇的居民点及地区的总称，或居民以农业为经济活动基本内容的一类聚落的总称，又称乡村。

乡村人口：年末乡村住户中常住的全部人口，乡村人口等于全国总人口减去城镇人口。

农业：狭义的农业指种植业或称农作物栽培，广义的农业包括种植业、林业、牧业、副业和渔业。

本书主要讨论农村住宅用能相关的内容，关于农村、农村人口、农业的定义与上述定义有所区别，为了便于叙述，本书中对这些概念进行了重新界定。

体规划和建造标准。我国 2010 年农村住宅面积约为 230 亿 m^2，约占全国总建筑面积的 50%。改革开放后特别是近年来随着农民生活水平的提高，农宅建设已进入了更新换代的高峰时期，我国每年新建农宅面积如表 2-1 所示，从 1996～2008 年我国农村地区每年新建农宅面积基本维持在 7 亿～8 亿 m^2，这不仅意味着农村居住条件的改善和居住空间的扩大，同时也意味着农民生活状态和农宅对能源消耗的转变。

我国每年新建农宅面积   表 2-1

年份	1996	1997	1998	1999	2000	2001	2002	2003	2004	2005	2006	2007	2008
面积（亿 m^2）	8.73	8.59	8.39	8.32	8.13	7.45	7.51	7.57	6.58	6.66	6.92	7.83	8.44

注：数据来源于《中国统计年鉴1997—2009》。

图 2-1 给出了近些年我国不同结构形式农宅建筑面积的变化情况。从 1996～2008 年的 13 年间，农村住宅的总建筑面积逐年增长，但是进入 2000 年后，农村的砖木结构住宅面积基本维持不变，增长的建筑面积主要来自钢筋混凝土结构农宅，虽然钢筋混凝土结构建筑并不全都代表多层楼房（其中一部分是来自对房屋建造质量要求的提高），但这也能说明一些地区农村住宅的建筑形式已经出现了从传统的单层住宅向多层住宅转变的趋势。另外，其他类型住宅的建筑面积正在逐年下降，包括西北地区的生土结构窑洞、南方地区的竹木结构房屋、一些山区的石结构房屋等具有地方特色的传统住宅形式，说明农村地区传统的居住方式正在被取代和发生变化。

在过去相当长的时期内，由于农村固有的生活、资源特性以及城乡经济状况的

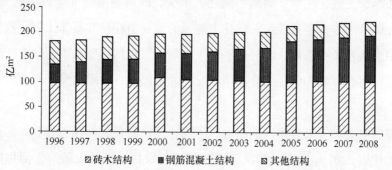

图 2-1 我国农村地区不同结构农宅建筑面积逐年变化情况

数据来源：《中国农村统计年鉴 1997—2009》。

巨大差异，农村住宅用能以秸秆、薪柴等生物质能为主，其商品能消费总量和单位面积的商品能耗量都远低于城市建筑，形成了独有的"自给自足型"能源供应方式。然而，随着农村经济水平的不断提高和新农村建设的全面开展，广大农民在进入或奔向"小康"时代的同时，农村地区传统的居住、生活模式的变化导致了用能方式的转变，因此农村住宅的能源消费水平同时也发生着前所未有的变化，煤炭、液化石油气、电能等商品能开始广泛使用，能源供应方式逐步由传统的"自给自足型"转变成"外部输入型"。随着农村的逐步开放，与城市甚至是国外地区之间的信息交流越来越广泛，再加上国家新农村建设和游牧民定居工程等政策的实施，农村住宅能源消耗总量和结构正发生深刻的变化。全面摸清农村生活用能现状，并据此制定切实可行的农村住宅节能战略、技术措施和实施机制，对加快我国整体建筑节能步伐起着举足轻重的作用，也是实施可持续发展战略的重要组成部分。

2.2 农村住宅能源消费总量及结构

为了对我国不同地区农村住宅能耗及环境状况有一个全面了解，在农业部、北京清华城市规划设计研究院、北京市可持续发展促进会等单位的支持下，清华大学于2006和2007年暑期分别组织实施了大规模的中国农村能源环境综合调研活动。共有148支调研队伍，近700余名师生参与了调研活动。覆盖范围包括北京、天津、河南、河北、山东、山西、陕西、黑龙江、吉林、辽宁、内蒙古、甘肃、宁夏、青海、新疆等北方15个省、自治区、直辖市的88个县级行政区，以及上海、浙江、江苏、安徽、江西、湖南、湖北、重庆、四川等南方9个省市的62个县级行政区。调研内容主要包括：农村住宅能源的现有消耗量和具体比例；农村可再生能源利用现状和发展趋势；农村住宅和生活用能（包括房屋采暖、炊事、空调降温等）状况；生态环境和资源综合利用状况；农村经济、技术信息、产业发展等方面的现状和需求等。

本节的主要数据来自本次调研（以下简称调研）及其他相关资料，因此能耗状况也只能代表2007年前后的情况，近几年随着农村地区的发展，生活用能量也会发生一定变化，相关情况可以参照第1章根据中国建筑能耗模型给出的计算结果。

图2-2是通过对调研数据进行整理后得到的部分省市农村住宅单位建筑面积全

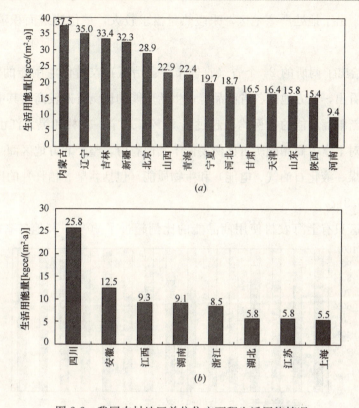

图 2-2 我国农村地区单位住宅面积生活用能情况

(a) 北方地区；(b) 南方地区

注：图中四川的数据是由四川和重庆两地合并得到的（下文同）。

年生活用能情况，包括了用于炊事（含生活热水）、采暖、生活用电（包括照明和各类家电）的能耗，统计的能源种类包括：煤炭（散装煤、蜂窝煤）、液化石油气、电力、生物质能（薪柴、秸秆），其中电力是按照当年火力发电煤耗计算法折合为千克标准煤（kgce），其他各类能源都根据燃料的平均低位发热量进行折算❶。

从图 2-2 中可以看出，整个北方地区由于冬季采暖需要，单位建筑面积耗能量绝大部分要高于南方地区（河南很多地方冬季不采暖，所以能耗较低；而四川省由于其西部山区属于寒冷地区，冬季也有采暖需求，而且采暖、炊事方式是以薪柴等生物质的直接低效燃烧为主，所以能耗较高）。其中内蒙古、辽宁、吉林、新疆四

---

❶ 1kWh 电＝0.35kgce；1kg 煤炭＝0.71kgce；1kg 液化石油气＝1.71kgce；1kg 木柴＝0.6kgce；1kg 秸秆＝0.5kgce。

省（自治区）由于地处严寒地区，采暖热量需求较大，单位建筑面积消耗量超过 30kgce/a。

图 2-3 给出了调研的 24 个省（直辖市、自治区）农村住宅用能的消费结构，从图中可以看出，北方地区各省商品能占生活用能的比例普遍较高。其中北京、天津、山西、新疆商品能的比例均已超过了 90%，辽宁、吉林和黑龙江由于薪柴和秸秆资源相对丰富，商品能所占比例要低于其他省份。整个北方地区商品能（包括散煤、蜂窝煤、液化石油气、电能）和生物质能（包括薪柴、秸秆）的比例分别为 71.2%和 28.8%。

南方地区只有上海农村使用商品能的比例超过了 90%，其他各省相对较低，

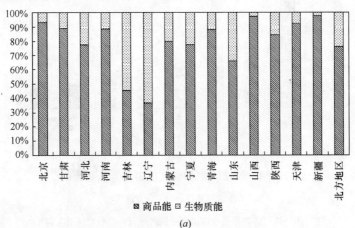

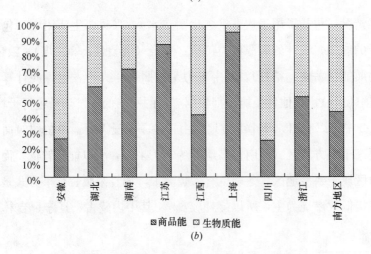

图 2-3 我国农村地区生活用能消费结构情况
(a) 北方地区；(b) 南方地区

而安徽、四川、云南和西藏只有20%左右，是全国最低的几个省份。整个南方地区商品能和生物质能的消耗比例分别为47.8%和52.2%，这表明南方地区农村生活用能中，生物质能仍然占有相当的比例。

采用《中国农村统计年鉴2007》中所提供的各省农村人口数量和人均居住面积进行推算，目前我国31个省（直辖市、自治区）每年农村生活用能已经达到约3.2亿tce，其中商品能煤炭为1.9亿t（折合1.36亿tce）、液化石油气597万t（折合0.1亿tce）、电1324亿kWh（折合0.47亿tce），非商品能生物质（包括薪柴和秸秆）总量为2.2亿t（折合1.24亿tce），我国各省市农村生活用能不同种类能源消耗量见表2-2。将调研数据与国家统计年鉴数据进行对比可发现，两者的煤炭消耗量统计数据存在较大差距，调研数据明显高于国家统计数据，分析原因为国家在统计时一般采用自上而下的能源平衡分析法，即通过全国煤炭的总生产量扣除工业、发电、城镇集中供热等各领域的消耗量之后得到。而实际调研中发现，农村地区的煤炭来源渠道存在多元化的特点，除了部分来自大型煤矿之外，更多的是来自于一些地方性小煤窑的直接供应，这部分大多数并没有被统计到国家的生产总量中，导致农村住宅的实际煤炭消耗量被低估。

我国各省市农村生活用能不同种类能源消耗量　　　　表2-2

省、直辖市、自治区	户数（万户）	建筑面积（亿m^2）	煤炭（万t）	液化气（万t）	电能（亿kWh）	生物质（万t）		折合标煤量（万tce）		
						薪柴	秸秆	商品能	非商品能	总量
山东	1456.1	15.4	1806	88.6	94.1	1035	568	1763	905	2668
河北	1421.5	12.4	2294	27.3	72.2	349	708	1928	563	2492
山西	518.6	4.8	2609	2.6	19.5	72	30	1925	58	1983
河南	1604.0	18.0	1846	20.9	76.3	205	185	1613	216	1829
辽宁	520.9	4.4	675	20.5	40.1	381	1773	655	1115	1770
陕西	572.5	6.1	1176	10.6	31.6	140	192	964	180	1144
新疆	285.0	2.8	1108	0.8	8.8	16	21	819	20	839
吉林	336.8	2.6	388	4.8	14.8	216	555	335	407	743
黑龙江	450.7	3.7	871	9.3	19.9	1484	951	704	1366	2070
甘肃	399.2	3.4	779	1.2	15.7	55	92	610	79	689
内蒙古	318.8	2.5	628	1.5	10.4	83	152	485	126	610
北京	90.2	1.0	546	10.2	13	29	34	451	34	485

续表

省、直辖市、自治区	户数（万户）	建筑面积（亿 m²）	煤炭（万 t）	液化气（万 t）	电能（亿 kWh）	生物质（万 t） 薪柴	生物质（万 t） 秸秆	折合标煤量（万 tce） 商品能	折合标煤量（万 tce） 非商品能	折合标煤量（万 tce） 总量
天津	76.9	0.7	190	3.4	12	12	17	183	16	198
青海	70.7	0.6	205	1.1	3.3	8	34	159	22	181
宁夏	77.6	0.7	162	0.3	4.2	27	44	130	38	169
四川	1976.3	23.7	981	29.4	127.6	3188	982	1193	2404	3597
安徽	986.2	10.7	116	44.7	55	2308	221	351	1495	1847
湖南	1051.4	15.3	651	13	90.4	687	73	801	449	1249
浙江	683.9	12.5	193	61.6	99.2	196	101	590	168	757
江苏	1080.4	14.8	252	80.7	118.9	256	132	733	220	953
江西	634.9	9.6	305	17	38.3	892	65	380	568	947
湖北	807.2	11.8	442	17.4	61.4	427	29	558	271	829
上海	66.0	1.2		12.4	14.9	3	6	73	5	78
福建	481.3	7.8	40	29.1	51.2	198	10	257	124	361
广东	824.3	9.2	249	79.6	102.5	445	214	672	374	1045
广西	718.1	9.1	159	1.4	67.1	287	9	350	177	527
云南	769.3	8.0	64	0.3	29.4	760	268	149	590	739
贵州	649.1	6.5	467	6.6	20.1	376	31	413	241	654
海南	95.3	1.0	41	0.8	7.5	25	12	57	21	78
西藏	35.6	0.4			4.8	202		17	121	138
北方	8235.1	79.5	15283	203.1	435.9	4314	5357	12724	5267	17870
南方	10823.7	141.2	3960	394	888.3	10047	2152	6594	7104	13799
总计	19059	221	19243	597.1	1324.2	14361	7509	19318	12371	31689

注：表中不包括港澳台地区的数据，灰色部分表示非实地调研数据，而是通过周边相近地区的调研数据进行推算所得到的结果。其中商品能包括煤炭、液化石油气和电能；非商品能主要包括薪柴和秸秆，调研没有涉及对牲畜粪便和沼气等其他可再生能源的统计。

图 2-4 分别给出了基于调研数据的北方地区和南方地区农户全年生活用能量的分布情况。从生活用能量的户均值来看，北方地区要普遍高于南方地区，尤其是北京、黑龙江、新疆、吉林、辽宁等省市的数量最多。不管是南方地区还是北方地区的省份中，用能总量都出现了"两极分化"的情形，用能最多的农户和最少的用户之间生活用能量相差达数十倍，其中北方地区的北京、黑龙江、吉林三省市（河南由于有采暖农户和非采暖农户，差距也较大），以及南方的浙江、江苏两省相差都

较大,明显高于其他地区。从用能量的标准差分布来看,标准差主要集中在用能量少的一侧,说明农村住宅用能整体还是处于偏低的水平,用能量过大的农户只是少数情况,但是这种用能极端偏大的情况还是应该引起重视,将来随着经济的发展这部分农户所占的比例增大后,标准差就会逐渐偏向用能量多的一侧,将会导致农村的整体用能量大幅度增长。

如果以调研得到的全国农户年纯收入排名的前25%、25%~75%、后25%的收入值分别作为富裕型、普通型和温饱型三种农户的评价标准,依次对北方和南方地区各省的农户进行分类,可以得到农户经济收入差异对用能量和用能结构的影

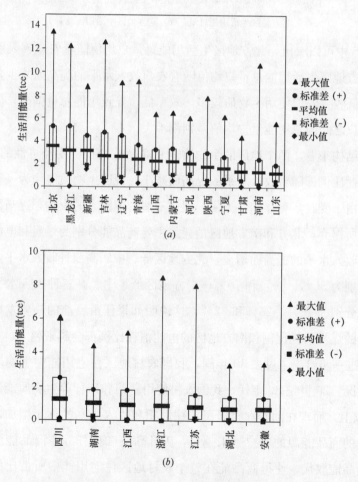

图2-4 我国各省农户全年生活用能量分布情况
(a) 北方地区各省区市农户全年生活用能量分布情况;
(b) 南方长江流域地区各省市农户全年生活用能量分布情况

响，如图 2-5 所示。

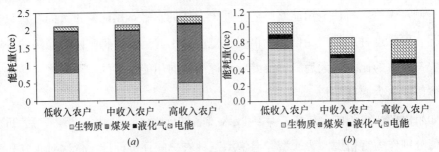

图 2-5 不同收入水平农户的全年生活用能量分布情况
(a) 北方地区生活用能总量；(b) 南方地区生活用能总量

从图 2-5 中可以看出，北方地区生活用能总量户均值随着农户收入水平的提高而增长，南方地区生活用能总量户均值随着农户收入水平的提高而减少，主要原因是南方地区低收入农户使用生物质较多，效率低，导致用能总量偏高，但两个地区不同收入农户之间的总用能量户均值差别都不大。

从用能结构来看，两个地区的生物质能和商品能的比例受经济性的影响较大，生物质能消耗比例都随着收入水平的提高而减小，说明生物质能作为一种常见的可再生能源，由于受收集和存储不方便、燃烧不清洁等因素的影响，逐渐被经济条件较好的农户所摒弃；北方和南方地区消耗的主要商品能分别为煤炭和电能，且消耗比例都随着收入水平的提高而增大，北方地区低、中、高三种收入水平农户的煤炭消耗比例分别为 55%、66% 和 70%，南方地区低、中、高三种收入水平农户的电能消耗比例分别为 15%、26% 和 32%，这说明如果任由目前的趋势发展下去，未来北方地区的煤炭消耗比例和南方地区的电能消耗比例都会越来越大。

图 2-6 进一步给出了过去 30 年间，我国农村地区住宅用能中生物质能所占比重的下降情况。20 世纪 80 年代，我国农村使用薪柴和秸秆等生物质能的比例还能占到 80% 以上，而现在随着农村居民居住面积和收入水平的逐年增加，有能力购买一定数量的商品能源的农户越来越多，因此薪柴和秸秆等非商品能源逐渐被煤炭、电等商品能取代，使得商品能在整个农村地区住宅用能中所占比例已经达到 60%，生物质能只占 40%。

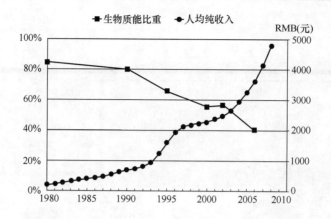

图 2-6 我国农村地区人均纯收入与生物质能源比重的关系

2.3 农村住宅室内环境状况

2.3.1 室内热环境

农村住宅室内热环境情况与当地气候、建筑围护结构、采暖和空调情况等直接相关，不仅会影响到人的主观热感觉，还与采暖、空调能耗密切相关。

在对北方农村的调研中，分别调查了当地农户在冬季和夏季的白天和晚上对室内的冷热感觉情况。在对南方农村的调研中，分别调查了当地农户在冬季和夏季对室内总体的冷热感觉以及冬季和夏季的室内温度情况。另外，对一些典型农户，在询问被调研人当时的冷热感觉的同时又用温度计对室内外温度进行了实际测量，以得到农户的主观热感觉所对应的具体温度范围。

根据我国气候分区（图 2-7），将进行调研的北方农村分成寒冷地区和严寒地区进行分析，其中寒冷地区包括北京、天津、河北、河南、山东、山西、陕西和甘肃；严寒地区包括辽宁、吉林、黑龙江、内蒙古、新疆、宁夏和青海。调研的南方地区主要为长江流域的夏热冬冷地区，包括四川、江西、湖南、湖北、安徽、浙江、江苏和上海。

由于农户对室内热环境的评价情况除了受经济水平等客观因素的影响外，更多的是受主观因素的影响，当只按照经济水平对农户进行分类且类别较多时，不同类别之间的变化规律就会多样，为了清楚地看出不同收入水平农户对农宅室内热环境

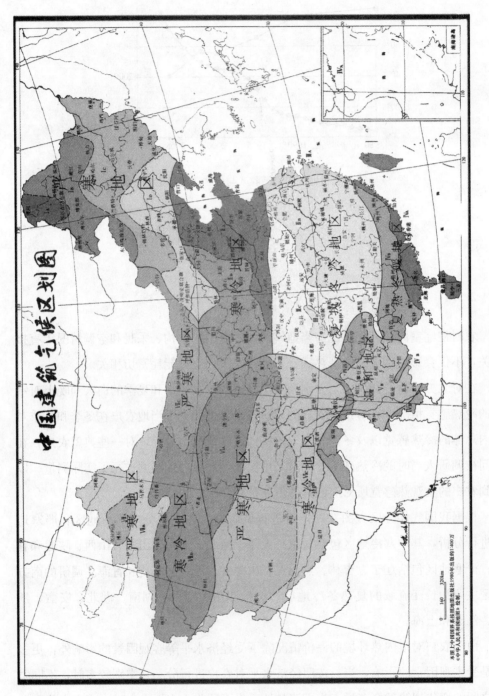

图 2-7 我国气候分区情况

的感受差别，此处利用调研得到的北方和南方地区的户均纯收入作为分界线（北方为 15000 元，南方为 19000 元），只将全部农户分成高收入和低收入两类人群进行对比分析。

(1) 北方地区室内热环境情况

图 2-8 是北方地区当地居民对室内热环境的评价情况，从图中整体来看，北方地区各省中高收入农户反映冬季偏冷和夏季偏热的比例要低于低收入农户。

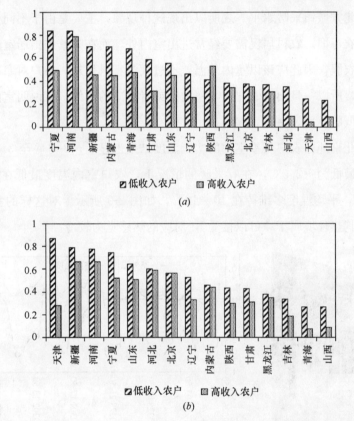

图 2-8 北方地区农户全年室内热环境情况
(a) 冬季感觉偏冷农户比例；(b) 夏季感觉偏热农户比例

冬季时，河南省由于多数农户冬季没有采暖，不管是低收入农户还是高收入农户反映冬季室内偏冷的比例都较高，宁夏、青海、新疆、内蒙古等省（自治区）是低收入农户反映冬季室内偏冷比例相对较高的几个省份。从区域来看，西北地区的省份大多数人普遍反映冬季室内偏冷，而东北地区和华北地区省份的农户中反映冬季偏冷的比例相对较低，只有山西和天津两地的少数人认为室内偏冷。

夏季时，由于新疆有些地方地处沙漠地区，受地理条件的影响较大，所以低收入农户和高收入农户都反映室内偏热的比例最高，另外，河南省由于靠近南方地区，两者的比例也较高。东北地区的几个省份反映偏热的农户比例要低于华北地区的几个省份。

根据大量调研结果表明，北方农宅室内比较适宜的空气温度为15℃左右，明显低于我国北方城镇采暖水平。之所以出现这种现象，主要是由于不同生活习惯导致的不同穿衣习惯。农村居民需要经常进出室内外，而在频繁进出居室的同时并不会频繁更换衣服，因此应该以室内外温差不过大为宜。另外，农户对寒冷的忍受能力普遍较强，所以一旦出现农户反映室内冷或者太冷的时候，就说明室内温度确实已经到了很低的程度。

根据对北京地区农户冬季室内的实测温度结果也显示，2月底至3月初的1周内室外温度最低为-2.5℃，在有采暖的情况下，农户室内温度最低在8℃，最高不超过16℃，平均温度多维持在10~12℃，如图2-9所示。对这样的室内温度状况农户表示其热环境属于"可以接受"，对应的热感觉为较冷。

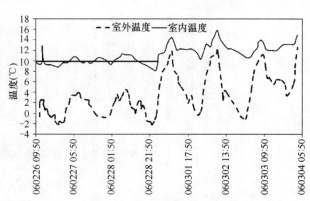

图2-9　北京市房山区某户卧室（左）冬季温度实测曲线

另外一户甘肃某较为贫困农宅，该户采用煨炕进行冬季采暖，1月份某典型日实测空气温度仅3~4℃，如图2-10所示。当时询问到的农户热感觉是室内寒冷。

(2) 南方地区室内热环境情况

图2-11是南方地区当地居民对室内热环境的评价情况，从图中整体来看，与

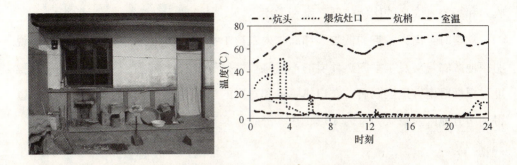

图 2-10　甘肃省某典型农宅（左）冬季温度实测曲线（2006 年 1 月 12 日）

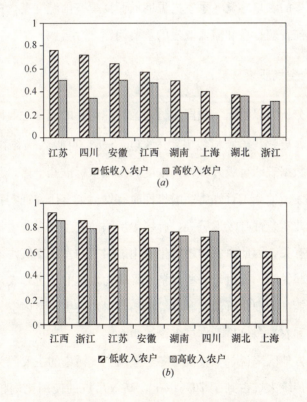

图 2-11　南方地区农户全年室内热环境情况

(a) 冬季感觉偏冷农户比例；(b) 夏季感觉偏热农户比例

北方地区类似，南方地区各省的高收入农户反映冬季偏冷和夏季偏热的比例都要低于低收入农户。

冬季时，江苏、四川、安徽、江西四个省份中有大部分低收入农户都反映冬季室内偏冷，是比例最高的几个省份，上海、湖北、浙江三省市中反映冬季偏冷的低收入和高收入农户的比例较低,都在 50% 以下。

夏季时,南方各省的低收入和高收入农户中都有较多的农户反映室内偏热,说明该地区农户对夏季室内热环境的不满意程度要超过对冬季室内热环境的不满意程度。根据对南方地区调研的农户热感觉和对应的当时实测的温度情况,统计后可以得到南方地区农户认为室内太热、热、舒服、凉爽的平均温度分别大致为 29、27、25、22℃。

通过上述对农民室内冷热感觉的调研数据及分析可以发现,不管是北方还是南方,目前有相当多的农户感觉冬季室内温度低而夏季室内温度高,这表明农宅室内热舒适性差是目前普遍存在和需要改进的重要问题。

2.3.2 室内空气质量

由 2.2 节的分析可以看出,我国农村地区目前消耗的能源主要以煤炭、生物质等固体燃料为主,导致我国农村住宅室内 CO、SO_2、可吸入颗粒物等污染物浓度偏高,一些实测数据表明可吸入颗粒物浓度高于国家标准几十倍,甚至上百倍,一氧化碳中毒甚至无情地夺走百姓生命的事件时有发生。有研究证实我国农村地区慢性阻塞性肺炎、儿童急性呼吸道感染、肺癌等疾病的发生与煤、生物质等燃料燃烧所产生的污染物有关。因此由农村地区生活用能引起的室内空气污染与人的健康密切相关,应该引起关注。而对于一些经济水平较为发达的地区和农户,由于其生活燃料主要以商品能(如液化石油气和电等清洁燃料)为主,室内空气质量水平明显要优于其他地区和农户,这里不作过多论述。

(1) 对于北方地区来说,采暖成为冬季室内空气污染的主要源头,在许多省份有火炕的农户中传统火炕占到了 70% 以上,高效吊炕的使用比例相对较低,而煨炕主要集中在西北地区的甘肃、宁夏、青海、陕西等地,占到所在省份所有火炕的 60% 以上。一些填料口在室内的传统火炕,前炕脸已经被熏黑,如图 2-12 所示,在烧炕的时候有大量烟气进入到室内。另外,还有一些农户直接将采暖炉放置到室内,如图 2-13 所示,虽然炉子与烟囱相连接,但是会有一部分 CO、颗粒物等从炉盖等缝隙处泄露出来,造成安全隐患。在其他季节,室内烧火炕和采暖炉的现象较少,对室内空气质量的影响也较小。

图 2-12　填料口在室内的传统火炕

图 2-13　室内直接放置采暖炉

目前，普通柴灶仍然是北方地区的主要炊事方式，约占到 54%，由于采暖的需要，大部分家庭将柴灶出口与炕相连，这样一方面可以充分利用烟气余热，另一方面可以减少室内的烟气污染，但往往由于设计不佳，导致柴灶填料口处存在倒烟、漏烟等问题，使炊事成为除采暖之外室内空气污染的主要源头。在对北方地区的调研中，了解到有 40% 的人认为做饭的时候呛人。另外由于农民长期生活在这种环境下，可能已经适应了做饭时炉灶产生的烟气，因此即使在他们感觉不呛人的情况下室内的烟气污染也可能会很严重。

（2）对于南方地区来说，与北方不同的是，由于采暖需求较小，一些地区主要以火盆、火炉等局部辐射供暖方式，如图 2-14 所示，整体分布比例能达到 30% 左右。尽管该种方式使用时间较短，但使用过程中会有大量

图 2-14　取暖用的火盆

的 CO、颗粒物等污染物直接散发到室内，使得即使在寒冷的冬天也被迫开窗通风，否则会对人体健康构成极大威胁。

相比南方的采暖问题，炊事是全年室内空气污染的主要源头，在一些经济条件较为落后的地区，柴灶、煤炉还是较为常见的炊事方式，炊事过程中直接使用稻

草、秸秆、柴禾、果壳、家畜粪便等作为生活燃料。在某些地区，用室内敞口柴灶或火膛做饭也较为常见。由于这些炊事方式没有烟囱向室外排烟，燃烧产生的烟气直接散发到室内，造成室内污染尤为严重，如图 2-15 所示。

图 2-15　农村敞口式炊事方式

(a) 烧柴灶；(b) 室内火膛

在南方大部分地区，农宅厨房内的排烟设备普及率并不高（如图 2-16 所示），这样即使做饭时采用的是液化石油气或者沼气这些清洁能源，厨房内仍然会由于烹调过程中的煎炒烹炸而造成室内污染。高温烹调是我国独特的烹饪习惯，在高温烹调过程中形成的厨房油烟成分非常复杂，主要有醛、酮、烃、脂肪酸、醇、芳香族化合物、

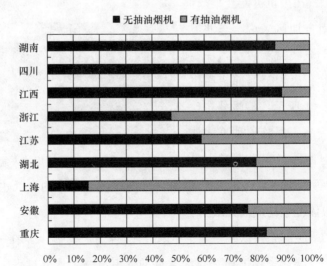

图 2-16　调研中各省有/无抽油烟机占调研户数的比例

酮、内酯、杂环化合物等，其中包括苯并芘、挥发性亚硝胺、杂环胺类化合物等已知致突变、致癌物，这些污染物如果不能及时排除，会严重影响农民的身体健康。

通过上面的分析，发现厨房是农户房间里面污染最为严重的地方，但是长期以来由于人们的环境健康意识淡薄，在进行房屋设计时往往不注意厨房与卧室之间的合理布局。在对南方农村的调研中发现有33%的农户的厨房是在室内且与居住房间连通的，如图2-17所示。

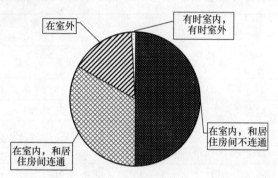

图2-17　我国南方农村地区厨房布局情况

目前有关方面对农村地区室内环境质量关注较少，相关标准和支持政策尚未出台，农宅室内空气质量的改善主要依靠农户自身的行为来实施，这样就受到农户自身经济水平和健康意识的强烈制约。在一些经济较为发达和有条件的地区，由于液化石油气、电和沼气等清洁能源的使用，室内空气质量情况得到了较大改善，而在一些经济落后的偏远或者封闭地区，传统低效、高污染的用能方式一直没有得到很好的改善，这样造成了室内空气质量改善的地区发展不平衡和污染程度差距的扩大，由于农宅室内空气污染来源的多样性，需要从关注落后地区的实际情况出发，将解决采暖、炊事所造成的室内空气污染进行统一考虑，避免顾此失彼。

2.4　北方采暖用能

农村住宅用能主要包括：采暖、炊事、照明、各类家电、生活热水用能。目前，农村生活热水用量还比较低，许多地区夏天洗浴仍旧采用直接冲凉的方式，或通过太阳能热水方式获得，有时候会用柴灶烧部分热水，可以算作炊事用能，因此不予过多讨论。后续几节将重点对其他几项农宅用能进行分析。

表 2-3 给出了北方地区各省农宅冬季采暖所消耗的主要能源数量情况，可以看出，整个北方地区农宅冬季采暖能耗总量已经达到 1 亿 tce，其中煤炭为 7400 万 tce，生物质为 2600 万 tce；采暖能耗约占生活总能耗的 56%，严寒地区几个省份的采暖能耗所占比例更是达到了 60% 以上，寒冷地区除河南以外的所有省份的冬季采暖能耗所占比例为 50%～60%。

北方地区各省(自治区、直辖市)农宅冬季采暖消耗的不同种类能源数量　　　表 2-3

省、市、自治区	实物量			总量（万 tce）	户均量（tce）		单位建筑面积量（kgce/m²）		占生活总用能比例（%）
	煤炭（万 t）	薪柴（万 t）	秸秆（万 t）		总量	煤炭	总量	煤炭	
黑龙江	801.0	315.9	1112.2	1314.4	2.66	1.15	32.2	13.9	63.5
新疆	811.0	0.0	2.5	577.0	2.58	2.57	26.3	26.2	68.8
山西	2061.6	65.6	25.8	1515.9	1.90	1.82	20.5	19.7	61.3
北京	383.4	17.8	14.9	290.4	2.04	1.91	18.6	17.5	59.9
青海	99.0	56.8	13.1	110.9	1.43	0.91	16.4	10.4	61.3
辽宁	458.7	155.9	1095.6	967.0	1.39	0.47	16.4	5.5	54.6
内蒙古	511.1	28.1	65.4	412.4	1.17	1.03	15.1	13.3	67.6
吉林	361.2	131.8	230.6	450.9	1.18	0.67	15.0	8.5	60.7
宁夏	119.3	12.5	3.8	94.1	1.01	0.91	10.5	9.5	55.7
天津	154.7	3.6	7.9	115.9	0.97	0.92	10.4	9.8	58.5
河北	1386.6	213.8	345.4	1285.5	0.89	0.68	10.2	7.8	51.6
甘肃	504.8	16.7	71.2	404.0	0.87	0.77	10.1	9.0	58.6
陕西	784.9	107.1	74.0	658.5	0.93	0.79	8.7	7.4	57.7
山东	1533.2	423.8	224.7	1455.2	0.71	0.53	6.7	5.0	54.5
河南	931.5	60.5	39.2	717.3	0.35	0.33	3.1	2.9	39.2
合计	10902	1609.7	3326.4	10369	1.01	0.75	14.4	11.1	56.3

注：表中计算单位建筑面积耗能量时，使用的是农户住宅总面积。

从单位建筑面积采暖能耗量来看，北方地区农村绝大部分省份的能耗量都超过了 10kgce，如果扣除掉农村住宅中相当一部分的非采暖建筑面积（根据部分省份的调研结果，采暖面积比例约为 60%），则北方地区有大部分省份的农宅采暖能耗会超过或接近 20kgce/m² 的水平（目前我国北方城镇采暖单位建筑面积的能耗水平为 20kgce），但是农宅的室内温度却比城镇建筑低很多，下面从三个方面对影响农宅采暖能耗的主要因素进行分析。

2.4.1 建筑形式

通过建筑采暖过程分析，可以发现北方地区农宅围护结构现状对采暖能耗的影响较大。因为室外温度低于要求的室内温度，在室内外温度差的作用下，热量通过外墙、外窗以及屋顶散失到室外；同时，为了保证室内空气的新鲜，室内外之间还需要一定的通风换气量，也会造成室内热量的损失。因此，为了维持室内的温度，就需要通过采暖系统向室内提供等量的热量。综合围护结构的影响和通风换气的作用，可以得到单位面积需要的采暖热量 Q 为：

$Q=$室内外平均温差$\times$(体形系数$\times$平均传热系数$+$换气次数$\times 0.335)\times$层高(W/m^2)

上式中，体形系数指建筑外表面积与建筑体积之比。换气次数指每小时室内外通风换气量与室内空间体积之比。为了保证健康要求，一般要求换气次数不低于 0.5 次/h。式中的平均传热系数，指综合外墙、外窗和屋顶的平均传热系数。下面根据上式分别对农宅中影响采暖热量需求的各因素进行分析。

图 2-18 给出了我国北方地区的一些典型农宅外观图。北方地区的主要建筑形式为单体砖瓦平房，部分地区有一些生土类窑洞。

吉林省东丰县农宅

内蒙古太仆寺旗农宅

宁夏彭阳县窑洞

(*a*)

山西临县窑洞

河北抚宁县平顶平房

河南滑县楼房

山东牟平市坡顶平房

(*b*)

图 2-18　我国北方地区典型农宅外观图
(*a*) 严寒地区典型住宅外观；(*b*) 寒冷地区典型住宅外观

图 2-19 进一步给出了北方地区各类农宅的分布比例情况，除了陕西省和河南省等少数几个省之外，大部分农宅为坡顶或平顶单层住宅，通过体形系数的定义，可以得到此类农宅的体形系数多在 0.8 以上，是城镇多层住宅体形系数的两倍以上。

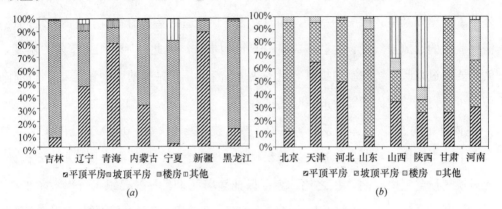

图 2-19　北方地区各类农宅分布比例

(a) 严寒地区；(b) 寒冷地区

（注：图中的平房是指单层农宅）

影响墙体传热系数的因素包括墙体材料、墙体厚度和保温状况。图 2-20 给出了我国北方地区农宅所用的墙体材料情况，从中可以看出，不管是严寒地区还是寒冷地区，房屋的墙体材料主要还是实心黏土砖。

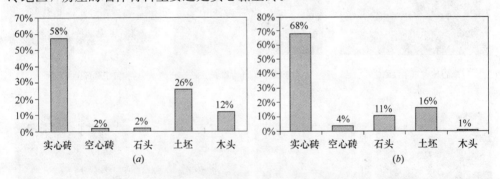

图 2-20　北方地区农宅墙体材料

(a) 严寒地区；(b) 寒冷地区

再从热工性能来看，严寒地区墙体平均厚度为 35~40cm，如图 2-21 所示。在东北地区，黑龙江的墙体厚度多数集中在 38~49cm，而吉林和辽宁多集中在 24~

37cm。虽然都处于严寒地带,但是黑龙江的纬度最高,天气最为寒冷,所以墙体自然要比其他两省厚一些。

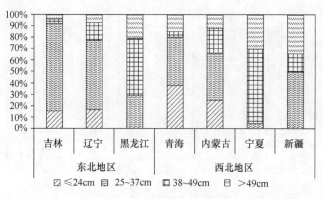

图 2-21 严寒地区墙体厚度

即使是黑龙江省的 49cm 墙,如果没有任何保温措施,其墙体传热系数为 0.77W/(m²·K),相对于即将颁布的《农村居住建筑节能设计标准》所给出的严寒地区农宅外墙传热系数的最高限值 0.5W/(m²·K)来说(见表 2-4),墙体传热系数要高出 50%多。在调研的省份中,还有相当比例的农宅墙体厚度仅为 24cm,如在青海地区此比例已逼近 40%,24cm 墙体的传热系数为 1.4W/(m²·K),接近上述标准限值的 3 倍,墙体热工性能之差一目了然。

严寒和寒冷地区农村住宅围护结构传热系数限值❶ 表 2-4

建筑气候区	围护结构部位的传热系数 K [W/(m²·K)]					
	外墙	屋面	吊顶	外窗		外门
				南向	其他朝向	
严寒地区	0.50	0.40	0.45	2.2	2.0	2.0
寒冷地区	0.65	0.50	/	2.8	2.5	2.5

图 2-22 给出了寒冷地区的墙体厚度情况,其中大多数墙体厚度集中在 37cm 以下。与严寒地区相比(平均墙体厚度在 35~40cm),寒冷地区农宅墙体厚度明显偏薄,墙体的平均厚度在 33cm 左右,其传热系数为 1.08W/(m²·K)。在各省墙体厚度对比中发现,越到气候相对暖和的地区,其墙体厚度越小,例如河南省农宅中

---

❶ 《农村居住建筑节能设计标准》,国家标准征求意见稿,2012 年。

有62%的墙体平均厚度小于或等于24cm，而河北省59%的农宅墙体厚度在25~37cm。

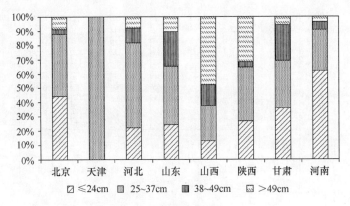

图 2-22　寒冷地区各省墙体厚度分布

虽然北方地区农宅墙体厚度偏薄，但是空心砖和土坯等作为具有一定保温性能的墙体材料，并不常用，且仅有2.3%的农宅墙体采用了保温措施，比例非常低，墙体的热工性能并没有得到有效改善。

图2-23给出了北方地区各省的窗户形式，从中可以看出，在多数省份中，单层玻璃窗占大部分，尤其是寒冷地区的比例更高，其中占有率较高的单层铝合金窗和木窗的传热系数基本在4.7~6.0W/(m²·K)之间，传热系数是表2-4中限值的两倍左右，热工性能较差。另外，在一些省份，如北京、山西、陕西等地还存在一定数量的纸糊窗和半纸糊半玻璃窗。

围护结构中另一个重要部分是屋顶。北方地区农宅的屋顶外层材料主要采用砖

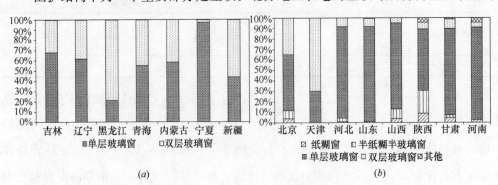

图 2-23　北方地区农宅窗户形式

(a) 严寒地区；(b) 寒冷地区

瓦，此外是灰泥、水泥和其他材料。在屋顶中层材料中，厚灰泥的使用率最高，其次是秸秆等农作物产品，这说明农民会适当地选择当地材料作为屋顶的一部分。虽然秸秆等材料具有一定的保温性能，但是由于屋顶整体厚度普遍偏小，导致保温效果并不十分理想，传热系数有时高于 1.5 W/(m²·K)，为表 2-4 中屋面限值的 3 倍左右。

综上所述，北方农宅多为两层以下的单体建筑，体形系数大于 0.8，为城镇建筑的两倍以上，且墙体、屋顶绝大多数厚度偏薄、无保温，窗户以单层玻璃为主，导致各围护结构的传热系数偏高，加上部分地区农村窗户密封性能差，冷风渗透严重，导致房间换气次数往往大于 1 次/h，比城镇建筑高出 1 倍以上。而实际上农宅和城镇建筑的层高相差不多，如果农宅室内采暖目标温度与同一地区城镇建筑相同的话，即前式中第一项的室内外平均温差相同，最终由于两者围护结构的保温性能和气密性能的巨大差别，会导致农宅冬季采暖热负荷是同一地区城镇建筑的 2~3 倍以上。因此，虽然目前农宅冬季采暖能耗水平与城市住宅相当，但室内温度却明显低于城市住宅。

2.4.2 采暖方式

我国北方农村的冬季采暖方式有着很强的地域特征，图 2-24 给出了北方地区各省份冬季采暖方式的比例分布情况。从图中可以看到，北方地区冬季采暖方式主要为火炕和土暖气，此外还有少量其他形式，如电暖气和热泵式空调等。

北方地区农村家庭中火炕的使用比例很高，大多超过 50%，尤其在黑龙江、辽宁、吉林、宁夏、甘肃、内蒙古这五个省份中农村家庭使用火炕的比例都超过了 80%。从整体来看，严寒地区的火炕使用比例要高于寒冷地区，其中新疆属于特殊情况，尽管位于严寒地区，但火炕的使用率较低，这和当地的地理条件及民族文化差异有密切关系。还有一个火炕使用率非常低的北方省份是河南省，这主要是由于当地大部分区域接近南方地区，冬天气候不太寒冷，采暖需求并不强烈。

北方地区常见的火炕主要有三种形式，落地炕、吊炕和煨炕，如图 2-25 所示。落地炕是指炕体底部完全与地面相接触的火炕；吊炕是一个离开地面的架空火炕，能够让炕体的上、下和炕墙多个表面同时向室内散热；煨炕是指没有烟囱，主要靠燃料在其内部阴燃的形式进行热量交换的火炕，通常将填料口放在室外，煨炕的密

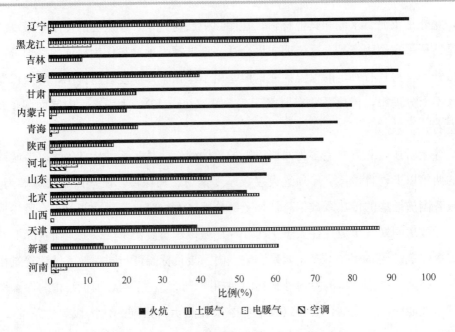

图 2-24　北方地区各种采暖方式使用比例比较

（注：由于大多数农户所使用的采暖方式不止一种，所以总比例之和大于 100%）

封条件不好时，容易导致炕体内部阴燃过程中产生的有害气体在负压作用下渗透到室内，对人的生命安全构成威胁。

图 2-25　我国北方地区常见的火炕形式

(a) 落地炕；(b) 吊炕；(c) 煨炕

在北方地区使用的几种火炕中，每个省都有落地炕。近年来一直大力推广的吊炕，仅在北京、辽宁和山西三个地区占有相对较大的比重（见表 2-5），这说明这项节能技术目前还仅是在少数地区有所采用，而更多的农村地区尚未普及。另外具有地域特色的煨炕基本上还是集中在西北地区，如甘肃、青海、宁夏和陕西四个省。

北方各省不同形式火炕分布情况　　　　　表 2-5

省份	火炕使用比例(%)	落地炕比例(%)	吊炕比例(%)	煨炕比例(%)
北京	76.7	65.1	11.6	0.0
甘肃	97.7	31.8	0.3	65.6
河北	69.7	61.5	8.2	0.0
河南	0.4	0.4	0.0	0.0
吉林	76.2	70.8	0.8	4.6
辽宁	98.1	68.4	29.7	0.0
黑龙江	100	94.2	4.1	1.7
内蒙古	88.8	82.1	1.3	5.4
宁夏	92.5	32.5	0.0	60.0
青海	96.3	13.8	2.5	80.0
山东	63.3	63.0	0.3	0.0
山西	71.1	39.6	31.5	0.0
陕西	79.9	49.3	1.5	29.1
天津	69.6	69.6	0.0	0.0
新疆	23.1	23.1	0.0	0.0

农户家中的民用水暖煤炉热水系统(俗称"土暖气")是另一种主要的冬季采暖方式，从图 2-24 中土暖气的使用比例分布图中可以看到，土暖气的分布情况与火炕不同，与该地区的气温高低并没有直接的关系，而与其地域的特点相关。其中使用率较高的地方集中在京津冀等地区，使用率都超过了 50%，另外新疆由于地处严寒地带并且当地产煤，土暖气成为了该地区主要的冬季采暖方式。相对而言其他火炕使用较多的省份使用土暖气的比例就会稍低一些。

除了以上介绍的两种传统的冬季采暖方式之外，北方一些经济较好的地区也有一些采用热泵型空调、电暖气等进行取暖的家庭，不过总数较低，最多的省份使用比例也没有超过 10%。由于北方地区室外比较寒冷，限制了热泵在采暖中的使用，加上花费比较大，因此这些大多只作为辅助采暖方式。

总之，目前北方地区冬季采暖以火炕和土暖气为主。土暖气由于自身结构及封火燃烧方式所限，炉体散热、排烟、不完全燃烧等热损失都很大，采暖效率仅为 30%~40%，远低于城镇地区所采用的大型锅炉的热效率，造成了大量的煤炭浪费；火炕一般与普通柴灶相连，由于传统火炕对烟气热量的有效吸收比例偏低，仅为40%左右,采暖时需要消耗大量薪柴和秸秆等燃料,这也是造成北方农宅采暖能耗偏高的另一个重要原因。

2.4.3 燃料种类

从上述对北方地区各种采暖方式的比较来看,基本上都是以火炕和土暖气为主,再辅以热泵、电暖气等作为改善及辅助的采暖方式,与之对应,煤炭和生物质等固体燃料就成为北方采暖的主要能源消耗种类。其中煤炭约占整个北方地区农宅冬季采暖能耗总量(1亿tce)的74%,生物质约占26%。根据调研,冬季采暖中通常使用的燃料煤分为两种,一种是散装煤,另一种是经过再加工的蜂窝煤。散装煤的使用主要集中在西北地区,使用比例能达到80%以上。蜂窝煤的使用分布与散装煤不同,使用较多的以华北地区为主,如山西、北京、河南等省,使用比例都超过了50%。山西和北京对两种煤的使用比例都很高,河南省主要是以蜂窝煤作为采暖燃料,其他严寒地区的省份则普遍采用散装煤采暖。另外,生物质使用比例最高的省份主要是东北三省和山东产粮区,比例达到40%以上。

煤炭在北方大部分省份采暖用能中使用比例偏高,使用量巨大,并且随着农民收入水平的提高,用煤量有进一步增加的趋势,必须引起特别的重视。实际上造成这种结果的原因有多方面,既包括自然条件的原因,也包括了市场情况、社会发展和人们观念等方面,概括如下:

(1) 与烧生物质相比,烧煤更方便

我国北方地区为煤炭的主产区,煤炭的生产、运输、销售等各个环节都比较完善,经营煤炭生意的厂家遍布各地,很多会采用给农户送货上门服务的方式进行推销,这样农户买煤就很方便。煤炭密度大、热值高、占地少,可以避免在短时间内给炉子进行多次填火的麻烦。而生物质在收集、运输等过程中不仅要消耗大量的人力物力,还要占用相当大的空间进行存储,并且使用时需要不停地进行人工填料。相比之下,使用煤炭比直接燃烧生物质具有便利性。

(2) 历史上煤价便宜,使农户对烧煤产生了习惯性依赖

长期以来,国家为了促进国内的工业化发展,普遍采用较低的价格进行能源供给,尤其是煤炭的价格长期偏低,成为很多农户都能用得起的一种商品能。在这样的背景下,农户逐渐习惯了烧煤进行采暖,并对燃煤的采暖设备和系统产生了依赖

性。但近年来随着国内能源消耗量的急剧增长,能源短缺的问题日益凸显,煤炭的价格出现快速增长的趋势,造成农户的采暖费用也逐年上涨,相应的经济负担加重。上述原因也部分解释了为什么农民一方面认为采暖耗煤带来的经济负担越来越重,另一方面却仍然在大量使用煤炭的矛盾。

(3) 替代技术研发的不足,导致农户选择余地偏少

由于以往各方面对农村住宅节能问题并没有引起高度重视,导致对适宜农村地区的一些新型高效采暖设备的研发和投入都不足,产品类型缺乏,农户在进行选择时余地较小,只能采用传统的烧煤设备。农户对传统烧煤设备的购买,会带动其销量,厂家为了保证利润,又会将研发和生产的注意力集中到烧煤设备上,进一步降低了传统设备的价格,让新出现的价格相对较高的节能设备很难与之竞争,最终进入到不良的循环和发展模式。

(4) 城市地区烧煤现象给农户形成了错误观念的引导

煤炭作为一种商品能源在城市中具有很长的使用历史,由于城市地区经济水平高于农村地区,很多农户都认为城市中的用能方式是先进的,而社会各界并没有对农户的用能观念进行合理引导,致使农户不了解在城市集中烧煤和农村分散烧煤两种方式之间的本质差别,所以当他们的经济水平达到一定程度后,也会选择使用象征着"社会地位"的煤炭进行采暖。

北方采暖大量消耗煤炭所带来的问题和解决方案将在本书第3.3.1节中进行详细论述。

通过上述分析可以看出,目前我国北方地区农村住宅采暖总能耗已经达到了1亿tce,占到该地区农村生活总能耗的57%左右,其中煤炭约为7400万tce,而生物质只有2600万tce。由于北方地区农宅围护结构保温性能差,以及传统低效的采暖系统的广泛使用,导致其冬季采暖总能耗偏高,室内热环境却远低于城镇水平。

2.5 南方采暖用能

表2-6对南方部分地区(主要是长江流域地区的省份)冬季采暖所消耗的生物质和煤炭的数量进行了统计。从表中可以看出,该地区冬季采暖用能总量约为3000万tce,其中煤炭为1000万tce,生物质为2000万tce,采暖能耗所占生活总能耗

比例约为30%，普遍低于北方地区，四川省由于部分寒冷地区需要采暖，所以冬季采暖的户均能耗量和单位面积能耗量都是最高的，对于江浙一带，用固体燃料进行采暖的能耗比例明显低于其他地区，主要原因是该地区以电作为采暖能源的农户比例较高。

南方部分地区冬季采暖能耗量及能源种类数据　　　　表 2-6

省份	实物量			总量（万 t）	户均量（tce）		单位建筑面积量（kgce/m²）		占生活总用能比例（%）
	煤炭（万 t）	薪柴（万 t）	秸秆（万 t）		总量	煤炭	总量	煤炭	
四川	563.2	1461.3	257.5	1405.4	0.71	0.20	5.9	1.7	39.1
湖南	449.1	233.3	30.6	474.1	0.45	0.30	3.1	2.1	38.0
湖北	219.3	238.0	15.0	306.0	0.38	0.19	2.6	1.3	36.9
安徽	49.4	667.9	65.1	468.4	0.47	0.04	4.4	0.3	25.4
江西	114.6	244.8	17.5	237.0	0.37	0.13	2.5	0.8	25.0
江苏	153.0	0.0	7.1	112.2	0.10	0.10	0.8	0.7	11.8
浙江	0.1	101.6	0.0	61.0	0.09	0	0	0	8.1
合计	1548.7	2946.9	393.3	3064.4	0.42	0.15	3.1	1.1	29.9

总体来说，南方地区农宅冬季采暖能耗远低于北方地区，下面仍从建筑围护结构、采暖方式和燃料种类三个方面分别进行分析。

2.5.1 建筑形式

图 2-26 给出了我国长江流域地区各省份农宅的建筑形式情况，从中可以看出，由于该地区夏季对屋顶的隔热性能要求较高，所以平顶平房的比例较低，但是该地区楼房的比例明显要高于北方地区，这一点对改善夏季室内通风会起到一定作用，尤其在浙江、上海等地，三层及以上楼房的住户比例较高，说明农户经济水平提高后，会选择建造较大建筑面积的住宅。

图 2-27 给出了该地区几个省的不同形式建筑外观图。长江流域地区的农村住宅与北方地区存在明显不同的是，北方农宅强调建筑的密封性，这有利于保持冬季室内热环境更舒适。而南方农宅则更注重整个建筑的通透性，且住户养成了几乎全天开门、开窗的习惯，导致室内外换气量较大。这样可以更好地利用自然通风，防

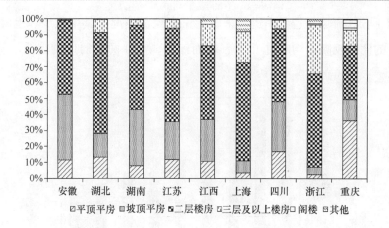

图 2-26 长江流域地区各省份农村住宅建筑形式

止夏季室内过于闷热和避免全年室内空气质量差，但对冬季保持室内舒适的热环境却非常不利。

图 2-27 长江流域地区部分典型农宅外观图

(a)江苏省启东市；(b)浙江省嘉善县；(c)湖北省房县；
(d)湖南省永顺县；(e)江西省余江县；(f)四川省邻水县

2.5.2 采暖方式

与北方地区不同的是，长江流域地区有相当一部分农户冬季并不进行采暖。图

2-28给出了长江流域各省冬季进行采暖的家庭比例情况,其中重庆、上海、湖北、湖南四省的比例较高,均超过了70%,而江苏、浙江两省的比例较低,仅为30%左右。

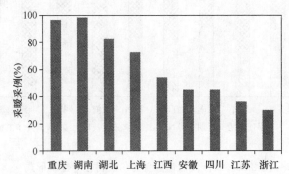

图 2-28　长江流域各省冬季采用一些采暖措施的家庭数量比例

对于南方地区农宅冬季采暖来说,能够满足"局部空间、局部时间"的采暖方式成为适合该地区的主要采暖方式,而多年来农户的实际使用方式和习惯也说明了这一点,如图2-29所示。从中可以看出,整个长江流域地区使用最广泛的采暖方式就是火炉或火盆,其中比例较高的省份有重庆、湖南、湖北,能达到50%以上,一些省份的电热毯和电暖气的比例也较高。

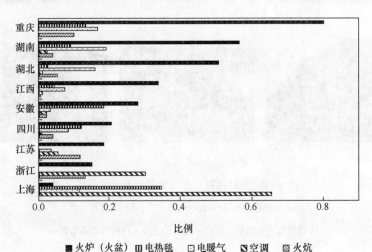

图 2-29　南方地区各种采暖设备所占比例

(注:由于大多数农户所使用的采暖方式不止一种,所以总比例之和大于1)

但是值得注意的是，在东部沿海经济条件较好的地区，如江苏、浙江、上海，使用空调等现代方式进行取暖的农户比例明显增多。

2.5.3 采暖燃料种类

南方冬季采暖的燃料种类主要是生物质和煤炭，但是与北方地区大量使用燃煤进行采暖不同的是，南方采暖用能中，生物质约占 2/3，煤炭约占 1/3。其主要原因一是由于冬季室外温度高于北方地区，采暖周期短，且多采用火盆、火炉等局部采暖方式，采暖用能需求相对较小；二是南方地区煤炭资源量少，供需矛盾突出导致价格高，而生物质资源相对充裕；三是该地区农民有长期使用生物质进行采暖的习惯。

南方地区由于气候温和、雨水充沛，树木多且生长快，生物质消耗主要以薪柴为主；而北方地区由于粮食种植多，秸秆产量大，所以生物质消耗主要以秸秆为主。

总体来说，南方地区冬季采暖用能总量约为 3000 万 tce，采暖能耗占生活用能总能耗的 30%，远低于北方地区。采暖能源种类以薪柴和秸秆等生物质资源为主，生物质消耗量为 2000 万 tce，煤炭消耗量为 1000 万 tce。但在一些经济发达地区，依靠空调、电采暖设备的比例明显偏高。随着经济的发展和农民生活水平的提高，这一地区采暖能耗有可能会大幅度增加。

2.6 炊事用能

炊事用能是农宅中除采暖用能外的另一主要能源消耗形式。表 2-7 给出了各省炊事用能的调研统计结果。其中北方和南方地区的主要炊事能耗分别约为 6000 万 tce(包括 3600 万 tce 煤炭和 2200 万 tce 生物质)和 4300 万 tce(包括 1300 万 tce 煤炭和 2700 万 tce 生物质)，占生活总能耗的比例分别为 34% 和 42%，如果考虑炊事所消耗的部分电能，则上述两个比例会略微增大。总体来说，北方省份的炊事能耗占总生活能耗的比例要低于南方地区。

各省炊事消耗的不同种类能源数据 表 2-7

省份	实物量			液化气实物量（万 t）	生物质能所占比例（%）	折合标煤总量（万 tce）	占生活总用能比例（%）	户均量（kgce）
	薪柴（万 t）	秸秆（万 t）	煤炭（万 t）					
山东	135.0	431.5	573.6	54.4	37.2	797.0	29.9	388.7
河北	203.4	452.1	863.6	14.4	35.3	985.9	39.6	680.6
山西	51.7	32.2	853.1	2.6	7.2	657.3	33.1	1029.6
河南	48.1	123.5	1062.0	11.2	10.5	863.8	47.2	426.4
辽宁	317.6	837.4	55.2	8.0	92.0	662.1	37.4	951.9
陕西	31.0	69.5	420.4	5.7	14.8	361.6	31.6	512.9
新疆	8.8	2.5	307.2	0.4	2.9	225.3	26.9	456.1
吉林	94.7	316.7	43.0	2.3	86.2	249.6	33.6	650.6
黑龙江	92.5	627.3	170.4	7.0	73.5	502.1	24.3	2242.5
甘肃	5.4	38.7	269.8	1.0	10.5	215.9	11.3	465.5
内蒙古	9.6	112.9	134.6	0.7	39.1	159.0	26.1	452.4
北京	7.8	18.7	178.5	4.9	9.4	149.1	30.8	1048.8
天津	42.3	7.9	20.4	1.6	62.9	46.6	23.5	388.6
青海	23.4	12.3	57.3	0.4	32.8	61.6	34.1	793.3
宁夏	0.0	27.4	62.6	0.0	23.6	58.1	34.4	621.2
四川	1012.7	784.2	647.8	23.8	66.6	1500.4	41.7	556.1
安徽	1258.7	132.4	139.5	45.6	82.3	998.4	54.1	741.7
湖南	231.2	15.6	461.2	8.4	30.0	488.3	39.1	327.2
浙江	195.4	0.0	10.0	68.9	48.4	242.2	32.0	197.7
江苏	18.0	293.3	179.1	58.4	40.9	384.5	40.3	241.3
江西	512.4	145.4	148.5	15.1	74.3	511.4	54.0	643.0
湖北	54.2	14.8	176.3	22.3	19.6	203.2	24.5	199.9
上海	0.0	4.6	0.0	9.5	12.4	18.5	23.8	166.9
北方	1071.3	3110.6	5071.7	114.6	36.7	5995.0	33.5	604.7
南方	3282.6	1390.3	1762.4	252	61.3	4346.9	42.4	423.0
总计	4353.9	4500.9	6834.1	366.6	47.0	10341.9	36.8	512.2

根据清华大学建筑节能研究中心于 2008 年 7 月～2009 年 5 月对北京、沈阳、银川、苏州、武汉五个典型城市住户的生活能耗情况的调研结果显示，各城市的户均全年炊事用能量约为 200～300kgce，而农村地区的户均水平约为 500kgce，是城市炊事能耗的 2～3 倍，主要原因除了炊事设备效率的差别，如城市主要以天然气

灶(效率 40％以上)、电炊事(效率 90％以上)为主,农村地区主要采用传统的生物质柴灶(效率 15％～20％)、煤炉(效率 30％～40％)等;还跟农村地区的炊事用能供应对象有关,除了人员加热食物能耗之外,大部分农户还包括了喂养家禽、家畜的能耗;同时还由于不少农村地区仍然依靠大锅烧水来提供生活热水,这部分能耗也被算作了炊事能耗。从表 2-7 中还可以看出,北方地区全年户均炊事能耗约为南方地区的 2 倍,主要原因一方面是南方的地区电能、沼气等能源的使用量要高于北方,另一方面由于北方全年气温偏低,炊事时需要额外消耗部分能源。

从农村地区的炊事用能方式来看,大多数省份的农村家庭炊事用能呈现多样化的趋势,农民厨房中的普遍现象是"多管齐下",有烧柴的大灶,有烧煤的炉子,还有相对清洁的液化气炉具、沼气灶、电炊事等,但由于受到资源条件和使用习惯的影响,太阳能灶的推广数量还很少,全国仅为 100 多万户(不到 1％),主要分布在西北地区。这种现象也反映出农户目前在对炊事用能方式进行选择时的两难状态,农户虽然知道一些用能设备的优势,如沼气灶燃料免费且清洁高效,但受到发酵原料和天气等因素的制约,供应量可能不足;而液化气灶、电炊事由于燃料费用高,可能仅是在有客人等情况下才使用;因此,即使烧柴灶不方便、污染严重且效率低,但成为平时自家炊事的主要方式。

从各地区炊事所用的燃料种类来看,我国北方地区和南方地区存在很大不同。如图 2-30 所示,在北方地区,煤炭是许多省份最主要的炊事燃料;而在南方地区,煤炭相对较少。另外,商品能在农村炊事用能中的比例与当地的经济水平密切相关,在北京、天津、山东、辽宁、上海、浙江、江苏等经济较好的沿海地区,液化气已经成为当地主要的炊事燃料形式。在北方一些省市,如黑龙江、吉林、内蒙古、甘肃,以及南方的一些省市,如湖南、湖北、四川、江西等生物质资源丰富的省份,生物质能作为农户炊事主要燃料的农户比例较高;另外从利用方式来看,随着近些年沼气技术在农村的大力推广,加上区域条件的优势,使南方地区以沼气为主要炊事用能的农户比例明显比北方地区偏大。从整体上来看,采用电能作为炊事燃料的农户比例普遍较低。

总之,我国农村地区炊事生活用能总量约为 1 亿 tce,其中商品能约为 5500 万 tce,非商品能约为 4800 万 tce,北方和南方地区炊事用能所占生活用能的比例分别为 34％和 42％,其中北方地区以煤炭为主,南方地区以生物质为主;农村炊事

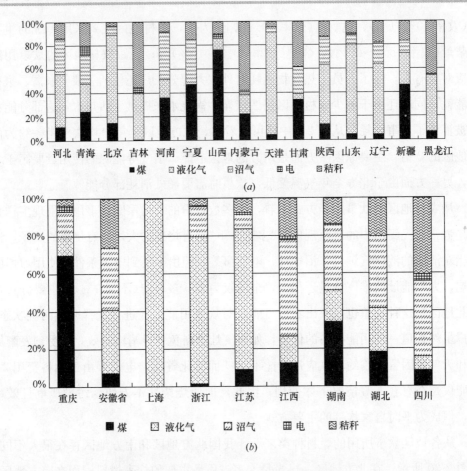

图 2-30 我国各省农村主要炊事用能种类比例分布

(a)北方各省农村主要炊事用能种类的比例分布；(b)南方各省农村主要炊事用能种类的比例分布

用能方式存在"多管齐下"的现象，且由于受用能设备效率、生活方式等影响，使农村地区全年炊事户均能耗量达到了城市的 2~3 倍。

2.7 照 明 用 能

室内照明是农村住宅用电的主要形式之一，尤其是在一些经济落后地区，照明几乎成为全部的生活用电项目。除个别边远地区采用太阳能发电、风力发电或自办小水电外，农村住宅用电主要依靠我国电网系统。

目前农村住宅照明最突出的问题是大部分地区仍然广泛使用光效低下的白炽

灯，而节能灯的使用比例严重偏低。文献❶对湖南省的1200多户农户进行了实际调研，其中以邵阳代表经济欠发达地区，以常德和衡阳代表中等地区，以湘潭代表发达地区，包括了农村照明用电的各种参数，如农村家庭每户现使用灯具总数以及节能灯盏数，节能灯购买单价，白炽灯购买单价，照明灯具每天工作的小时数等。最后得到常德、邵阳、衡阳和湘潭四个地市全年总开灯时数相差不多，但是人均灯具总数随着经济水平的提高而增多，相应的白炽灯安装比例基本都在50％以上，节能灯的推广空间依次为62.7％、51.8％、48.2％和57％，但是节能灯和白炽灯的购买价格在10倍左右，如表2-8所示。

湖南省照明用电状况分布　　　　　　　　　　　表2-8

地区	人均灯具数(只)	年总工作时数(h)	节能灯平均单价(元)	白炽灯平均单价(元)	节能灯推广率(％)
常德	2.17	1234	17.4	1.5	37.3
邵阳	1.66	1241	15.5	1.5	48.2
衡阳	4.17	1270	14.9	1.5	51.8
湘潭	3.28	1270	16.2	1.5	43.0

文献❷对河南省汤阴县的146户农村家庭的调研结果也表明，当地使用白炽灯的比例占到了47％。

如果按照全国农村地区每户平均拥有两盏灯，每盏灯的平均功率为30W，全年使用时间是1200h进行估算，则全国农村每年的照明用电量为200亿kWh左右。但是目前农村家庭的灯具安装数量要少于城镇住户，而且农村地区由于晚上娱乐活动少，普遍熄灯睡觉较早，所以农村住宅照明的单位面积用电量要少于城镇水平。随着将来农村经济的发展，如果灯具安装数量和使用习惯都与城市接轨的话，则农村照明能耗可能会出现翻番的趋势。

由于以往受经济水平和国家支持政策力度的影响，农村住宅照明设施中节能灯的使用比率远低于城市，造成照明效率低，增加了农民的用电负担。近两年该情况逐渐得到了国家的重视，2009年，国家出台了高效照明产品财政补贴政策，计划全年推广1亿只节能灯，同往年相比，该推广计划的一大特色在于首次提出了适当

---

❶ 周渲涵等. 绿色照明视角下的湖南省农村节能减排工程测算. 绿色科技，2009(09)：184-187.
❷ 卢玫珺等. 寒冷地区农村住宅用能情况及优化策略研究. 住宅科技，2004(06)：1-4.

向农村倾斜的要求，并规定了一定的倾斜比例。2010 年国家发改委、财政部又下发了《关于下达 2010 年度财政补贴高效照明产品推广任务量的通知》，通过财政补贴方式推广高效照明产品 1.5 亿只以上。为使这一政策惠及更多农户，明确要求在农村和贫困地区推广比例不低于总量的 30%。目前，在山东、河北、黑龙江、海南等省都在积极推进高效照明产品"下乡"活动，使当地农户能够以更低的价格享受到高效绿色照明灯具。

2.8 其他家电用能

除了照明用能外，农村家庭中的其他家电成为生活用电的主体，全国农村家电每年消耗的电量在 1000 亿 kWh 以上。图 2-31 给出了我国农村居民家庭的家电拥有量从 2000 年到 2009 年 10 年间的逐年变化情况，拥有量较多的电器为彩色电视机、洗衣机和电冰箱，空调和家用计算机的拥有量相对还处于一个较低的水平，其中只有黑白电视机的数量呈现下降趋势，但取而代之的是彩色电视机数量的急剧增长，一般来说彩色电视机的功率在黑白电视机的两倍以上，而电视机又是农户家中使用最为频繁和使用时间最长的电器之一，从而导致家电能耗的大规模增加。

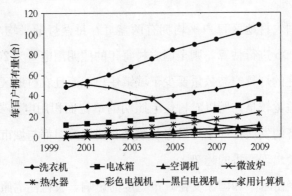

图 2-31 农村居民家电拥有量逐年变化情况

由于各种家电购买渠道的便利和成本的降低，全国范围内农户家电的保有量还会持续增长，在众多农户眼中，自家所拥有的家电数量和质量是其与现代化接轨程度的重要衡量标准，因此家电的增长速度很容易受到周围一些因素的影响，导致其用电量存在将来短期内就发生急剧增长的可能性。2007 年 11 月 26 日，由商务部、财政部、工业和信息化部联合颁布了"关于全国推广家电下乡工作的通知",开展由中央和地方财政以直补方式对农民购买试点产品给予补贴,以激活农民购买能力,加快农村家电产品消费升级。"家电下乡"从2007年起到2012年底,经历了在三省试点,在十四省市进行推广,及在全国进行推广的三个阶段。图2-31中彩色电视机和电冰箱从2007年到2009年的变化数据中已经显示出其拥有量的增长趋势开始加快。

"家电下乡"政策的颁布和实施,使一些家电方便了老百姓的生活,如冰箱和微波炉等,确实起到了改善农村地区民生的作用,一些家电还能起到节能的效果,如节能灯;一些家电会引起农户原有生活模式的转变,如洗衣机的推广可能改变农民传统手洗衣服的习惯,但不会导致能耗的大幅度增加;然而,空调、电热水器等产品在改变农村生活方式的同时,扬弃了传统的节约型生活方式,并造成用能的大幅度增长。农村地区有足够的太阳能资源及其使用空间,因此最应该推广的是太阳能热水器而不是电热水器。由于一般情况下农村地区夏季室外温度要低于相邻的城市地区,通过开窗降温、遮阳并辅以电扇,在大多数地区、大多数情况下即可获得可以接受的室内热环境而不需要空调。所以不仅在北方地区,即使在气候比较炎热,且经济水平较高的南方地区如上海、浙江、江苏等地的农村,目前空调安装也并不普遍,夏季降温电耗不超过 $1kWh/(m^2 \cdot a)$。如果打破农户长期所依赖的传统降温习惯和健康生活模式,有可能导致农村用电量的急剧增长,不仅会增加农民的经济负担,加重本来已经十分脆弱的农村地区电网负担,更有可能会影响到我国的整体电力供应。对农户、对国家都是弊远远大于利。

2.9 小　结

本章基于对我国24个省、市典型农村地区的大规模实地调研数据的分析,得到了目前农村住宅用能的主要特点、存在的问题及农宅分项用能情况,现将主要结论概括如下:

1) 我国农村住宅用能总量已经达到3.2亿tce,其中商品能为1.9亿tce,非商品能为1.3亿tce。

2) 北方地区的农村住宅总耗能量为1.8亿tce,其中采暖能耗为1亿tce(包括煤炭 0.74 亿 tce，生物质 0.26 亿 tce)，采暖燃煤消耗量巨大；炊事能耗为 0.6 亿 tce(包括煤炭 0.36 亿 tce，生物质 0.22 亿 tce，液化石油气 0.02 亿 t)。由于北方地区农宅体形系数大、围护结构保温性能差，加上用能设备效率低下，导致在同样的室内热环境状况下，单位面积农宅的采暖能耗已超过城镇建筑。而且目前北方农宅冬季的室内热状况普遍不佳，温度偏低。

3) 南方长江流域地区的农村住宅总能耗量为 1.4 亿 tce，其中采暖能耗为 0.3 亿 tce(包括煤炭 0.1 亿 tce，生物质 0.2 亿 tce)，炊事能耗为 0.43 亿 tce(包括煤炭 0.13 亿 tce，生物质 0.27 亿 tce，液化石油气 0.03 亿 t)；目前该地区的生活用能中有 60% 左右为生物质，高于北方地区 30% 的水平，但经济较发达地区的商品能消耗量逐年增长，主要体现在用电量的增加上。整个南方地区总耗电量已经达到北方地区的两倍，如果空调等高耗能家电在农村推广和普及，未来的用电量可能会变得更高。

4) 作为农村地区应用最为广泛的可再生能源——生物质，在农村地区生活用能中所占比例已经由 20 世纪 80 年代的 80% 下降到现在的 40%，农村地区的用能结构由以传统的秸秆、薪柴等非商品能为主正在逐步转向以煤炭、电等商品能为主。

5) 农村住宅生活总用电量已经占到全国建筑用电的 15% 左右。在农村大力推广节能灯有巨大的节能潜力。随着国家"家电下乡"政策的颁布和实施，农村家电的拥有量和用电量都将增加。空调、电热水器等家电不符合农村地区的实际需求，如果在农村大规模推广，将会大幅度增加农村用电量，加重农村地区电网负担和农民的经济负担。

6) 由于农村相当多的地区采暖和炊事的燃料形式还是以薪柴、秸秆、煤炭等固体燃料为主，燃烧设备还存在着室内直接排放等落后形式(如火盆、敞口柴灶等)，加上缺乏有效的排烟措施和室内布局的不合理，导致这些农宅的室内空气污染严重，极大地威胁着农村居民的身体健康。

第 3 章 农村住宅用能可持续理念及发展模式探究

和城镇住宅相比，农村住宅有其特殊性，因而决定了农村可持续发展必然要走出一条适合自身特点的路线。本章将首先对我国农村生活生产模式、土地资源、自然条件等方面的特点和特殊性进行分析，指出实现农村住宅节能以及室内环境改善目标的基本原则和优势条件，在此基础上，针对北方地区和南方地区分别提出了可持续发展的具体目标和实现方式，分析了在农村地区实现低碳化的巨大优势、国家财政支持与政策保障需求，最后通过总结和展望给出未来我国农村住宅用能适宜的发展模式。

3.1 我国农村的特点

由于农村地区住宅分散，建造方式主要依靠农民自建，能源供应以"自给自足"方式为主，而且在很多人的观念中，农村地区收入水平和用能水平相对较低，因此农村住宅节能工作长期以来没有得到足够的重视。进入本世纪以来，随着新农村建设的全面开展，相关政府部门和科研院所开始关注农村住宅节能工作，并将其纳入影响民生及可持续发展的重要方面。我国农村地区目前的社会和经济发展正处在一个关键的发展时期，农宅的更新换代也进入到加速发展的快行线。从第 2 章的农村住宅能耗调研分析结果可以看出，农村地区的生活用能模式及能源消耗量已经发生了重大变化。在节能减排的大背景下，农宅的节能和可持续发展也就成为了一个极为关键和迫切的问题。

由于城镇建筑节能工作几十年来积累了大量的经验，因此，有人认为只要把城镇的相关节能经验、方法、技术甚至标准直接移植到农村就可以了，使得一些农村地区在进行新农村建设或者重建时简单照搬城市的模式，没有考虑当地的特点，使农宅用能模式被强制性转变,导致了资源浪费,并引发了许多新的问题。

由于农村与城市在历史传统、生活方式、自然条件、资源状况、人文条件等诸多方面的不同,决定了农村住宅与城镇住宅的差异,它具有许多城镇住宅所不具备的特点。因此,要做好农村住宅节能工作,首先需要深刻认识农村的这些特点。下面从三个方面来分别说明我国农村的主要特点以及由于这些特点所要求的农宅建筑节能与城镇建筑节能的不同。

(1) 农村的生产方式决定了农宅相对分散的居住和使用模式

对于我国的大部分农村地区,农民的生产仍以农业(林业、牧业)等分散型活动为主。为保证能够充分、合理地利用可耕种的土地资源,农村居民往往聚居在相互分散独立的村落中分别经营着不同区域内的土地,同时辅助以家庭手工业和养殖业,来维持自身的生存和发展。这种生产方式决定了农户特有的居住模式和农宅使用方式:农村住宅不仅是农民的生活空间,也是其重要的生产和辅助空间。例如,农户必须有足够的室内空间用于自家生产的粮食的储存;更需要有足够的院落空间存放农具、拖拉机等生产设备;还需要在院落或室内进行蔬菜种植、家禽养殖、工艺品生产、筐篓编织等小型生产活动等。此外,农村住宅还广泛存在着多代同堂的居住模式,进一步加剧了农户对农宅内部空间功能和服务水平需求的多样性。因此,农宅需要满足不同活动和不同人群的多方面要求,生产与生活功能的兼具和统一是农村住宅的重要特点之一。

相反,城市地区经过多年的发展,生产空间和生活空间已完全分开,城镇住宅的功能设计只需要满足居住需求,而不需要考虑生产需求。

农村的生产方式和住宅的使用功能特点决定了农村必须保持分散的居住模式,而不能采用城市地区的集中模式。确保农宅的宅基地有较大的占地面积并配有独立的院落,是保证农民日常生活和经济生产活动顺利进行的必要条件,这也决定了农村对住宅用地与建筑空间规划的特殊性。

(2) 农村住宅不应照搬城市对土地和建筑空间的利用方式

土地资源是城市建设与发展的重要物质基础,也是城市经济运行的载体,在城市地区集中的生产和生活方式条件下,土地成为城市最重要的资产。随着我国城镇化建设步伐的加快和土地资源的日益紧缺,城市中住宅用地已经发展到寸土寸金的地步,土地成为了制约城市发展的尖锐问题。

但是，与城市地区高密度集中居住方式完全不同的是，我国农村居民多采用分散居住、自给自足经营土地的生活生产方式，土地人均占有量虽然存在着地区分布的不平衡性，但总体上远高于城镇水平，人口密度相对较小，而且农村住宅基本采用单层或低层建筑、独立院落的建造模式，因此我国农村地区的外围土地资源和建筑内部空间都较为充裕，农宅建设整体用地和内部布局应该相对宽松。

农村分散的居住模式是农民日常生活和经济生产活动顺利进行的基础，相对充裕的宅基地是他们生产和生活的必要保证。如果农民被迫失去这部分土地资源，他们的生产和生活将会受到严重影响。因此在农村未来的发展进程中，不应该将挤占和开发有限的农村住宅用地作为主要出发点，而应该充分尊重农村地区的实际特点和原有模式，综合考虑节能、节地、节水、节材和环境改善等各方面因素，实现多赢目标。

(3) 农村地区可再生能源资源丰富，并具有得天独厚的利用条件

与城市地区相比，我国农村地区具有丰富的可再生资源，包括太阳能、水能、风能、地热能、潮汐能和以秸秆、薪柴、牲畜粪便为主的生物质能等自然清洁能源。我国大部分北方地区处于太阳能资源丰富的一、二类地区，全年日照总数在3000h 以上，全年辐射总量在 $5.9\times10^5 J/cm^2$ 以上❶；生物质能作为我国农村的传统能源，总量非常丰富，其中农作物秸秆资源量达 7.6 亿 t/年，可利用资源约 4.6 亿 t/年，再加上禽畜粪便、薪柴等，可利用的生物质资源总量折合约 4.28 亿 tce/年。这两类可再生能源资源分布广泛，是农村地区的"天然宝藏"，对解决我国农村地区生活用能具有非常重要的作用。

但是要充分利用这些可再生能源资源，需要有良好的利用条件。例如，太阳能利用要有充足的空间以采集阳光并避免遮挡；生物质利用需要有充足的空间进行收集和储存，还要有适当的渠道来消纳和处理使用后的生成物等。农村地区所具备的上述 (1) 和 (2) 中所提到的分散的居住模式、充裕的土地和建筑空间等特点，恰好符合可再生能源利用的这些条件，因此农村地区在利用可再生能源方面具有得天独厚的优势。

---

❶ 中国农村能源年鉴编辑委员会. 中国农村能源年鉴 [M]. 北京：中国农业出版社，1997，28-32.

此外，农宅独特的建造形式和农民传统的生活方式使其对农宅室内环境舒适程度和服务水平的要求与城镇居民存在很大不同。以北方地区为例，目前北方城镇住宅的冬季供暖设计温度是18℃，但大多数居民期望的舒适室温都在20℃甚至更高，这种温度要求和城镇居民每天进出室内次数少、进出房间的同时也不断更换衣装量是一致的。而在农村，由于生产与生活习惯的原因，人们需要频繁进出居室。图3-1是清华大学对北京郊区某些典型农户日常活动规律的调研结果。可以看出尽管该户居民在白天的11个小时内（7：00~18：00）有70%的时间停留在起居室内，但每天日间要进出起居室16次，包括：早、中、晚餐的前后各进出厨房1~2次，到厨房烧开水3次，上厕所（室外）3~4次，喂鸡狗两次，打扫院子1次，为锅炉添煤1次。每次离开居室时间为2~60分钟不等。如此频繁地进出居室，如果每次出入房间都更换衣服，将会给农户的生活造成极大的不便。所以，农户的衣着水平应以室外短期活动不会感到冷作为标准，这决定了农宅冬季采暖设计温度低于城市采暖18℃的标准。而大量的调研结果也印证了这一结论，多数北方农民认为冬季室内外温差不能过大。

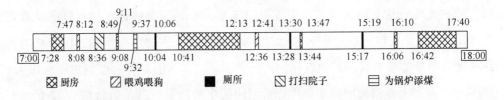

图3-1　典型北方农户日常活动规律调研结果

上述农村居民对室温需求与城镇居民的明显差异，决定了农村住宅的室内热环境控制目标达到15℃左右即能满足要求，而且允许日夜间室内温度有较大波动，北方许多农宅冬季还配有火炕、火墙等局部采暖手段，这样就使得对夜间室内空气温度的要求还可以进一步降低。对白天与夜间温度要求的不同就导致围护结构保温、窗墙比等建筑节能做法与城市建筑相比存在很大不同，必须根据农村的实际特点进行深入分析。总体上讲，较低的冬季采暖需求是农宅实现建筑节能的优势条件。

基于上述分析，农村在生产方式、土地资源、住宅使用模式、可再生能源资源条件、室内热环境需求等各个方面都与城镇有很大不同，因此建筑节能策略的制定和节能技术的开发不能沿袭"城镇路线"，农宅的建筑节能以及室内热环境的改善需要另辟蹊径，走出一条符合我国农村实际的可持续发展之路。

3.2 农宅建筑形式的传承发展和可再生能源利用原则

3.2.1 农村传统民居的传承、创新与发扬

中国农村传统民居是历经了上千年的经验积累和技术发展，逐渐形成的与当地自然环境、地域文化和功能需求相匹配的建筑，既包括建筑结构与设计，也包括与之相匹配的建筑用能方式。由于地域与气候的不同，传统民居在不同地区展示出不同的建筑风格、建筑设计和用能方式。陕北的窑洞、安徽的徽居和福建的土楼等，都是传统民居的典型代表，如图3-2所示。与普通住宅相比，传统民居在建筑风格上承载了地域文化，在建筑设计上符合当地的自然环境与功能需求，在用能方式上充分利用当地的气候和资源条件，应当在现代农村的发展过程中得到传承。

(a) (b)

图 3-2 中国农村传统民居

(a) 安徽徽居；(b) 岭南民居

传统民居的建筑风格和形式是当地历史环境、生活习俗和地域文化的综合体现。它不仅提供了遮风避雨的空间，更承载了积累千年的群体智慧和哲学理念。千百年以来，我国各地人民创造了丰富的建筑形式与文化，如北方的生土农宅、江南的水乡建筑、华南的岭南民居等。这些建筑与地域文化相辅相成，是特定时期特定区域文化历史的真实写照，具有强烈的历史厚重感和视觉冲击感，是我国历史文化宝库中浓墨重彩的一笔。

传统民居的建筑设计崇尚和谐自然，充分利用自然环境来改善室内环境并满足

功能需求。如我国北方地区的厚重生土建筑，墙体厚度可以达到半米以上，从建筑热工的角度分析，厚重生土墙体具有较大的传热热阻和热惰性，在北方严寒的气候条件下，能在白天尽可能多地存储太阳能，减少房间围护结构散热，从而提高冬季室内热舒适性能，降低冬季采暖能耗。而在南方地区，夏季普遍酷热潮湿，为解决这一问题，传统民居中出现了一种促进通风的建筑结构——天井。天井既可以形成热压通风，带走室内多余热量，营造良好室内热湿环境，还能显著改善室内采光。又如福建地区的土楼建筑群（见本书5.7节），采用了夯实的墙体，厚度可达到1m以上。在室外环境温度剧烈波动的情况下，与普通砖墙农宅相比，其室内热环境更为舒适稳定，夏季平均温度可比普通农宅低1～2℃，且温度的波动更小，如图3-3所示。这些通过经验积累而形成的建筑结构和技术，在我国农村传统民居中还存在许多。它们能够充分地适应自然环境并利用自然资源，创造了良好的室内环境，显著地降低农村住宅生活能耗，具有巨大的实用价值。

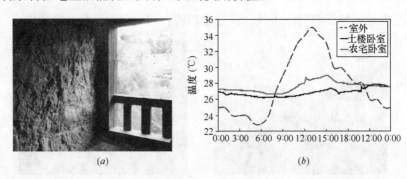

图3-3　夏季某典型日福建土楼与普通农宅室内温度对比
(a) 厚重墙体盖成的福建土楼；(b) 土楼与普通农宅室内温度对比

　　除了建筑形式之外，民居中传统用能方式维持了农村地区使用可再生资源的良好传统，符合农村的生活习惯。如柴灶、火炕、火墙等，具有广泛的群众基础，使用人数多，保有量巨大。柴灶（见本书4.2.1节）是我国历史最悠久、分布最广泛、使用最频繁的传统炊事用能设备，据统计，目前我国农村地区柴灶的使用比例可达55%以上。北方地区的火炕（见本书4.2.2节）集采暖、睡床、就餐、生活等多项功能于一体，具有两千多年的历史，应用于大半个中国的农村住宅，造就了特有的生活习惯。古语有云："南人习床，北人温炕。"据辽宁省农村能源办公室统计，截至2004年，中国约有6685万铺炕，有4364万户农村家庭使用炕进行采暖，平均每户北方农村家庭约有1.5铺炕。这些传统用能方式不仅利用燃烧生物质进行炊事，还利用燃烧后的烟气余热进行采暖，其广泛的使用人群以及普遍使用生物质能源的特点，使得我国农村得以维持较低的商品能源消耗量。

但在农村的现代化进程中，这些充分利用自然资源的传统农宅逐渐被各种形式的砖混结构房屋所取代，传统的以生物质为主的生活用能结构正在被打破。其主要原因是：第一，由于盲目认为城市就是先进、农村即为落后，因此在住宅维护或重建时，有经济实力的家庭往往会优先选择看起来更为洋气、接近城市风格的砖混结构房屋。第二，传统住宅的生活设施较为落后，在水电供应、卫生设施、照明采光等配套生活设施方面存在不足，导致了生活的不便，从改善生活的目的出发，向往城市住宅的用能方式。第三，传统用能方式的缺点，如生物质在收集、运输、储存、使用中都存在不便，是导致商品能用能设备如燃煤采暖或炊事炉普及的主要原因。第四，农村青年劳动力向城市流动，逐渐适应了城市的生活方式，返回农村生活后，直接照搬了城市的建筑形式和用能方式。

事实上，农村良好的室外环境以及丰富的资源是城市所不具备的。城市的住宅形式、用能设备和生活模式，都是在高密度的人口和有限的土地资源的约束下被迫形成的，这与农村的现实特点和功能需求完全不同。农村传统住宅的理念是充分利用自然，通过自然为主的方式营造室内环境，减少用能需求。在这种理念下，农村经过几千年的发展演变，逐渐形成了其特有的建筑形式、围护结构和用能方式，创造了舒适的室内环境与优越的自然环境，这是传统住宅存在的最大价值与意义。而传统民居的消失，带走的是见证时代发展的历史印记，是反映地域特色的文化符号，是节能低碳的建筑技术，是传承千年的生活模式，是天人合一的生态理念。

应该看到，随着农村地区文化和经济的快速发展，农村的生活水平在不断提高，用能需求也一直发生变化。要满足这些变化的需求，农村住宅的建筑形式和用能方式需要进行转变或改善，这是不可否认的事实。但在这种转变过程中，应该在全面认识与科学分析的基础上，充分吸取传统住宅所具有的优点，以及与现代的需求不一致的地方，通过综合运用建筑热工、建筑设计、建筑气候、建筑历史、建筑构造、建筑技术以及生物质和太阳能利用等学科的原理和方法，实现技术改进与创新，从而设计符合当代农村需求的新型低能耗传统民居和用能方式。

陕北地区新型窑居（见本书5.4节）的发展和推广就是一个很好的例子。窑洞是黄土高原上的传统建筑形式，具备冬暖夏凉、节约土地、经济实用、污染物排放量小等诸多优点，但由于外观土气、采光不好和通风欠佳，被认为是"落后"、"低级"的象征，被越来越多的年轻人所遗弃，二、三层的楼房成为了当地农村新居的首选，黄土高原传承千百年的窑洞建筑似乎走到了尽头。然而，由刘加平院士领导的研发设计团队，以延安市枣园新村为示范基地，通过利用科学的建筑设计和节能技术，改善室内采光，强化通风设计，显著改善了室内的热湿环境和光环境，建成了新型绿色窑居示范建筑，在保持了原来冬暖夏凉的热舒适特性的基础上，解决了采光通风等一系列问题，使得原来搬进楼房的当地居民纷纷自愿搬回新型窑居居住，传统窑洞民居重获新生，并且开始成为这一地区的"时尚"。陕北延安地区的村民已经自发模仿建成新型窑居住宅约5000多孔，建筑面积超过10万m^2。这种建立在黄土高原地区社会、经济、文化发展水平与自然环境基础之上，继承传统窑居生态建筑经验的新型绿色窑居建筑体系，能够全面客观地认识传统住宅，为传承、创新并发扬传统民居进行了一次成功的尝试。

3.2.2 农村生物质能源的合理利用方式

生物质资源是我国农村最丰富、最容易被应用的可再生能源形式，主要包括三种形式：农作物秸秆、畜牧粪便和林业薪柴。要实现生物质能源的合理利用，首先要确定不同地区的生物质储量，再根据生物质利用的特点，确定合理的利用方式。

(1) 农村地区生物质资源储量核算

根据我国2009年相关统计数据的折算，我国农作物秸秆资源量可达7.65亿t/年，除去用于还田、饲养和工业原料的部分，可利用的秸秆资源约为4.66亿t/年；禽畜粪便资源量可达4.72亿t/年（干重），按照60%的收集比例，可利用禽畜粪便量约28306万t/年；全国可收集的薪柴资源量约为1.06亿t/年。将这些生物质资源折算为标煤，我国2009年可利用生物质资源的理论总量折合标煤约为4.28亿tce，折合到全国农村的人均资源量可达600kgce以上。我国2009年的生物质资源总量如表3-1所示。

我国 2009 年生物质资源总量统计表　　　　　　　　　　　　　　表 3-1

类 别	资源总量 （万 t）	可利用资源量 （万 t）	折合标煤 （万 tce）
农作物秸秆	76497	45899	22031
薪柴	10609	10609	6047
禽畜粪便	47177	28306	14746
总计	—	—	42824

注：标准煤当量折算系数为：秸秆，0.48 tce/t；薪柴，0.57 tce/t；禽畜粪便，0.52 tce/t（不同秸秆和禽畜粪便折合标煤的系数不同，取平均值，参考《中国能源统计年鉴 2010》的附录 4）。

由第 2 章的数据得知，目前我国农村住宅用能总消耗量（包括煤炭、生物质、电、液化石油气等）为 3.2 亿 tce，扣除生活用电消耗量 0.47 亿 tce，年非电生活用能总消耗量为 2.73 亿 tce。也就是说，理论上全国生物质资源总量不仅能够满足农村地区全部非电生活用能，并且每年还有大约 1.55 亿 tce 的富余量。考虑到各地区能源需求不同、生物质资源分布不均匀等多方面原因，不同地区利用生物质满足生活用能消耗的富余量区别较大。表 3-2 所示为各省生物质资源总量及其富余量。

我国各省生物质资源总量及其富余量（单位：万 tce/年）　　　表 3-2

地区	农村生物质资源总量				农村非电生活用能需求量				资源富余量	
	秸秆	禽畜粪便	薪柴	总计	现在状态	提高炊事效率	改进保温形式	全部改善	现在状态	全部改善
北京	65.5	55.7	22.0	143.2	439.4	431.3	294.0	285.9	−296.2	−142.7
天津	82.7	46.2	0.0	128.9	161.5	144.8	103.2	86.6	−32.7	42.3
河北	1468.6	829.0	177.4	2475.1	2274.0	2074.2	1622.3	1422.6	201.1	1052.5
山西	474.5	188.0	45.5	708.1	2170.9	2144.0	1413.0	1386.0	−1462.8	−678.0
内蒙古	916.4	547.0	241.8	1705.2	572.6	536.8	364.5	328.7	1132.6	1376.5
辽宁	753.7	685.4	285.8	1724.8	1674.9	1325.1	1155.4	805.6	50.0	919.3
吉林	1277.5	436.9	270.1	1984.5	1240.0	1047.6	813.7	621.3	744.5	1363.1
黑龙江	1908.0	466.9	593.6	2968.4	1869.5	1657.2	1178.1	965.8	1098.9	2002.6
上海	39.2	30.0	0.0	69.2	/	/	/	/	/	/
江苏	1147.8	525.4	69.1	1742.3	490.7	400.1	434.4	343.8	1251.5	1398.5
浙江	236.1	238.9	161.7	636.8	294.3	227.5	265.3	198.5	342.5	438.3

续表

地区	农村生物质资源总量				农村非电生活用能需求量				资源富余量	
	秸秆	禽畜粪便	薪柴	总计	现在状态	提高炊事效率	改进保温形式	全部改善	现在状态	全部改善
安徽	1203.7	428.1	188.4	1820.2	1410.9	942.3	1184.5	715.9	409.3	1104.4
福建	189.2	246.5	191.6	627.3	/	/	/	/	/	/
江西	645.1	404.8	315.6	1365.5	724.0	506.9	608.6	391.4	641.5	974.1
山东	2188.5	1161.1	100.5	3450.0	2242.6	2072.1	1513.5	1343.0	1207.5	2107.0
河南	2548.9	1532.1	199.4	4280.4	1578.1	1526.0	1219.0	1166.9	2702.3	3113.4
湖北	855.8	615.3	348.6	1819.6	501.2	478.4	351.3	328.5	1318.4	1491.2
湖南	950.5	773.7	361.2	2085.4	950.4	866.8	715.7	632.2	1135.0	1453.2
广东	420.7	676.3	199.4	1296.4	/	/	/	/	/	/
广西	518.0	648.7	323.5	1490.2	/	/	/	/	/	/
海南	55.0	116.4	23.6	195.0	/	/	/	/	/	/
重庆	334.6	287.0	185.3	806.8	708.5	565.4	536.0	393.0	98.4	413.9
四川	1069.0	1374.7	467.9	2911.6	2125.4	1696.3	1608.1	1178.9	786.2	1732.7
贵州	405.0	393.7	234.0	1032.7	/	/	/	/	/	/
云南	567.0	618.7	406.7	1592.4	/	/	/	/	/	/
西藏	11.4	307.0	265.4	583.8	/	/	/	/	/	/
陕西	516.8	218.6	158.6	894.0	1019.7	989.1	689.5	658.9	−125.7	235.1
甘肃	298.9	303.7	66.0	668.5	623.4	610.4	419.2	406.2	45.1	262.4
青海	17.8	233.3	47.1	298.2	170.7	159.2	115.7	104.1	127.5	194.1
宁夏	140.0	69.2	12.6	221.8	151.6	143.7	104.6	96.7	70.2	125.0
新疆	725.5	288.0	84.8	1098.3	802.2	798.5	513.6	509.9	296.0	588.4
总计	22031.3	14746.3	6047.0	42824.6	/	/	/	/	/	/

注：1. 秸秆、禽畜粪便、薪柴等生物质资源量采用2009年统计年鉴数据计算，秸秆和禽畜粪便均考虑了60%的收集率。

2. 非电生活用能需求是指除照明和家电等生活用电需求以外的其他生活热水、采暖和炊事用热，由第2章生活用能调研计算得到，参考表2-3、表2-5和表2-6。部分省份无调研数据，没有相应非电生活用能需求量。

3. 表中，"提高炊事效率"、"改进保温形式"、"全部改善"三栏分别指生物质燃烧的效率从20%提升到50%、改善围护结构热工性能将采暖负荷降到现在的50%，同时改善炊事效率及保温形式。

4. 港、澳、台地区的资源未计入上表。

根据表 3-2 中的数据可以发现，我国生物质资源的分布是不均匀的，主要集中在我国的东北、华北和长江流域中上游地区，其中河南省的资源量最大，为 4280 万 tce/年，上海市的资源量最小，仅为 69 万 tce/年。根据第 2 章农村生活用能调研，即使在目前我国农村住宅围护结构热性能较差、炊事效率较低的状态下，有调研数据的 24 个省市中，北方农村地区的户均非电生活用能约为 2.07tce/年，南方农村地区约为 1.00tce/年，其中仅有四个省市的农村生物质资源总量不能够满足该省农村非电生活用能需求，且河南、黑龙江等农牧业发达的省市，资源富余量极大。如果通过改善炊事效率（将生物质燃烧的效率从 20% 提升到 50%）和降低冬季采暖负荷（改善围护结构热工性能将采暖负荷降到现在的 50%），北方和南方的户均非电生活用能需求将会分别下降到 1.24tce/年和 0.58tce/年，这时仅有北京、山西等生物质资源匮乏地区的生物质资源无法满足其用能需求，而其他地区的农村都可以利用其生物质能源满足其全部非电生活用能要求。

表 3-3 给出了常见几种类型的秸秆资源的能量密度，其中玉米秸秆最大，为 0.56kgce/m²，即栽种 1 亩地（约 667m²）的玉米，收获的玉米秸秆折合标煤约 350kg。表 3-4 给出了常见几种禽畜全年的粪便产生量和等效标煤量。通过计算容易发现，对于北方农村地区，种植 5 亩小麦或养殖 4 头牛所产生的生物质就能满足一户家庭的全部非电生活用能需求；对于南方地区，由于冬季采暖需求相对较小，只需要种植 3.5 亩水稻或养殖 7 头猪，就能满足家庭的全部非电生活用能需求。

不同农作物的秸秆能源密度　　　　　　　　表 3-3

项目	单位	稻谷	小麦	玉米	大豆	花生	棉花
平均产量	kg/hm²	5447.5	6585.3	5258.5	1630.2	3360.5	1287.8
草谷比		1.1	1.3	2	1.6	1.5	3
折标煤系数	kgce/kg	0.43	0.5	0.53	0.54	0.5	0.54
能量密度	kgce/m²	0.26	0.43	0.56	0.14	0.25	0.21

不同种类禽畜全年粪便的等效标煤量　　　　　　　　表 3-4

项目	单位	牛	猪	羊	兔	家禽
粪便干重	t/(头·年)	1.31	0.29	0.12	0.04	0.03
收集系数		0.6	0.6	0.6	0.6	0.6
折标煤系数	tce/t	0.47	0.43	0.53	0.55	0.64
等效标煤量	tce/(头·年)	0.37	0.08	0.04	0.01	0.01

(2) 生物质资源利用的核心问题

虽然我国的生物质资源的总量丰富,但并没有得到充分合理的利用。每年大约有30%的秸秆被露天焚烧或随意丢弃,相当于每年浪费了1亿tce;约80%的养殖场将粪水直接排放,不仅浪费了能源,还导致了自然水体被污染等环保和生态问题。

在过去,农村能源资源匮乏,生物质秸秆是主要的燃料。虽然生物质的能源密度低,但由于没有其他可用能源或没有购买力,农民需要尽可能的收集生物质秸秆,以储备足够的生活燃料。但随着农村经济水平的提高和商品能源的普及,农民能够购买足够的商品能源(如煤、液化气等),直接导致部分农民放弃使用秸秆,开始使用商品能源。为处理多余的生物质秸秆,部分农民采用田间直接焚烧的方式,这又对大气环境和交通安全造成了极大的影响。秸秆燃烧导致浓烟滚滚,烟雾刺鼻,排放了大量有害气体和可吸入颗粒物,严重影响了当地的室外环境,如图3-4所示。除此之外,秸秆燃烧产生的浓烟还会扩散,导致城市地区空气质量明显下降,严重影响正常的飞行安全和交通秩序。如2008年9月15~17日期间,由于机场周边农民大量焚烧秸秆,导致济南机场跑道、滑行道等被浓烟笼罩,造成多家航空公司的航班无法降落,仅山东航空公司一家就有141个航班延误,5个航班临时备降其他机场;仅2011年10月8日一天,郑州新郑国际机场就因农民焚烧秸秆导致12架出港航班起飞延误,两架进港航班备降武汉机场。

图3-4 秸秆焚烧形成的浓烟

因此,无论从国家能源战略的角度,还是从环境保护的角度,生物质资源的合理利用都势在必行。但是,要合理利用生物质资源,应该从战略高度来进行考察,应根据生物质本身所具有的特点来研究它应该干什么、适合干什么,而不是它可以用来干什么❶。要用好生物质能，必须解决如下四个核心问题：收集运输、储存、能量转化效率和生成物后处理。

1) 收集运输

生物质资源最大的特点是原料分散，能量密度低，需要消耗一定的人力或能源进行原料的收集和运输。在过去，生物质利用主要以单户家庭为主，收集规模和收集半径较小，耗费的人力和资源较少，收集相对容易。但即使是如此小规模的收集和运输，在经济水平提升后，亦有部分农民因收集和运输麻烦而放弃使用生物质秸秆。假如生物质秸秆利用规模和收集半径进一步增大，收集难度和收集成本将会迅速上升。此外，生物质原本是一种廉价、低品位、低能源密度的可再生资源，当运输半径加大时，运输额外消耗的高品位能源的价值甚至会超过生物质所具有的价值，运输费用也会明显拉升生物质利用的成本，使生物质失去其廉价易得的最大优势。因此，要充分利用生物质，原料收集和运输是需要解决的关键问题。

2) 储存

生物质秸秆的结构松散，单位体积的热值远低于其他形式的固体燃料。干燥状态下人为堆放的秸秆密度约为 100 kg/m^3，热值约为 0.48 kgce/kg，折合到单位体积的热值仅为 48 kgce/m^3，远低于燃煤单位体积的热值 420 kgce/m^3（散煤的密度约为 600 kg/m^3，热值约为 0.7 kgce/kg）。也就是说，不经处理的生物质秸秆，其单位体积的热值不到煤的 1/9，储存体积将是煤的 9 倍以上。此外，燃煤可以按短期需求量购买，但秸秆的生产存在明显的季节性，一般北方为一年一季，南方为一年两季，这样会进一步增加储存空间，提高储存难度。

由于农村地区的储存条件有限，大部分秸秆被直接堆放于室外。一方面秸秆品质容易受到影响，不利于秸秆的正常使用。另一方面，散放在室外的秸秆容易着火，是重大的安全隐患，且四处堆放的秸秆等还容易被大风吹散，造成对农村环境的严重污染。

生物质秸秆在储存上所存在的困难，是导致农民不愿收集秸秆，甚至在田间直接焚烧秸秆的原因之一。因此，如何储存生物质资源也是生物质合理利用需要解决的重要问题。

---

❶ 倪维斗. 把合适的东西放在合适的地方. 科学时报大学周刊, 2006.5.23.

3）能量转化效率

传统的生物质利用以直接燃烧为主，使用的燃烧设备包括柴灶、火炕和火盆等。直接燃烧的方法简单方便，使用过程基本没有经济支出，但却存在燃烧效率低下的重大缺陷。根据相关测试，传统柴灶的燃烧效率不足20%。较低的燃烧效率会导致两个问题：首先会造成大量生物质资源的浪费，不利于能源的充分利用；其次生物质不完全燃烧会产生大量有害气体和可吸入颗粒物，引起严重的室内外空气污染。因此，提高生物质秸秆的能量转化效率和减少燃烧污染物排放是生物质利用的主要问题。

4）生成物后处理

生物质能源的利用过程中，会产生相应的附属生成物。对于传统的直接燃烧方式，燃烧后剩余的物质为草木灰，富含植物生长所需要的钾元素，常被作为钾肥直接还田。但如果生物质进行了大规模的集中利用，大量的草木灰很难分散还田，直接抛弃又容易导致环境污染，较难处理。同时，有些生物质利用方式还会产生其他产物，如焦油等，如处理不佳，同样会对环境造成危害。因此，生成物后处理也会影响生物质资源利用方式的选择。

综上所述，合理的生物质利用方式，应该以能够很好地解决上述四个核心问题为前提，即具有恰当的收集和运输模式、合理的储存方式、较高的能量转化效率、方便的生成物后处理。

（3）农村生物质资源的合理利用方式

生物质资源的利用包括了两种方式：分散利用和集中利用。长期以来，农村生物质都是以农户为主体进行收集、储存和使用，是分散式为主的使用方式。但近年来，开始出现将生物质资源集中起来进行大规模转化利用的方式，如生物质发电和生物质液体燃料制备。下面依据上面给出的生物质利用四个核心原则，分别分析各种使用方式的适宜性。

生物质发电，是利用生物质燃烧产生的热能进行发电，包括直接燃烧发电技术和气化发电技术两种形式。根据目前我国已建成的生物质发电厂的数据统计，生物质发电的规模以 20~30 MW 为主，要维持电厂全年正常运行，生物质秸秆的收集规模约为 10 万 t/年，按照农作物生产密度计算，实际收集半径可达 50km 以上。目前的秸秆收集成本约为 200 元/t，其中仅运输费用一项，成本就达到 50 元/t，约占到了总成本的 1/4。随着电厂发电规模的扩大，运输成本所占比例还将会明显增加。由于秸秆的生产具有明显的季节性，电厂为保证全年稳定运行，需要大量的空间储存秸秆原料。即使储存量按年使用量的 30% 进行计算，也要达到 3 万 t，即使密实堆放，其储存体积也要 15 万 m^3 以上，需要巨大的储放空间。从能量转化效率来看，尽管采用了大型燃烧锅炉，秸秆的燃烧效率较高，但发电效率仅为 20%~30%，与小型燃煤火电厂相当，而这种电厂是国家明令禁止发展的。秸秆燃烧后产生的生成物主要是草木灰，是良好的农家肥料，但由于采用了规模化集中方式，很难再进行分散还田利用。

对于生物质液体燃料，也与生物质发电存在同样的问题。由于加工设备昂贵，流程复杂，需要系统具备较大的规模，并能够长年运行，才能够满足其经济性的需求；但这又导致原料收集的运输费用急速增长、储存空间巨大以及生成物处理困难等问题。所以加工为液体燃料的方式也不能妥善解决生物质利用的核心问题。

因此，只有在一些生物质资源极为丰富的地区，在解决了收集、运输和储存等问题后，才考虑生物质集中利用。而对我国绝大多数农村地区，生物质利用应充分考虑其资源能量密度低和分布分散的两个特点，以分散利用为主，并优先满足农户家庭的炊事、采暖或生活热水等需求。

生物质分散利用最简单而且也是目前最普遍的办法就是直接燃烧。这种方法虽然一般不存在收集运输问题，但储存问题无法解决，同时燃烧效率较低，使用时烟熏火燎，会导致严重的室内空气污染，并且使用起来不及燃煤方便。随着农村地区的经济发展和社会进步，传统的生物质利用方式已经无法完全满足农村地区的需求。由此出现了一些新型生物质利用方式，例如生物质气化和半气化、固体压缩成型燃烧等。

生物质气化技术（见本书 4.3.6 节）是通过加热固体生物质，使其不完全燃烧或热解，形成 CH_4、H_2、CO 等可燃性气体，再用于炊事或采暖等。根据系统设备规模，分为户用生物质气化炉和小规模（村级）集中生物质气化系统两种主要形式。前者通过气化炉同时实现生物质的气化和燃烧，后者需要建立集中气化站，气化产生的燃气通过管道输送到各家各户。这两种形式都是以家庭或村落为使用单位，秸秆收集和运输的成本较小，容易实现。其次，通过生物质气化技术，可以将固体燃料转化为气体进行燃烧，能够提高燃烧效率，并显著改善燃烧造成的室内污染。但是，由于气化过程中会产生焦油，影响集中气化炉的使用效果，容易造成运输管道堵塞，且生物质气化技术也未能够解决生物质储存困难的问题，家庭或集中气化站仍需要较大的空间用于秸秆储存。此外，秸秆气化产物中包含 CO，一旦泄露将会对安全造成严重的危害。截至 2006 年底，我国各省市共建成村级生物质秸秆气化集中供气站 500 多处，但是尚在运行的供气站并不多，大多处于停运状态，其主要原因就是生物质气化技术未能够充分解决生物质利用的四个核心问题，因此，它也不是生物质利用的最合适的方式。

生物质固体压缩成型技术(见本书 4.3.4 节)通过专用的加工设备，将松散的生物质通过外力挤压成为密实的固体成型燃料。这种技术克服了生物质自身密度低、体积大的问题，压缩后体积仅为原来的 1/10～1/5，解决了生物质存储时间短、空间浪费大等诸多问题。配合相关炉具后，能保证生物质充分燃烧，燃烧效率明显提升，可达 70% 左右，基本不会对室内环境造成污染。由于压缩颗粒进行了充分的燃烧，燃烧产物仅有少量的草木灰可以及时还田，也不存在生成物后处理的问题。但是，目前生物质压缩颗粒加工主要采用大规模集中(年加工量数千 t 到数万 t)加工模式，生物质的收集运输困难，导致了该技术在农村地区推广的困难。

生物质大规模集中加工采用的"农户+秸秆经纪人+企业"或"农户+政府+企业"等模式，即通过中间人或政府，以较低的价格从农民手中收购生物质秸秆，统一出售给加工企业进行加工，生产出的固体成型燃料再以商品的形式进入流通渠道，并最终以较高的价格出售给终端用户进行使用。这种运行模式，形成了一条完整的产业经济链，有利于生物质固体压缩成型燃烧技术的推广。但由于集中加工的工厂加工规模大，相应的生物质收集半径较大，收集和运输的成本较高；此外市场流通的环节多，层层加码，也使其失掉生物质资源低廉易得的最大优势。例如，农民以约 150 元/t 的价格出售秸秆，却要以约 600 元/t 的价格从加工厂购买固体成型燃料，相当于单价为 450 元/t，折合到当量热值的价格与煤相差不大，丧失了生物质自身的优势。

由于生物质固体压缩成型技术所面临的以上问题，需要确定合理的生产加工规模。目前，生物质压缩成型设备的单台生产规模从 0.5t/h 至 1.5t/h 不等。对于不同规模的生产设备，加工压缩颗粒的耗电量都在 70kWh/t 左右，加工成本的主要区别在于人工费用。不同规模的加工设备，都包括了粉碎机、输送系统、成型机和配电系统等几个部分，一般需要3个人分别负责加料、粉碎和成型，因此折合到单位加工质量的人工费用有所区别。表3-5所示为不同规模加工方式的初投资价格与运行费用。虽然采用小规模加工设备的加工成本更高，但是由于收集规模小，基本没有运输费用，而大规模收集秸秆的运输费用可达50元/t。因此考虑秸秆收集的成本后，小规模系统的经济性甚至会优于大规模集中加工系统。

不同规模的生物质压缩成型设备的经济性分析　　　　表3-5

加工方式	加工设备规模	设备初投资	加工成本	运输费用
小规模加工	1台0.5 t/h生产线	7.5万元	100元/t	无
大规模集中加工	4台1.5 t/h生产线	80万元	70元/t	50元/t

通过上述分析，可以看到，生物质固体压缩成型技术的理想模式是以村为单位，采用小规模代加工模式(类似于农村的粮食代加工模式)。即根据各村的实际情况选择适当规模的固体压缩成型燃料生产设备(一般100户左右的村子，选择0.5～1.0 t/h的生产规模的设备即可，成型燃料年产规模可达1000 t)。这种模式下，农户自行收集秸秆，送到村内进行代加工，生产得到的成型燃料由农户运回自行使用，可以避免长途运输所带来的额外能源消耗，农户仅需要支付燃料加工费用，避免了生物质原材料和加工后的成型燃料进入商品流通领域，保持了生物质资源的价格低廉的特性，既让农民得到实惠，又能解决目前生物质利用所面临的收集和运输困难等难题。

而对于禽畜粪便等生物质资源，可以采用发酵产生沼气的利用办法(见本书4.3.7节)。沼气利用一般以家庭为单位，建立户用沼气池进行发酵，发酵的原料一般为自家的禽畜粪便，不存在原料收集、运输和储存问题。发酵产生的沼气配合相关炉具可以高效清洁的燃烧，改善农村烟熏火燎的室内环境，甚至还能使用沼气灯解决农村照明问题。最后，沼气发酵后产生的沼渣，是良好的农家肥料，可直接还田促进农业发展，形成绿色循环经济发展模式。经过多年的推广，我国农村地区的沼气利用已经初具规模，截至2009年底，已建成的户用沼气池总数达到了3507万口。而限制沼气利用进一步发展的因素包括两个：低温发酵产气量低和运行维护困难。要解决低温发酵问题，首先要开发沼气低温发酵技术，培育低温耐受菌种；其次应根据各地实际情况，探索新型发酵发展模式，如北方地区的"四位一体"(见本书 5.10 节)和南方地区的"猪-沼-果"、"猪-沼-稻"等沼气利用模式。针对运行维护困难的问题,应增强沼气利用服务体系,实现政府、技术人员和沼气农户的有效联系。

除此之外,在西部牧区,由于能源匮乏和交通不畅,普遍用直接燃烧牛粪的方式解决牧民的炊事、采暖和生活热水需求。这是一种值得继承、完善并发扬的利用形式,但其主要问题是燃烧效率低,应该从改善燃烧炉具的角度出发,提高牛粪燃烧效率,降低燃烧污染排放。

综上所述,我国农村的生物质资源合理利用应该以优先满足农村生活用能为主要目标,秸秆利用应该以生物质固体压缩成型技术为主,在加工规模和管理上发展以村为单位的小规模代加工模式。禽畜粪便等生物质资源利用则优先考虑使用沼气发酵技术。

3.2.3 农村太阳能的合理利用方式

太阳能是一种取之不尽的清洁能源,我国大部分地区具有良好的太阳能使用条件,其中北方地区和西部地区大都属于太阳能利用三类以上地区,年太阳辐射总量可达 $5000MJ/m^2$ 以上,折合平均日辐射量 $3.8\ kWh/m^2$ 以上,其中尤以宁夏北部、甘肃北部、新疆东部、青海西部和西藏西部等地太阳能资源最为丰富,平均日辐射量最高可达 $6.0kWh/m^2$,我国太阳能资源的分布如图 3-5 所示。我国北方地区和西部地区普遍属于寒冷和严寒地区,丰富的太阳能资源,可用来满足采暖、生活热水、甚至炊事等多项需求。

太阳能利用的方式和设备众多。根据有无外加辅助设备,可以分为太阳能被动式利用和主动式利用;根据能源转化形式,可分为光热系统和光电系统;根据使用目标,可分为太阳能照明、太阳能炊事、太阳能生活热水和太阳能采暖;根据传热介质,又可分为太阳能热水集热系统和太阳能空气集热系统。因此,需要根据资源条件和功能需求,选择合理的太阳能利用方式和设备。太阳能利用的原则包括以下四个方面:

(1) 充足的空间用于布置太阳能集热系统。虽然太阳能资源总量巨大,但是其能源密度较低,为达到一定的集热功率,需要有充足的集热面积及摆放空间,这是太阳能利用的基础。农村地区地广人稀,建筑形式以单体农宅为主,建筑层数普遍

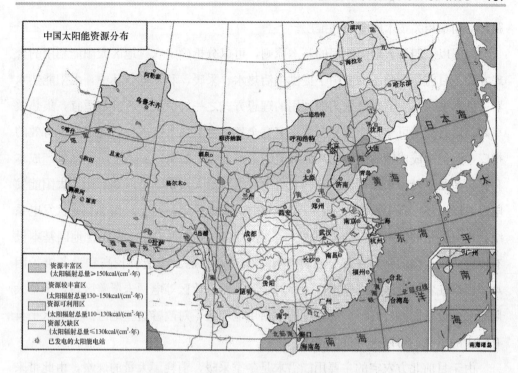

图 3-5 中国太阳能资源分布图

为 1~2 层，满足太阳能集热板的摆放空间要求，而且前后房屋基本无遮挡，可以使集热板得到充分利用。

(2) 能源供需匹配，减少中间转化过程。太阳能既能够转化为电能，也能够转化为热能，这需要根据用户的实际需求进行设计。如果供需不匹配，就需要增加多个能量转化和末端系统利用环节，不仅导致太阳能有效利用率的降低，还会显著增加系统的成本。

(3) 设备具有较好的经济性能。农村地区的收入水平相对较低，农民对于设备的初投资价格和运行费用极为敏感（其中又对初投资最为敏感）。如果不能控制系统成本和运行费用，很难被农民所接受。即使依靠政府的资金扶持政策，也较难维持系统的正常运行。

(4) 设备运行简单稳定、易维护。作为家庭使用的设备，由于使用者一般不是专业人员，缺乏系统维护的技能，对系统的运行控制能力较弱。而农村地区的专业技术人员相对匮乏，技术服务体系尚不完善，所以要求系统能够运行简单易维护。如系统过于复杂，缺乏可靠性，可能导致设备效率大幅降低，甚至停止使用等问题，不利于相关技术的应用和推广。

根据以上四条太阳能使用的基本原则，可以分析确定农村地区太阳能利用的合理方式。目前，太阳能主要用于提供生活热水、采暖、和发电。其中，太阳能热水器（见本书4.3.1节）是太阳能利用的理想方式之一，由于系统价格适宜，集热效率高，运行简单可靠，能够基本解决家庭全年的生活热水需求，因此得到了有效的推广，已经形成成熟的模块化产品和完善的产业链。如果能够进一步降低生产成本和提高产品质量，未来可以在我国农村地区得到更大规模的推广和利用。太阳能发电目前以大规模集中系统为主，一般采用并网发电模式，对于户用小型光伏发电系统，光电转化的效率仅仅约为10%，系统造价高达30元/W_p，在农村地区基本没有使用，仅太阳能路灯在部分农村进行了尝试，但也由于造价较高和设备维护困难，很难在农村地区大规模推广。但对于我国西部牧区等电网未覆盖区域，小型太阳能发电设备能够较好地解决家庭的生活用电问题，对改善这些地区的生活水平具有较大的意义，可以进行推广使用。

由于目前北方农宅的主要用能需求是冬季采暖，消耗了大量的煤炭，由此带来一系列的问题。因此如何合理利用太阳能来满足农宅冬季采暖需求，减少煤炭使用量，是需要解决的最迫切问题。后续讨论主要针对太阳能采暖。

以黑龙江农村地区的某单层住宅为例，假如房间供暖面积为64m^2，围护结构热工性能和密闭性能均按照《农村居住建筑节能设计标准》❶ 进行设计，供暖时间从10月15日持续到次年4月15日，共计6个月。尽管该地区属于气候严寒地区，且太阳能可利用资源一般（属太阳能资源三类地区），取太阳能采暖系统有效集热效率30%进行计算，为满足冬季室内14℃需求，只需要16m^2 的太阳能集热面积（不包括外窗），就能满足建筑大部分白天时间的供暖需求；理论上，如果有40m^2 太阳能集热面积（不包括外窗），并辅之以合适的储热系统，就能满足农宅全天的供暖需求。由于北方农村住宅一般为单层单体农宅，具备利用太阳能进行采暖的良好条件。具体原则是：

(1) 应优先考虑被动式太阳能采暖技术

被动式太阳能利用技术（见本书4.1.2节）无需依靠任何机械动力，以建筑本

---

❶ 《农村单体居住建筑节能设计标准》，国家标准征求意见稿，2012年。

身作为集热装置，充分利用农宅围护结构吸收太阳能，使建筑被加热，从而达到采暖目的，包括直接受益窗、阳光间和集热蓄热墙等多种形式。与主动式太阳能利用技术相比，被动式技术的造价低廉、运行维护简单方便，直接利用太阳能，减少了中间转化过程，优势较为明显，应优先考虑。被动式太阳能利用技术的核心问题有三个：第一，加大农宅南向集热面积，使房间能够接受更多的太阳辐射，增加室内得热；第二，强化围护结构保温，尤其是做好窗户夜间保温，减少热量散失；第三，通过采用重质墙体或增设室内蓄热体，增强房间蓄热能力，提高房间夜间温度。

改革开放三十年来，我国在被动式太阳能技术研究与示范方面做了很多努力，1977 年在甘肃省民勤县建成了我国第一栋被动式太阳房，1983 年与德国合作在北京市大兴区建立了一个拥有 82 栋太阳能建筑的新能源村。在这些研究示范的技术上，还形成了《被动式太阳房热工设计手册》等规范以指导建设。通过测试发现，具有良好围护结构热工性能的被动式太阳房，其冬季综合采暖能耗能够降低 50％以上，节能效果显著。

(2) 太阳能空气集热采暖系统更适用于农宅冬季采暖

由于仅通过被动式太阳能技术尚不足以满足农宅的全部采暖需求，因此需要主动式太阳能采暖技术作为补充。主动式太阳能采暖包括热水集热采暖系统和空气集热采暖系统两种主要形式。太阳能热水器由于其良好的使用效果，曾经是太阳能采暖的首选系统，但是经过多年的尝试却始终无法推广开来，其原因是经济性和易用性问题。冬季采暖与生活热水供应有本质的区别，热水采暖系统除了太阳能集热器和储热水箱之外，还需要有较为复杂的管路系统、补热系统（一般采用电补热，而这造成运行成本急剧升高）和防冻系统（否则夜间很容易被冻坏）。采暖负荷是生活热水负荷的十倍以上，要求较大的集热面积，从而需要较大投资。而这样大的投资所建成的系统，全年利用的时间仅为 20％～50％，不能像太阳能热水器那样全年利用。由于使用时负荷高而需要很大投资，而这样大的投资可利用时间又不长，严重影响了太阳能热水采暖的经济性。使用太阳能热水采暖每户初投资约为 2 万～3 万元，对于大多数农村家庭而言，这样的投资是无法接受的。反之，太阳能空气集热采暖系统由于构造简单，加工方便，价格低廉，提供同样的热量其成本仅为热水系统的 1/3～1/4，经济性明显优于热水系统。并且，空气系统远比热水系统容易维护，当室外温度较低时，热水系统容易发生管道冻结，影响采暖系统的正常运行，而空气系统根本不存在结冻问题，夜间没有太阳时，只要停止风机运行，就不会造成通过集热器的热损失。相比于太阳能热水系统偏高的投资、每天晚上为了防冻所要求的排水和每天早上的灌水，空气系统简单的运行方式和低廉的投资，更容易被农民所接受。尽管太阳能空气集热太阳能利用率低，集热器需要的空间大，但对于仅为一层或两层的北方农宅来说，提供足够的采集太阳能的空间不存在任何问题，因此太阳能空气采暖系统更适用于北方农宅冬季采暖。

3.3 发展目标和对策

3.3.1 北方"无煤村"发展模式探讨

我国北方地区气候寒冷，农宅的主要用能集中在冬季采暖和全年的炊事方面。由于围护结构保温普遍性能不佳、采暖和炊事系统热效率低等原因，导致北方农宅总体能耗高、冬季室内温度偏低；同时，采暖和炊事过程中大量使用煤炭或者生物质直接燃烧，造成了室内空气污染。因此，需要针对目前存在的这些主要问题，制定合理可行的北方农村生活用能发展目标。

从第2章的调研数据分析可以看到，当前我国北方农宅用能存在的突出问题是小型燃煤采暖和炊事炉在农村大量使用，每年燃煤消耗已经达到1.1亿tce，其中用于采暖约7400万tce，用于炊事约3600万tce。从历史角度看，20世纪80年代煤炭在农村尚很少使用，在不到三十年的时间内，农村就从以生物质为主的"低碳"模式迅速发展到以燃煤为主的"高碳"模式。按照目前的发展趋势，如果不加以合理的引导和转变，在未来10~20年内，北方农村煤炭消耗有可能以每年5%~10%的速度增长，这种现象需要引起国家各级相关部门、科研工作者、能源管理部门和广大农村地区居民的高度关注。下面首先说明农村大量使用煤炭所带来的问题，然后提出相应的改进对策及实施措施。

(1) 农村大量使用小煤炉进行采暖和炊事带来的问题

也许有人会说，我国是一个煤炭生产和消耗大国，煤炭在我国能源消耗结构中占有最大的比例。对北方城镇建筑采暖来说，无论是热电联产还是直接锅炉房采暖，其所用的一次能源都是以煤炭为主。为什么煤炭不适宜在农村地区用呢？这是因为小型采暖煤炉的大量使用，会带来以下几个主要问题：

1) 小型采暖煤炉燃烧效率低，造成资源的极大浪费

对于燃煤锅炉，当规模较小时，燃烧效率非常低。城镇采用的大型供热锅炉，单台锅炉容量达到 20 t/h，效率可以达到 80% 以上。而农村住宅所采用的小煤炉燃烧效率不足 40%，尚不及大型锅炉的一半。这种低效燃烧的一个直接后果就是造成煤炭资源的极大浪费。目前北方农村每年消耗的 1.1 亿 tce 都是低效燃烧使用，和大型锅炉燃烧相比，相当于每年有约 5500 万 tce 被白白浪费掉了。

2) 产生大量有害气体，严重影响农民身体健康

由于煤炭的不完全燃烧等原因，小型燃煤炉在使用过程中会产生大量的可吸入颗粒物、SO_2、NO_2 等有害气体，同时还存在室内一氧化碳污染的危害，时有煤气中毒的事故发生。据初步估算，农村小煤炉每年燃烧的煤炭共排放颗粒物约 48 万 t、SO_2 约 210 万 t、NO_x 约 105 万 t、多环芳烃约 1.2 万 t（此处的多环芳烃包括 EPA 指出的 16 类主要多环芳烃）。国内外多年研究结果表明，燃煤产生的大量有害物会造成多种呼吸系统和心血管系统疾病，包括肺癌、慢性阻塞性肺病（COPD）、肺功能降低、哮喘、高血压等。中国预防医学科学院何兴舟研究员等从 20 世纪 80 年代开始，在云南宣威通过三十年的跟踪研究，发现室内燃煤排放出大量以苯并芘为代表的致癌性多环芳烃类物质，是导致宣威肺癌高发，造成当地多个"癌症村"的主要危险因素[1]。而且，使用有烟煤和使用无烟煤的人群患 COPD 的危险性分别是使用柴的 4.63 倍和 1.55 倍。贵州、四川、陕西等地使用大量高氟的燃煤，造成当地居民氟骨症（腰腿及全身关节麻木、疼痛、关节变形、弯腰驼背，发生功能障碍，乃至瘫痪）、氟斑牙（表现为牙釉质白垩、着色或缺损改变，一旦形成，残留终生）等病例大量发生。根据 2004 年 WHO（World Health Organization）报告，由于固体燃料的使用，在我国农村地区每年造成 42 万人死亡，比城市污染造成的年死亡人数还多 40%，固体燃料的不清洁利用已经被认为是我国第六大健康杀手。

---

[1] 何兴舟. 室内燃煤空气污染与肺癌及遗传易感性—宣威肺癌病因学研究 22 年. 实用肿瘤杂志，2001，16 (6)：369-370.

3) 运行管理以及煤渣处理困难,恶化农村生态环境

除了排烟污染,小型燃煤炉的广泛使用还会产生大量的灰渣污染以及堆放的燃煤的污染。对于大型锅炉房来说,灰渣可以实现集中储存、处理和利用,基本不会污染环境。而农村的小型煤炉产生的炉渣,由于过于分散,很难集中进行处理和再利用,大量只能当作废弃物丢弃于村落周边,其中夹杂着一些生活垃圾,生成"煤渣垃圾围墙"之势,不仅恶化了农民的生存环境,还有可能对农村的水体、农田生态环境造成破坏。

4) 加重农民经济负担,给国家的温室气体减排带来压力

农村开始大量使用燃煤是在煤炭价格较低的20世纪90年代开始的,近年来由于煤炭价格的逐年上涨,而农民由于使用惯性等原因很难一时改变这种习惯,因此采暖和炊事用煤逐渐成为农民较大的经济负担,目前北方农村每户的年平均取暖费用为1000~3000元,占到年收入的10%~20%。即使在收入水平较高的北京地区农村,也有78%的农民认为目前采暖负担较重。随着化石燃料的消耗,其价格必将继续呈现上升的趋势,如果继续采用以燃煤为主要燃料进行采暖和炊事,必然会对一部分家庭造成更加沉重的负担。此外,每年大量煤炭燃烧后产生大量的CO_2,对我国温室气体减排的整体带来了压力。

综上所述,尽管在农村地区大量使用燃煤的背后存在深刻的社会、经济等方面的原因,抑制煤炭在农村地区的使用,寻求更加合理的农村能源发展模式,是农村住宅用能需要解决的重大问题。

(2) 北方"无煤村"理念的提出及其含义

针对目前北方农村地区大量使用煤炭所带来的种种问题,结合近年来在北方地区新农村建设过程的摸索与实践,提出了实现北方农宅"无煤村"的理念,当作未来的努力方向及发展目标。所谓"无煤村"应该满足以下几个特征:

1) 无煤特征:农宅不使用燃煤,而是以生物质、太阳能等可再生能源解决全部或大部分采暖、炊事和生活热水用能;不足时,用少量的电、液化气等清洁能源进行补充,同时采用电网的电力满足农宅用电的正常需要(照明、家电等)。

2) 节能特征:农宅围护结构具备良好的保温性能,从而大大减少采暖用能需求。一个不满足节能要求的农宅,即使不烧煤,也不是"无煤村"所追求的目标。

3) 宜居特征:农宅满足与农村地区居民相适应的热舒适要求,同时避免由用

能引起的室内外空气污染及环境恶化。"无煤村"绝不是以牺牲农宅室内舒适性或环境质量为代价的无煤化。

因此,"无煤村"并不是单纯追求简单意义上的无煤化,而是将村落作为考量和设计中国北方农村可持续发展的基本细胞单元,紧密结合农村实际,基于合理的建筑形式与可再生能源清洁高效利用,在满足冬季室内环境舒适性的同时,大幅降低农宅采暖和炊事能耗,这应该是我国大部分北方农村未来新农村建设的合理化能源模式,也是实现北方农村住宅用能可持续发展的主要目标。

(3) 北方"无煤村"实现方式

1) 加强农宅围护结构保温,降低冬季采暖用能需求

围护结构热性能差是导致目前北方农宅冬季供暖能耗高、室内热环境差的重要原因。如果不对其进行改善,就不会实现真正意义上的节能。因此围护结构保温是实现"无煤村"的重要基础。

由于农村住宅与城镇建筑相比在建筑形式、室温要求、经济性等方面存在诸多不同,因此农村住宅围护结构保温性能要求不能照搬城镇住宅的标准。目前我国首个《农村居住建筑节能设计标准》即将颁布,标准对不同气候条件下北方农宅的通风换气次数,以及墙体、屋顶、地面、门窗等的传热系数限制做了相应的规定,可以作为指导或判断农宅合理保温程度的依据。在保温做法和保温材料选取上,应结合农村当地实际,尽可能使用本地材料。另外,由于北方农宅冬季室温要求为 14℃左右即可,因此在保证夜间有窗户保温(例如保温窗帘)和局部供暖(如火炕、电热毯等)的前提下,南向可以采用较大的窗墙比,以便在白天获取更多的太阳能。本书第 4.1 节给出了一些适用于农宅本体节能的技术实例。

以北京郊区某典型农宅为例,如果做好农宅本体保温,即更换气密性差、传热系数大的门、窗,使房间的换气次数降低到 0.5ACH 左右,窗户传热系数从 5.7 $W/(m^2 \cdot K)$ 降到 2.8$W/(m^2 \cdot K)$左右,再通过添加保温将农宅的外墙、屋顶的综合传热系数降到 0.30~0.50$W/(m^2 \cdot K)$左右,再加上集热蓄热墙、直接受益窗或附加阳光间等被动式太阳能热利用方式的合理应用,可使其比目前常见的北方无保温农宅减少 50%左右的采暖能耗。上述效果已经在多个实际农宅节能改造示范工程中得到验证。

2) 改进用能结构,实现冬季采暖"无煤化"

农宅通过合理的保温,采暖负荷降为不到目前无保温时的一半,这时只要充分发挥农村地区生物质、太阳能等可再生资源丰富的巨大优势,完全可以实现不用煤进行采暖。具体实施方案可以是:利用生物质压缩颗粒技术结合相应的采暖炉、采暖炊事一体炉(实测燃烧效率达到70%以上,比燃煤小锅炉热效率提高30%～40%),或者灶连炕技术,充分利用炊事余热解决冬季采暖需要,来代替目前的燃煤土暖气。按照节能农宅的采暖负荷,北方地区农户平均只需要1～2t生物质压缩颗粒即可满足冬季采暖用能需求,并且如果采用村级生物质颗粒"代加工"模式,采用生物质燃料的运行成本将大大低于燃煤采暖的成本,同时解决了燃煤所面临的浪费资源、影响健康、污染环境等一系列问题,实现了低碳排放,一举多得。

相对于生物质能源来说,太阳能是更加易得的清洁能源。但是太阳能具有不连续性、不稳定性等特点,当太阳能无法满足室内采暖要求时,需要其他能源进行补热。例如,太阳能空气集热采暖系统由于其系统简单、运行维护方面、初投资以及运行费用低、不存在冻结问题(见4.3.2节),与被动式太阳能利用相结合,可以承担有太阳时的全部采暖负荷。在晚上、阴天或太阳辐射不足时,则可以在生物质压缩颗粒燃料炉、节能炕灶、电热毯等多种形式中选择一种进行补充,其实现模式如图3-6所示。与传统农宅相比,通过保温、被动式太阳能等措施减少大约50%的采暖负荷;其次,分别通过主动式太阳能及生物质清洁利用各承担25%左右的负荷量,实现采暖的无煤化。

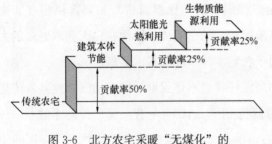

图3-6 北方农宅采暖"无煤化"的一种实现方式示意图

3)实现炊事和生活热水"无煤化"

与采暖相比,北方农宅实现炊事和生活热水"无煤化"相对容易。生活热水可以采用户用太阳能热水器解决,成本低,效果好,使用方便,目前在农村地区已经大量应用。而农户使用煤炉进行炊事,大多可能是由于采用煤炉采暖,也"顺便"用煤炉进行炊事的。因此在取消燃煤采暖后,同时也有利于取消燃煤炊事。实现无煤、清洁炊事的方式有多种:对于使用传统柴灶的农户,可以改成省柴灶或灶连炕,炊事的同时还可以进行采暖,一举多得;对于采用生物质压缩颗粒进行采暖的农户,可另外配置一台小型生物质颗粒炊事炉；对于有条件的农户，可以优先使用沼气，产气量不足时可以用液化石油气或电能进行补充。

综上，无论从顺应国家节能减排战略的角度，还是从改善农村生态环境和农民居住环境质量的角度，或者是减轻农民在采暖能耗方面的经济负担的角度，在北方农宅实现并维持以使用非商品能为特征的"无煤村"都具有重要现实意义。随着北方地区新农村建设的逐步推进，各级政府部门也应该把推进"无煤村"建设作为实现节能减排、改善环境、推进新农村发展文明化的一个重要标志。无煤化是农村地区生活进步的标志，也是可持续发展的必然追求。我们需要牢牢抓住各种有利条件，在我国探索出一条在城镇和国外从来没有过的可持续发展之路，并实现跨越式发展。

当然，尽管该模式在许多农村地区具备了一定的可行性，其真正的实施过程将是一个艰巨的系统工程。为实现这一目标，不仅首先要在技术上使其具备实施的可行性，在管理上还必须科学规划，从各个地区在实际情况出发，做出全面合理的方案，并贯彻实施；在政策上，需要国家的财政支持来带动。另外，由于多种客观因素的限制，不同地区推广"零煤耗"村落可以采取不同的形式。例如有些地区可以先进行农宅保温和被动式太阳能热利用，待条件成熟再考虑其他技术。这样即使不能完全实现"无煤村"，也是对我国建筑节能减排的重要贡献。

3.3.2 南方"生态村"发展模式探讨

和北方地区相比，我国南方地区在气候条件、资源环境、生活模式等方面存在显著差异，因此农村发展所面临以及重点解决的问题也有所不同。自古以来，南方地区就以优美的生活环境与怡然自得的生活状态而闻名，气候适宜，雨量丰富，河流众多，常年山清水秀，形成了南方优越的生态环境。因此，南方农村的目标是充分利用该地区的气候、资源等优势，打造新型的"生态村"。

所谓"生态村"，首先是指在不使用煤炭的前提下，以尽可能低的商品能源消耗，通过被动式建筑节能技术的使用和可再生能源的利用，建造具有优越室内外环境的现代农宅，真正实现建筑与自然和谐互融的低碳化发展。该模式不同于以高能耗为代价、完全依靠机械的手段构造的西方式的建筑模式，而是在继承传统生活追求"人与自然"、"建筑与环境"的和谐理念的基础上，通过科学的规划和技术的创新，所形成的一种符合我国南方特点的可持续发展模式。

(1) 南方具备实现"生态村"的优越条件

南方农村所具有的以下三个特点,是实现"生态村"的重要基础。

1) 适宜的气候条件。尽管南方地区幅员辽阔,不同地区气候条件差异明显,但在绝大部分时间,南方室外气温都处于相对适宜的范围。这样的气候条件,使得在大部分时间里,仅通过合理的围护结构等被动式手段来满足建筑室内热环境的需求成为可能。这是南方地区与北方地区最大的区别。

2) 宜居的自然环境。与城市的集中住宅不同,农村住宅密度较低,一般采用"一户一楼一院落"的居住模式,具有优美的自然环境。在这种模式下,农宅可充分利用自然资源,营造生态宜居的微环境。因农宅前后无遮挡,很容易形成自然舒适的穿堂风,还能充分利用太阳能,提高室内热舒适性;院落内栽种的绿色植物,既能减少房屋周围地面温度,还能起到遮阳降温的目的。诸多农宅彼此独立,又相互影响,通过生态规划,还可与村落内的良田、树林和自然水体等形成配合,形成最自然、健康、舒适的生活环境,建成幸福宜居的生态家园。

3) 良好的用能习惯。根据第 2 章的调研结果显示,与北方农村相比,南方大部分地区缺少煤炭资源,煤的平均使用量明显低于北方农村。南方农村地区目前的主要能源形式是生物质,大部分地区的居民仍然保持了使用生物质的习惯。虽然也使用电、液化气等进行炊事、降温和采暖,但基本维持在较低的水平,远低于城市平均消耗量。这些用能习惯,是该地区实现"生态村"的巨大优势。

(2) 南方"生态村"的实现关键

南方农村具有实现"生态村"的上述优势,但根据第 2 章调研结果显示,实现这种生态宜居的发展模式的关键包括以下几个方面:

1) 改进炊事方式,降低炊事能耗及引起的空气污染

炊事用能是南方农村生活能耗的最大组成部分,占到总能耗的 42%。因此,解决炊事用能问题是实现生态型村落的重要方面。

使用生物质秸秆、薪柴直接燃烧进行炊事是南方农村目前仍在使用的主要方式之一。其主要问题是效率低,传统炊事柴灶的平均效率不足 20%,不仅导致生物质的大量消耗,还会造成严重的室内空气污染。其可能的替代或改进方式包括沼气、生物质压缩颗粒炊事炉、省柴灶、电、液化石油气等。

沼气利用是解决南方炊事用能的优先方式。与传统的生物质直接燃烧相比,将

禽畜粪便、秸秆薪柴发酵产生沼气，再用于炊事，使用方便，燃烧效率高，污染排放小，实现了生物质的清洁高效利用。配合以农村适宜的气候环境和良好的自然资源，还可以实现沼气的经济循环利用，形成绿色生态的发展模式。例如"猪－沼－果"的沼气循环经济发展模式，将农村的生产生活有机的结合起来，在实现经济创收的同时，改善农村炊事条件，营造良好的室内外环境。

对于不具备使用沼气或者沼气量不足的地区，推广使用省柴灶或生物质颗粒炊事炉进行炊事，仅需传统柴灶生物质消耗量的1/3左右，同时大大减少了由于不完全燃烧引起的空气污染；另外，根据实际需求少量地使用电、液化石油气等进行炊事，也有利于改善炊事效果和室内外环境。

2）采用被动方式进行夏季降温

夏季降温也是南方农宅面临的普遍性问题。农宅具有鲜明的特点：单体建筑为主，建筑密度低，自然环境优越。而根据农村的热舒适性调研发现，在保持室内空气流动的条件下，夏季室温低于30℃，大部分农民就可以接受。而在大部分地区，室外温度超过30℃的时间并不长。因此，与城市建筑普遍采用空调降温不同，南方农宅通过充分利用自然资源，改善建筑微环境，利用被动式降温方式，辅之以电风扇等，即可能实现农宅夏季降温的目的。被动式降温主要依靠围护结构隔热和自然通风两种方式来实现。

墙体和屋顶传热是室内温度升高的原因之一，应根据农宅自己的特点，从建筑结构、建筑材料和周围环境来改善建筑围护结构隔热性能。在建筑结构上，可采用大闷顶屋面或通风隔热屋面减少屋顶传热。在建筑材料上，传统农宅中常用的多孔吸湿材料，可以形成蒸发式屋面，多孔吸湿材料中储存了水分，当受到太阳辐射作用时，屋面温度升高，会加速水汽蒸发，带走部分热量，从而实现隔热的目的；农宅周围还可以栽种绿色攀援植物或进行屋顶绿化，能够遮挡大部分的太阳辐射，既能隔热，也能绿化环境。

南方夏季既炎热又潮湿，通风不仅能改善室内的热湿环境，适当的空气流动还能提高人体舒适程度，是南方农宅降温的另一种主要措施。农村地区建筑密度低，前后无遮挡，通过合理的建筑设计和规划，很容易在风压作用下形成穿堂风，显著改善室内环境。通过天井等建筑结构形式，还可以利用热压作用，形成纵向拔风，强化室内的通风换气作用。

通过以上被动式降温技术，即可充分利用自然环境解决南方农宅夏季过热的问题。被动式技术不需要消耗额外的能源，就能够营造出自然舒适健康的室内热湿环境。利用农宅周围的绿色植物、自然水体的蒸腾蒸发作用，还能改善村落的微气候，从而保障了"生态型"村落的夏季热舒适性能。

3) 减少冬季采暖用能，改善室内热环境和空气质量

南方采暖问题主要集中在夏热冬冷地区和其他部分冬季气温较低的地区。由于南方冬季室外气温大部分时间内在 0~10℃之间，而室内温度高于 8℃，就是农民认为可接受的温度。因此，冬季室内外仅需维持不足 8℃的温差（而北方地区由于气候寒冷，室内外温差可达 20~30℃）。这完全可以通过合适的建筑围护结构保温，辅之以太阳能、生物质能以及少量的商品能来实现。目前第 2 章的调研数据显示，夏热冬冷地区农宅冬季采暖的户均能耗约为 0.42tce。能耗虽然不高，但室内温度偏低，并且生物质直接在室内燃烧造成室内空气污染，需要改进。

南方农村住宅面积较大，但部分房间仅用于放置农业生产的设备、储存粮食和放置杂物等，人们经常活动的区域并不大。因此，仅需要保证人们活动区域的冬季采暖需求。"部分时间、局部空间"的采暖方式是南方长期以来一直采用的采暖模式，既符合当地气候条件和自然环境，也实现了节能，应该加以保持。但是，南方地区传统的局部采暖措施，如火盆、火炉等，都是通过生物质在室内直接燃烧来进行取暖，会造成严重的室内污染，应该彻底取缔。为保证室内空气清新，很多人形成了冬季开窗通风的生活习惯。房间通风换气次数的大小，对冬季采暖负荷和室内温度的影响较大。因此，要改善冬季室内热环境，需要根据居民开窗通风情况分别进行讨论。

如果保持目前南方农村冬季开窗的生活习惯，由于室内通风换气次数较大，室温主要受室外气温的影响，建筑围护结构的保温作用不再明显。因此，通过改善建筑围护结构的热工性能来改善室内热环境的作用较小，可选用辐射型取暖器、电热毯等局部采暖方式，直接作用于人体，提高热舒适性能。避免用对流型的采暖系统，如热泵型空调等，因为较大的通风换气次数，会显著降低采暖系统的使用效果，增大能耗。

实际上，很多居民喜欢在冬季开窗通风是和在室内直接燃烧生物质相关的。如果不再采用这类炊事或者采暖方式，则很有可能改变目前冬季开窗通风的习惯，从

而使房间的密闭性能得到加强，降低通风换气量。这样，就可以通过提高围护结构的热工性能来改善冬季室内热环境。传统农宅的墙体一般都采用厚实的土坯墙体或石砌墙体，如福建土楼的墙体厚度甚至达到了 1m 以上，这种形式的围护结构，热阻约为普通 24 砖墙的 2 倍，可以有效保温。同时，较大的热惰性可以抵御室外温度的波动，使室内更加舒适。在不具备采用这种厚重墙体材料的地区，也可采用热阻较大的自保温材料，在此基础上，辅助以局部采暖，能够满足冬季采暖的需求。

4）一些需要注意的倾向和问题

虽然南方大部分农村地区还保持着传统的生活模式，但对于部分经济相对发达的农村地区，其建筑形式、能源结构和生活模式都开始发生巨大的变化。例如，在建筑结构上，传统的砖木结构、厚土墙体等不断减少，新建房屋普遍采用砖混结构，墙体厚度仅 24cm 或 12cm；在建筑形式上，由于建筑楼层从原来的 1~2 层变为 3 层或 4 层，建筑面积不断增大；在用能结构上，生物质普遍被煤、液化气和电等商品能源替代；在生活模式上，也开始脱离农村充分利用自然资源的习惯，夏季降温和冬季采暖也开始大量使用空调，甚至有部分家庭开始使用户式中央空调、洗衣干燥用电烘干机等。这样做的一个直接后果就是大幅度增加生活能耗尤其是电力消耗。据统计，南方多数农宅户均年耗电为 800kWh 左右，而上述家庭达到 3000~5000kWh/年。如果任由这种用能方式发展下去，将会给原本已经接近饱和的南方电力供应网造成极大的压力。此外，还有部分城市高收入人群在农村地区建高档度假房，并且完全按照城镇甚至国外的模式运行，能耗极高，客观上对部分地区农村发展起到了负面引导的效果，引起了一些农民盲目的模仿，需要引起高度重视。

总的来讲，上述盲目学习城市甚至国外的行为，不仅不利于节能减排，更是一种理念的退步。南方农村地区具有丰富的资源和良好的环境，配合以合理的生态规划，完全能够以较低的能源消耗，创造出城市地区所无法实现的良好的生存环境和生活模式。

3.4 农村住宅对国家建筑节能及低碳发展的影响

我国在哥本哈根气候峰会上明确承诺"至 2020 年单位 GDP 二氧化碳排放（以下简称碳排放）强度较 2005 年减少 40%~45%"，这对经济高速发展的中国来说，无疑是一个严峻的考验。在保证经济增长、提高人民生活水平的前提下,进一步实现节能减排,是国家的重大发展战略。本节基于一些数据及预测分析,说明农村住宅对我国建筑节能及低碳发展的整体影响。

3.4.1 节能减排效果预测

由图 3-7 和图 3-8 给出的我国农村住宅生活用能消耗量和碳排放量分布可以看出,如果在全国范围内大力推广北方"无煤村"和南方"生态村"的建设,将会对我国的建筑节能减排工作产生重大的影响。

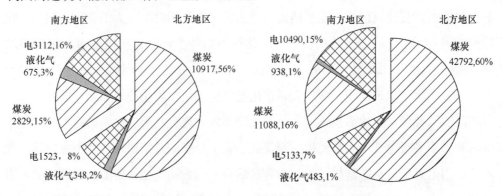

图 3-7 农村住宅消耗的商品能构成　　　图 3-8 农村住宅用能产生的二氧化碳排放量
（万 tce,年总能耗量：1.9 亿 tce）　　　　（万 t,年总碳排放量：7.1 亿 t）

首先,北方农宅采暖和炊事用煤分别占全国农村住宅总商品能耗及由此产生的碳排放的 56% 和 60%,因此在北方实现"无煤村"将会产生最为明显的节能减排效果。我国北方地区共有 32 万个农村,若有 50% 的村落成功推广无煤村生态模式,则每年可节省 0.54 亿 tce,减排 2.14 亿 t 二氧化碳,占全国建筑用能总碳排放量的 9.3%;若有 80% 的村落成功推广无煤村生态模式,则每年可节省 0.87 亿 tce,减排 3.42 亿 t 二氧化碳,占全国建筑用能总碳排放量的 14.9%,如表 3-6 所示。

我国北方农村推广"无煤村"后的二氧化碳减排潜力预测　　　表 3-6

无煤村比例	10%	30%	50%	80%
节能量（亿 tce）	0.11	0.33	0.54	0.87
减排量（亿 tCO_2）	0.43	1.28	2.14	3.42

注：碳排放折算系数：煤—2.8 $kgCO_2$/kg；液化气—2.38 $kgCO_2$/kg；电—1.18 $kgCO_2$/kWh。

南方地区农村住宅用能中煤炭和电分别占全国农村住宅能耗的16%和15%，此外还使用大量的生物质进行炊事和采暖，因此应分别对待。一方面，推广"生态村"，可以再显著改善室内热环境及空气质量的情况下，明显降低煤炭和生物质的消耗量。另一方面，尽管南方农宅平均用电量高于北方，这是和南方地区气候、经济水平情况相一致的，在这一地区推广生态村后，将能够有效避免该地区农村电耗快速增长的趋势。据估算，目前南方地区城镇和农村户均年用电量分别为1737 kWh和842kWh，按照推广生态村可以避免南方地区人均用电量从现在水平发展到城镇水平来估算，那么就可以避免增加945亿kWh的电耗，由此每年能够避免产生1.1亿t的碳排放。

因此，假如通过一系列政策指引，大力发展并推广适宜农村的住宅节能和可再生能源利用技术，就可以在提高农村住宅服务水平的前提下，实现大幅度节能和降低二氧化碳排放。

反之，如果不对农村住宅碳排放量加以控制，使其在保温情况和体型系数保持不变的基础上，生物质完全被煤炭取代，室温从10℃提升到18℃，户均电耗达到现在城镇水平，我国农村住宅商品能耗将从现在的1.9亿tce增加到3.5亿tce，相应的年碳排放量也将由现在的约7.1亿t骤增到13.0亿t，对我国节能减排工作造成巨大压力。我国农村住宅碳排放预测如表3-7和图3-9所示。

2030年我国农村住宅碳排放量预测 表3-7

	情景	能耗变化	碳排放量（亿 t CO_2）
1	不加控制	保温和体型系数不变，生物质完全被煤炭取代，室温从现在10℃提升到18℃，户均电耗达到现在城镇水平	13.0
2	推广10%无煤村与生态村	无煤村与生态村取消煤炭的使用，用电量增长50%。其余村不加控制	11.9
3	推广50%无煤村与生态村		7.8
4	推广80%无煤村与生态村		4.6

3.4.2 农村是真正实现建筑低碳的最佳场所

2010年我国建筑商品能耗总量为6.78亿tce，对应的总碳排放约23亿t，其

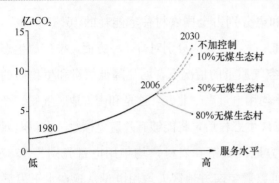

图 3-9 我国农村住宅用能及碳排放变化趋势及预测

中城镇和农村住宅用能碳排放分别约 16 亿 t 和 7 亿 t。无论从单位建筑面积还是人均来看，农村地区的碳排放都不到城镇的 1/2，已经相对低碳。而从未来减排潜力看，城镇地区由于其基础设施和用能习惯是随着时代的发展而逐步发展形成，若要全面更改已经形成的能源结构，大量引进可再生能源技术，需要舍弃或改造原有基础设施，不仅投资巨大，并且由于城市土地空间极其稀缺，往往也不具备使用可再生能源的空间条件。所以，城镇建筑的低碳化发展受到其现有能源结构的限制，主要是通过节能来实现减碳，因此也就很难实现真正意义上的低碳。

反观农村地区，由于具备丰富的生物质、太阳能等可再生能源资源，同时具备使用这些可再生能源的土地资源和空间资源，因此还有巨大的减排空间。由前面的碳排放预测结果可以看出，若全国 80% 的北方村落成功推广"无煤村"模式，则每年碳排放可在目前水平上减少 3.42 亿 t。

此外，农村地区的低碳化发展，与前面分别提出的北方地区"无煤村"、南方地区"生态村"，无论从发展目标还是实现手段来看都是完全一致的。也就是说，农村"低碳"并不是刻意追求出来的低碳，而应是农村地区建筑节能及可持续发展的自然结果。

从国家资金投入和节能减排效果对比看，"十一五"期间我国北方采暖地区 15 省市共完成了 1.82 亿 m² 的既有居住建筑供热计量及节能改造❶，实现节能约 200 万 tce，CO_2 减排约 520 万 t。如果按照财政部 2007 年 12 月 20 日颁发的《北方采暖区既有居住建筑供热计量及节能改造奖励资金管理暂行办法》（财建［2007］957 号）中所提出的 45~55 元/m² 的奖励额度进行计算，国家共计投入了改造资金约 100 亿元，假如把这些国家补贴用在农村的话，大约可以建 1 万个北方"无煤村"，

---

❶ 住房与城乡建设部. 关于 2010 年全国住房城乡建设领域节能减排专项监督检查建筑节能检查情况通报（建办科［2011］25 号）. 2011-04-14.

节能约 400 万 tce，实现 CO_2 减排约 1500 万 t，分别是城市的 2 倍和 3 倍。因此，与城镇建筑相比，农村住宅是投资小、见效大的节能减排领域，是真正实现建筑低碳的最佳场所。

3.4.3 我国"无煤村"农宅和国外"零能耗"建筑的区别

近年来，一些发达国家相继提出"零能耗"建筑的概念，欧洲许多国家还相继制定了在未来 10～20 年内，使全部建筑都实现"零能耗"的路线图。这里所说的零能耗并不是建筑本身不消耗能量，而是通过各种技术手段，使建筑在使用过程中不产生碳排放。包括几种形式：1）独立的零能耗建筑。完全不依赖外界的能源供应，建筑利用其自身产生的能源，如建筑自身安装的太阳能和风能产生的电能独立运行。2）收支相抵的零能耗建筑。与城市电网连接，利用安装在建筑物自身的低碳能源装置发电，当产生的电力大于需要的电力时，多余部分输出到电网；当产生的能源不能满足需求时，从电网购电补充。一年内生产的电力与从电网得到的电力相抵平衡。3）包括社区设施的零能耗建筑。在建筑之外利用风能、太阳能、生物质能等这些城市新能源，来支持建筑运行的能源需求。但从建筑单体来看，本身仍然消耗能源。《中国建筑节能年度发展研究报告 2009》中第 2.5 节对实现零能耗建筑的条件与适应性进行了系统的阐述。

前面指出我国农村地区是实现建筑低碳的最为适宜的场所，从减少建筑碳排放的目标来看，"无煤村"农宅与"零能耗"建筑也是共同的。但是，我们所倡导的"无煤村"是基于我国北方农村实际而提出的低碳发展模式，与西方的"零能耗"是有本质区别的。下面分别以美国某寒冷地区的"零能耗"住宅（图 3-10）与我国某北方某"无煤村"农宅（图 3-11）为例进行对比。

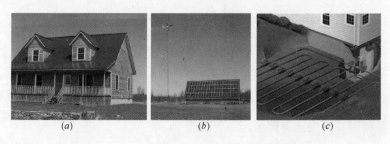

图 3-10 美国某寒冷地区的"零能耗"建筑
(a) 建筑本体保温；(b) 风力、光伏发电；(c) 地源热泵供暖

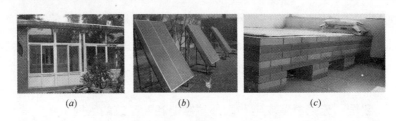

图 3-11　我国北方某"无煤村"农宅

(a) 建筑本体保温；(b) 太阳能热风采暖；(c) 吊炕采暖

由于都处于北方寒冷地区，两个建筑外墙都进行了保温。从建筑用能负荷来看，美、中建筑的采暖负荷分别占其总负荷的 72%、64%，可见两个建筑中，采暖都是最主要的用能需求。

美国"零能耗"建筑与我国"无煤村"农宅分别采用了不同的可再生能源技术，供应所需的生活用能。前者安装了一台 10kW 的小型风力发电装置（安装在院内）和一个 10kW 的小型光伏发电装置（安装在院内一个辅助用房顶部）。这两套装置每年总发电量为 20000kWh，除了供应建筑照明、家用电器、生活热水用电之外，还带动一个地源热泵为建筑供热。此外，还安装了一个用于回收机械排风热量的热回收装置。该建筑运行能耗全部由建筑附带的可再生能源系统提供，实现了零碳排放。

我国的"无煤村"农宅在建筑围护结构保温的基础上，采用"太阳能空气集热系统＋炕系统"的模式，利用太阳能空气集热系统解决白天室内采暖的问题，用火炕解决夜间采暖的问题，同时用生物质颗粒替代煤炭进行炊事和采暖，用太阳能热水器提供所需的生活热水。该农宅每年使用商品能 500kWh 的电和 2.3t 生物质颗粒，其中生物质颗粒基本不产生碳排放，用电量折合年碳排放 590kg，实现了低碳排放。

上述两个建筑都基本满足了使用者的需求，"无煤村"农宅虽然没有实现绝对意义上的零碳排放，但其碳排放量很小，不会对环境产生负面影响。

从能源种类来看，前者的能源种类为单一的电，而后者主要生活能源为生物质颗粒，直接利用可再生能源燃烧产生的热量。

但为了实现"零能耗"，美国建筑的投资为 7 万美元，包括风力发电系统、光伏发电系统、地源热泵系统与热回收系统；而我国"无煤村"农宅的投资，包括太阳能空气集热系统、炕系统、生物质颗粒炉系统、太阳能生活热水系统等，全部投资约9000元人民币（包括分摊的生物质颗粒加工设备），即使考虑了年运行费用（500kWh电和2.3t生物质颗粒加工费用），折合到"零能耗"中可再生能源设备寿命的20年，其综合成本也还不到美国零能耗系统成本的5%！

对比两个实例发现，美国"零能耗"建筑通过昂贵的初投资，将太阳能转化为高品位的电进行使用。中国北方"无煤村"农宅，不追求绝对零碳，但充分考虑农村能耗特点，直接将可再生能源转化成热量，而非高品位能源，减少了转换过程中成本和能源损失。同时，其经济性好、维护简便，更加符合我国国情，切实可行。

由上所述，农村住宅具有节能与减排的巨大优势和潜力，并将对我国整体能源结构及可持续发展产生重大影响。但要最终实现这一目标，还必须在国家政策的正确指引下，结合农村发展的现状与特点，通过一系列资金投入与技术支持，逐步得到实施。

3.5　财政支持与政策保障

从3.4节的分析可以看出，未来我国北方地区如果能够推广80%的"无煤村"，则每年可节能0.87亿tce，减少约3.42亿t的二氧化碳排放；如果南方地区能够推广80%的"生态村"，不仅可以节能0.2亿tce，还可以避免未来945亿kWh电耗增量，由此每年能够避免产生1.1亿t的二氧化碳排放，为国家未来节能减排战略的实现做出巨大贡献。但是这一美好蓝图的实现，不是仅仅依靠"纸上谈兵"就能够一蹴而就的，除需要组织大型科技攻关和技术推广外，还要依赖于全社会各方面的关注和投入，以及国家强有力的政策支持和激励措施。下面将重点从三个方面进行论述。

（1）国家应把发展可再生能源的财政补贴措施支持方向重点放在农村，吸引各界资金扶持，推进农村能源的产业化发展

农村住宅能源技术的研究开发，既是一项基础性研究，也是应用性推广活动，各个环节都离不开资金的扶持，通过3.1节的分析可以清晰地看到，农村地区具有利用可再生能源得天独厚的优势条件，因此国家应该把发展可再生能源的财政补贴

重点放在农村地区。

尽管近些年我国在某些可再生能源领域的利用技术方面已经得到了一定发展，也形成了一定的产业规模，但总体水平仍然偏低，不同地区、不同行业之间发展尚不平衡，产业化程度比较低，缺乏自我持续发展的能力。在目前的技术水平条件下，很多企业规模偏小，能源开发利用效率低，能源产品科技含量低，导致新型建筑节能和可再生能源技术产品还不完全具备与常规能源产品竞争的能力，加上我国农村新能源产业自身发展的盲目性与市场微观调整的不稳定性，使农村新能源产业发展成本过大，造成了国家对农村新能源开发已有的技术和资金投入等有限的资源条件的浪费。针对我国农村住宅节能技术产业化体系不完善，导致对节能技术成果整体转化形成制约的现象，国家应该加强农村住宅能源的产业化建设，制定农村住宅能源产业规划，对于具有良好适应性的节能技术要逐步鼓励扩大生产规模进而实现规模化、产业化生产，有计划地改建和扩建一批对农村住宅能源影响较大的企业，形成农村住宅能源开发中的龙头企业，通过产业化加快技术应用的步伐，并在产业化过程中降低节能技术应用的成本，促进企业进行技术改造和结构调整，进一步提高节能技术产品的市场竞争力。

在继续发挥国家投资主渠道作用的同时，还应该唤起社会各界关于开展农村住宅节能和开发利用新能源的社会责任感与紧迫感，发挥各种社会公益组织的作用，逐步吸引其他资金的加入。在操作层面上，政府可以建立专项基金，如农村住宅节能与可再生能源专项基金，用以支持全国农宅建筑节能项目的开展，消除项目在融资方面的障碍和困难，实现更合理、更深入地开发农村住宅能源和节能技术。对于具有良好节能效果和市场发展前景的农村住宅节能和可再生能源利用技术产业，应该在宏观经济政策上给予支持和保护，在市场经济条件下，通过有效地发挥财政预算、政府补贴、课题支持等多种经济和政策工具的杠杆作用，将其作用范围扩展到农村能源的生产、转换、流通、消费等各个环节。

表3-8给出了我国不同地区节能技术的一种建议补贴方案和对应的节能量情况，其中从节省商品能量与投资额之间的比值可以看出，节能灯和生物质加工设备的节能效果要优于其他技术，所以国家可以对这些技术采用100%的补贴比例，其他技术可以采用部分补贴的方式进行。

对我国不同地区农宅节能技术的一种建议补贴方案和对应的节能量　　　表 3-8

	节能技术	推广规模	投资总额（亿元）	国家对单户补贴比例（%）	补贴额（亿元）	节省商品能（万 tce）
北方地区	建筑保温	0.8 亿户	6400	50	3200	4000
	节能灶	0.5 亿台	300	0	0	600
	节能炕	0.5 亿铺	500	0	0	300
	节能灯	0.8 亿盏	10	100	10	50
	太阳能空气集热器	0.8 亿套	1600	50	800	1000
	生物质加工设备	25 万台	250	100	250	1500
	合计		10660		4660	8000
南方地区	节能灶	0.5 亿台	300	0	0	600
	节能灯	1 亿盏	12	100	12	60
	生物质加工设备	25 万台	250	100	250	1000
	生物质成型燃料炊事炉	0.5 亿台	200	50	100	600
	沼气(国家已有补贴政策)	1 亿口	2000	50	1000	600
	合计		2762		1362	2000

1) 生物质颗粒燃料加工技术，可以由政府 100% 出资购买设备，再通过租用给承包人的方式为每个村配置一台成型颗粒加工设备，每年承包者要向政府支付一定数量的租金，这样既可促使颗粒加工设备得到充分利用，还可以由这部分租金构成设备的维护基金。承包者按照"来料加工"方式为农户进行加工，并收取 100 元/t 左右的加工费，用于支付设备电费（约占 50%）、加工人员的工资（约占 40%）和设备维护费（约占 10%）。例如，北方地区现在的农宅户均非电生活能耗约为 2 tce（约 3 t 燃煤或 4 t 生物质颗粒燃料），如果使用生物质成型燃料完全替代煤（约 1000 元/t）等商品用能，一个农户全年仅需支付加工费用 400 元左右，比使用燃煤每年节省 2600 元，在减少农民能源支出的同时，每户还可减少二氧化碳排放 8t 以上。这样全国一次性财政总补贴额度为 500 亿元，每年可以节省 2500 万 tce、减排 1 亿 t 二氧化碳，同时还可以显著减轻农户购买燃煤的经济压力，给农民带来实实在在的好处。

相比之下，财政部 2008 年 10 月印发的《秸秆能源化利用补助资金管理暂行办法》（财建 [2008] 735 号）中指出，对于注册资本金在 1000 万元以上、年消耗秸秆量在1万t及以上且秸秆能源产品已实现销售并拥有稳定用户的企业，按照140元/t的标准进行补贴，这样要实现节能2500万tce（对应的秸秆产品产量为5000万t）的目标，每年都需要补贴70亿元，7年后的补贴额就会超过上述补贴生物质燃料加工设备的方式。并且，这样做的结果只是促进了相关企业的发展，很难给农民带来直接的经济利益，对改善农村的能源与环境也无贡献。

2) 节能灯的光效一般为白炽灯的5~6倍，一般原来使用60W白炽灯的地方，只需安装10W左右的节能灯就足够了，因此使用节能灯照明可节电80%左右。节能灯可以由国家为全国农户一次性补贴100%的更换费用，共计需要22亿元，每年可以实现节能110万tce、减排500万t二氧化碳的目标。

3) 北方地区的农宅围护结构保温是节能潜力最大的一种技术，同时也是实现其他采暖技术节能并降低实际运行成本的基础，所以即使投资额偏高，也要进行补贴，如果对改造达标的单个农户提供4000元（改造成本的50%）的补贴，总补贴额度为3200亿元，最终整个北方地区每年可以实现节能4000万tce、减排1.6亿t二氧化碳的目标。

4) 北方地区的太阳能空气集热系统，可以由国家一次性补贴50%的费用（1000元），共计需要800亿元，最终每年可以实现节能1000万tce、减排0.4亿t二氧化碳的目标。

5) 南方地区的生物质成型燃料炊事炉，可以由国家一次性补贴50%的费用（200元），共计需要100亿元，每年可以实现节能600万tce、减排0.2亿t二氧化碳的目标。

另外，对于一些已经推广了一定范围且农户较容易接受的节能技术，如节能灶、节能炕，国家可以不进行补贴而通过合理的引导，依靠农户自身的投资进行推广。

最终，北方地区和南方地区各需要补贴4660亿元和1362亿元，分别可以实现节能0.8亿tce和0.2亿tce，如果按照每吨标准煤的价格为1000元进行计算，则北方地区和南方地区每年分别可以节省800亿元和200亿元，同时还会减少将近4亿t二氧化碳以及大量其他污染物的排放。相比而言，在目前城市建筑节能已经有很大发展的情况下，即使把这些补贴放在城市，要实现如此大的节能量和减排量几乎是一件不可能的事情。

鉴于建筑节能及可再生能源利用技术在农村地区的发展前景，如果国家能够采用类似"家电下乡"的政策，将有限的政府补贴投入到正确合理农民急需的领域，实施农村节能产品下乡、节能技术下乡、节能服务下乡，不仅会带来显著的节能效果，而且可以增加农村地区的就业机会，并引导农民趋向更加合理化的生活模式，促进农村地区生活环境的改善和文明程度的提高，真正做到利国、利民、利家。

(2) 以政府示范来引导技术的推广，形成使用新能源的时尚文化，充分调动农户大规模开展建筑节能的积极性

我国农村地区长期以来一直使用生物质作为主要生活能源，但使用过程中存在效率低、污染重等缺点，同时，由于受城市商品能为主的使用方式影响，一些农户认为使用生物质能是经济水平落后和社会地位低下的表现，而使用煤炭等商品能则具有优越感，是社会发展和进步的表现；再加上新能源节能技术与常规技术相比，往往存在初投资偏高等劣势，从而给新能源的推广造成了障碍，所以从我国目前的国情来看，一开始就让农民乐于接受一些新能源技术显然是有难度的，并且由于农村的收入水平相对较低，投资能力有限，很难自发地大规模主动使用新能源技术。

因此在技术推广的初期，必须要依靠政府来积极支持并引导建设农村住宅节能示范工程，鼓励农民去尝试新技术。政府通过示范工程的建立，一方面可以给农民直观地展示它的节能效果，另一方面可以向农民宣传节能环保的理念，从根本上提高农民的意识并带动新技术的发展应用，逐渐转变农户的传统观念，在农村形成使用新能源的时尚文化，使一些好的节能技术得到全社会的普遍认可和推崇，从而促进了该技术的发展和成熟。同时，技术的发展和成熟又必然使其成本越来越低，成本降低会让技术的推广变得容易起来，最终形成一个良性的循环。与之相反的错误做法是对农户对商品能使用进行鼓励和引领，例如把商品能的使用比例作为衡量新农村建设和发展程度的评估指标。

以北京市近几年开展的"三起来"工程为例，即让农村"亮起来"，让农民"暖起来"，让农业资源"循环起来"，其中"暖起来"的一个重要方面是农户既有住房保温改造，经过第一期的实施，在2006～2008三年间共完成既有农宅节能改造2500户，平均每户每年冬季采暖能耗可以节省1tce，节省费用1000元左右，北京市政府还计划在2009～2012四年间继续完成约9万户的改造量，这说明政府的示范引导已经起到了很好的辐射带动效应。而且从在北京市房山区二合庄村（见本

书5.1节)已经开展的建筑节能示范工程实践中也能发现,农民刚开始时对于一些节能环保和新能源利用技术的推广往往是持观望态度的,因为他们不知道这样一项需要投入自己一年甚至多年收入的事情究竟能够达到什么效果,给自身带来什么样的好处,等前期一些示范户实际运行了一年后发现,自家农宅冬季的室内热环境状况确实得到了很大程度的改善,普遍反应自己的房子从来没有像这样暖和过,而且耗能量降低了很多,能够节省大量的采暖能源费用,示范效果就被"一传十、十传百"地在本村和周围附近村的其他农户中宣传开来,使农民充分认识到了节能改造的重要性,农户思想上对节能技术也经历了由排斥到观望、再到接受的根本性转变,实现了"以点带面"的目标。

但有一点也需要引起重视,将来随着农宅建筑节能技术的发展和市场的壮大,如果缺乏有效的政策和法律法规作为保证,其产业秩序和市场行为就会得不到有效规范,一些投机分子可能乘虚而入,损害了购买新型节能技术产品或进行节能改造农户的切身利益,从而影响广大群众大规模使用和消费新能源产品的积极性。因此,未来我国政府要建立相应的农村住宅能源市场监督和监管机构,明确规划编制、产业指导、项目审批、后期运行维护和价格监管等各个环节的有效监管机制,并采取广大群众积极参与制度,通过舆论监督弥补监管机构的不足,以此适应未来可能不断出现的农村住宅能源消费新问题,较好地调整、保护和管理涉及农村能源消费的各类社会关系,保证广大农户的切身利益,使广大农户关注农宅建筑节能的积极性能够得到有效提升和切实保障。

(3) 加大技术研发支持力度,将农村能源技术研究基地放在农村,培养大批农宅建筑节能技术人员

我国农宅建筑节能技术的应用与城市住宅及公共建筑相比较为滞后,其中很重要的原因就是以往对农宅建筑节能问题没有引起足够的重视,对适宜农村地区的一些新型技术和设备的研究深度和投入力度都不够,产品种类单一,加上农宅建筑节能技术的标准化研究长期处于空白状态,影响了节能技术的推广速度和范围,导致农户对节能技术的选择余地小。例如国务院早在20世纪90年代末期就对部分城市和地区下发了禁止使用实心黏土砖的文件,但是相关替代性适宜产品却很少,农户如果不用黏土砖就很难进行农宅建设,造成农村地区黏土砖屡禁不止;对于北方农宅采暖来说,传统的火炕、火墙系统受限于只能满足局部空间需求的特点,而能满

足全空间采暖需求的可再生能源利用系统种类较少,这样农户只能采用诸如"土暖气"等以消耗商品能为主的设备,从而不断带动这些设备销量的增长,厂家有利可图,也会将研发和生产的注意力集中到这些设备上,进一步降低了传统设备的价格,让新出现的价格相对较高的节能设备很难与之竞争,最终进入到不良的循环和发展模式。因此需要针对我国农村住宅分布地域广,气候、建筑形式和建筑原材料差别迥异等特点,有针对性地进行多种可再生能源利用适宜性技术的研发,给农户提供更多的选择。

在进行农村住宅节能技术研发和推广的过程中,各级政府必须要注重研究模式的转变,特别要将研发和示范基地放在农村,在农村建立一批重点实验室或研究示范平台,实现理论与实际的有机结合,提高所研发的农村住宅节能技术的适应性。另外,需要参照以往农业技术服务站的推广模式,建设成不同层级的农村能源技术研发和推广服务站,每个站内都具有一批熟悉农村特点的能源专家,逐渐吸引农民亲自参与研究。这样一方面可以从农民身上吸取一些当地关于农宅节能的传统优秀做法和经验,另一方面可以培养活跃在农村第一线的具有一定专业特长的新型技术人员,使他们成为推动未来农村住宅能源技术创新和科技成果转化、改善农村实际情况的重要力量,并以此建立健全"农村住宅节能技术和产品下乡"政策管理和服务体系。通过对农宅节能技术的前期使用和后期维护的专业培训,可以更好地为广大农户服务,增加宣传渠道,解决后顾之忧,以保证节能技术和产品在农户中推广应用的高效、持久。

3.6 总结和展望

我国农村地区目前正处于一个快速发展和变化时期,造成了未来农村住宅用能发展的不确定性。关于农村住宅能源发展之路,还存在许多种争议,但总体上可以概括成以下四种模式。本节通过对这四种可能的发展趋势的对比,并结合前文的分析来指出其优劣和可行性。

(1) "准城镇化"发展模式

长期以来,我国农村居民采用分散居住、自给自足经营土地的生产生活方式。近年来,随着城市化进程的推进,在大量劳动力进城和保护耕地压力日益沉重的背景下,全国各地出现了撤并村庄、仿照城镇进行集中居住的趋势,即把住在自然村的农民集中到住宅小区居住,把许多村庄合并成一个村庄或合并到镇,传统农居也被城市常见的多层楼宇所取代。例如,江阴市新桥镇"农村三集中"被发掘成为节约用地的典型,即把全镇 19.3 km² 分成三大功能区——7 km² 的工业园区,7 km² 的生态农业区,5.3 km² 的居住商贸区;工业全部集中到园区,农民集中到镇区居住,农田由当地企业搞规模经营,其中,"农民集中居住"是最重要的组成部分。江苏省 2006 年完成的"全省镇村布局规划编制"中指出,将近 25 万自然村将规划为近 5 万个农村居民点。然而,农民集中居住导致了农民生活方式的根本性改变。

生活方式与居住模式有密切关系,居住模式会带来生活方式、文化等方面的巨大变化,从而也相应地带来能源消耗的变化;而居住模式又由居住者从事的生产活动形式决定。对于我国中小规模以农业为主的农民,纵观其文化生产活动、生活方式和能源消耗模式等,如果外部引导不合理,则我国农村当前的用能方式和生活方式会逐渐向城镇地区转变。并且由于居住方式由分散变为集中,建筑失去了利用可再生能源所必须的土地和空间资源,农民使用生物质、太阳能等可再生能源的习惯将全部被抛弃。"准城镇化"发展后的农村住宅用能方式、用能意识和水平都会接近城镇住宅用能水平。按照目前的城镇能耗水平估算,我国农村住宅的总能耗将增加 1.4 亿 tce,其中仅北方采暖就会增加 1.2 亿 tce,并且会呈现逐年增加的趋势。

(2)"准西方化"发展模式

由于农民长期习惯了"独门独院"的建筑形式,整个农村地区未来可能出现的另外一种发展模式为农户依然保持着分散居住,在建筑形式和材料使用等方面追求与城镇甚至国外别墅(因为都属于单体住宅)类似的做法,内部用能设备追求的也是与此相当的奢华生活模式,在一些发达省份的部分农村已经出现了这种情况。

此类建筑的能源使用上也将抛弃传统的生物质等能源形式,完全靠天然气、电能等商品能进行支撑。而由于农村住宅的分散特性,首先就需要敷设大量的天然气管道、加大电网容量等,这将会需要巨额的基础投资以及支持这些能源基础设施的运行维护费用。

由于单体农宅的体形系数是城镇单元式高层住宅的两倍以上,且与现有的城镇建筑相比,农村地区的能源输送距离加长,输送效率降低,能耗水平将会超过城镇集中型建筑能耗,甚至在某些方面的能耗(如采暖、空调、生活用电等)与西方国家水平靠拢。根据2009年的数据，美国单位建筑面积商品能耗约为40kgce/m^2，而我国城镇住宅和农村住宅单位建筑面积商品能消耗分别只有20kgce/m^{2}和9kgce/m^2。假如农村住宅达到美国能耗平均水平的一半，我国234亿m^{2}农村住宅商品能消耗也将由现在的约1.9亿tce/年骤增到4.6亿tce/年，这会对我国能源供应造成巨大压力。

(3)"自由化"发展模式

在农宅建设和用能发展方面，如果政府不加引导，而是由农民依据自己的喜好任意发展，将会出现非常复杂的情况，导致农村地区会出现城乡建筑夹杂、多种模式并存的局面。

现在很多地方的农宅建设处于无序状态，一方面带来了耕地大量流失的不良后果，加剧了人地之间的矛盾，直接危及我国的粮食安全问题；另一方面，一些先富裕起来的农户会抛弃原有的传统住宅，盖起现代化的高耗能多层住宅，而后富裕起来的农户的认识水平很容易受到这些"样板户"的影响，从而纷纷效仿。如果任由这种情况发展下去，将会导致越来越多的农村人逐渐摒弃一些传统而又独特的生活方式，放弃使用传统的生物质能而转向使用商品能，盲目地追求高能耗的发展模式，最终也会导致我国农村住宅的总能耗增加1亿tce以上，给农户自身和国家总体节能减排都带来不利的影响。

以上三种发展模式的特点和所带来的相同后果如下：

一是打破了长久以来形成的"庭院经济"和家庭养畜的生产方式。以往农民户均占地300m^2，包括利用宅基地种植蔬菜、瓜果贴补家用，集中居住后，有些地方因农业生产所需的农机具和粮食、种子没有地方搁置，农民只得在楼房下面搭建大量的棚子，实际占地面积并没有减少❶。此外，我国农民散户养猪，可将剩饭菜等家庭垃圾直接分解，并将猪粪施回农田或填进沼气池，形成简单的循环生态链。而集中居住后，对猪进行集中饲养，生活垃圾无法处理，只能扔掉；而粪便集中处理，造成农户对肥料无法直接使用。

二是加大能源建设投资。农户集中居住，或者农村能源仿照城市和国外建设，

---

❶ 仇保兴：生态文明时代的村镇规划与建设（2009-04-29），中国人居环境奖办公室，http://www.chinahabitat.gov.cn/show.aspx? id=5374。

由于农村居住密度远远小于城市,以城市供电供气模式提供农村用能,投资巨大,并且大量能源消耗在输送环节上。

三是导致农民能源消费和生活支出的变化。农民进入楼房后,无法延续烧秸秆、薪柴的习惯,而被迫改为依赖电力和燃气,这样必然带来炊事商品能耗的大幅度增加。而北方需要采暖的地区,出现了农民无法用传统的火炕取暖,又交不起取暖费,只能挨冻的情况。

因此,上述三种发展模式都是不可持续的。

(4)"可持续"发展模式

伴随着我国农村经济发展、人民生活水平及对建筑环境品质要求的不断提高,如何营造一个健康、舒适和安全的农村住宅室内环境,而不造成能源消耗的大幅度增长,是我国农村未来发展必须面对和解决的战略性问题。与城市相比,我国农村拥有更广阔的空间,相对充裕的土地资源和低廉的劳动力,丰富的生物质等可再生能源;反之,由于用能密度低,输送成本高,常规商品能源的成本又比城市高,因此农村能源应当采取与城市完全不同的解决方案。

"可持续"发展模式的主要特点是:未来的农村住宅除了做好围护结构的合理设计、被动式节能,大幅度降低建筑冬季采暖和夏季降温能源需求外,还必须基于当地产生的秸秆薪柴等生物质能源的清洁高效利用,配合太阳能、风能和小水电等无污染可再生能源,另外再辅助少量电能,最终发展出一条独特的农村能源解决途径。这样在显著提高农村住宅的室内热环境、大幅度减少室内外污染和二氧化碳排放的前提下,使得农村住宅用能中商品能的消耗量在现有基础上不增加甚至逐步减少,为国家建筑节能及减少温室气体排放做出重要贡献。

从具体操作层面来说,不同地区的实现核心是将村落作为衡量和设计中国农村未来可持续发展的基本细胞单元,北方地区要在逐步建设和推广"无煤村",通过建筑保温和被动太阳能热利用等被动式节能技术,减少建筑采暖能耗需求50%,然后通过太阳能、生物质等可再生能源的合理利用,全面摆脱农村采暖、炊事等生活用能对煤炭的依赖;南方地区要逐步打造和推广"生态村",依靠室外得天独厚的气候环境条件,重点是通过沼气灶、生物质压缩颗粒炊事炉等高效炉具的使用来降低炊事能耗并改善室内空气质量,采用被动式隔热降温技术和适宜的采暖方式来分别改善夏季和冬季农宅室内的热环境状况,除了消除目前的生活用能对煤炭的消耗之外，还要从根本上防止未来夏季空调用电量和冬季采暖能耗的大规模增长，实现农村住宅与自然和谐互融的低碳化发展，从而创造出城市地区所无法实现的宜居人居环境，最终为中国农村住宅实现节能 1 亿 tce，减少 4 亿 t 二氧化碳排放，并避免未来 945 亿 kWh 用电增长。

综上分析，无论从国家能源供应能力，还是能源基础设施建设和维护等方面，我国都不能承受"准城镇化"、"准西方化"或"自由化"的发展模式，只能发展并坚持走"可持续化"的模式。几千年的农业文明史使中国农民的思想中积淀了对山水自然和人居和谐的无限情怀，在不断的发展过程中与自然有着和谐的共存共生关系。这种朴素的"天人合一"自然观与农村固有的自然因素、文化渊源和地域特色，是进行农村生活和发展的资源优势。实际上，农村生活的进步正应该强调农村自身所具有的富有自然气息的、可以充分实现人类与自然协调发展的生活环境条件和优势，建立人与自然共生，共同发展的生态理念，充分利用这一资源优势，调整人居、生产与自然各因素间的相互协调，维持各因素之间的动态平衡，从而达到改善农村人居条件、人与自然共同协调发展的最终目的，这才是真正意义上的高品质生活，也正是未来新农村建设应该追求的真正目标。

第4章 农村住宅节能技术讨论

4.1 建筑本体节能技术

4.1.1 围护结构保温技术

建筑围护结构保温是降低建筑冬季采暖需求的重要途径，是实现北方采暖"无煤村"的重要基础。在冬季，建筑的墙体、屋顶、地面、门窗都会向室外传热，因此应针对每一个部位采用合理的保温措施。

由于农村居民的生活模式、农宅建筑形式、农村地区资源条件等与城镇地区有着巨大的差异，所以农宅的围护结构保温不应该简单照搬城镇的做法，而应体现农村特色，特别要注重就地取材，因地制宜。

适用于墙体、屋顶等不透明围护结构的保温技术可大致分为以下三种类型：

(1) 生土型保温技术

指采用当地的土、石、秸秆、稻壳等低成本材料加工而成的保温材料，例如：

1) 土坯墙。土坯是用黄土、麦秸或稻草等混合而成，夯实成为四方的土块。用土坯砌成的墙体一般较厚，有些可达1m左右，能够同时满足承重和保温的要求，如图4-1所示。1.5m厚的土坯墙传热系数仅为0.5W/(m²·K)，约为370mm砖墙传热系数的一半。而且土坯墙属于重质墙体，蓄热性能好，可以有效减缓室内温度波动。但是，土坯材质的墙体容易粉化，需要定期维护。而且，由于传统土坯房一般外观不美观，通风以及采光条件差等因素，使得土坯房在

图4-1 传统窑洞所采用的厚土坯墙

许多农村居民的眼中是落伍的。但是,可以通过材料的改进,调整房屋结构措施等改善土坯房室内环境问题,使这种传统建筑材料符合现代生活。

2)草板和草砖墙。草板或草砖是将稻草或者麦草烘干后,通过机械压制而成的一种新型建筑材料,用这种材料搭建的房屋也叫草板房或草砖房。干燥的稻草的导热系数为 0.1W/(m·K)左右,与水泥珍珠岩(一种保温材料)的导热系数相差不多,因此草板或草砖的保温性能好,330mm 厚的草砖墙的传热系数仅为 0.3W/(m²·K),是 370mm 砖墙传热系数的 1/3。此外,草砖或者草板墙体还具有造价低、选材容易、不破坏环境、重量轻等优点。

草板或草砖一般不能够承重,所以草板或草砖房一般采用框架结构,如图 4-2 所示。在框架结构中填充草板或草砖,而后整理墙体表面,确保墙体垂直和平整,除去多余的稻草,用草泥填满缝隙,最后在墙体两侧采用水泥砂浆抹灰。根据用户需要,在墙体内外表面贴饰面层。在制作和施工过程中,要注意草砖或草板的防虫、防燃、防潮等问题。

目前,草砖、草板已经在新农村建筑的部分地区有相应的示范工程建成。例如,黑龙江地区的弪钢龙骨结构纸面草板节能房,其单位建筑面积的整体造价为 600~700 元/m²,造格比传统砖瓦房略低。

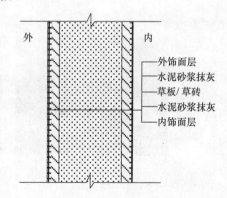

图 4-2 草板墙

3)生物质敷设吊顶保温。对于有吊顶的农宅房间,在吊顶上敷设保温材料可以有效降低屋顶的热损失。农村地区丰富的稻壳、软木屑、锯末等都具有良好的保温性能,而且价格低廉,如果能够充分利用这些材料实现吊顶保温,可对降低屋顶传热损失起到积极作用。例如,在 10mm 石膏板(常用的吊顶材料)上敷设 100~

150mm 厚的稻壳，吊顶的传热系数可由原来的 5.7W/（m²·K）减小至 0.8W/（m²·K）。这类屋顶的做法如图 4-3 所示，将稻壳、软木屑、锯末等散状材料平铺在吊顶上，平整后在其上面附加一层纸质石膏板。这种做法已经在一些北方农宅中实施，通过测试发现，采用该类保温吊顶的屋顶的传热系数基本小于 1.0 W/（m²·K），具有较好的保温性能。与草板墙或草砖墙相同，该吊顶保温技术仍采用生物质作为保温材料，要注意生物质材料的防潮、防虫、防燃的问题。

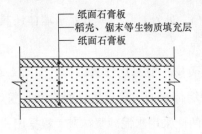

图 4-3　生物质敷设吊顶保温

4）坡屋顶泥背结构层保温。双坡屋顶是我国北方农宅常见的一种屋顶形式。结构形式一般是沿房屋进深方向，用柱子支撑大梁，大梁上再放置较短的梁，这样层层叠置而形成梁架。梁架上的梁层层缩短，每层之间垫置较短的蜀柱及驼峰。最上层梁上板的中部，立蜀柱或三角形的大叉手，形成一个类似三角形屋架的结构形式。在这一层层叠置的梁架上，再在各层梁的两端及最上层梁上的短柱上架设中等粗细的檩子，在檩间架设更细的椽子，然后在椽子上依次铺设望板，做泥背，挂屋面防水构件，从而形成一个双坡屋顶的建筑物。屋面防水构件可以采用瓦片或瓦楞铁等，如图 4-4 所示。

(a)

(b)

图 4-4　采用不同屋面材料的坡屋顶
(a) 瓦片屋面；(b) 瓦楞铁屋面

泥背的制作是将泥浆、石灰等用水混合后经碾压而成，并添加少量麦草或麻刀等起到连接作用，以增强整体牢固性。实际施工时还可以向其中添加部分煤灰、麦糠、稻壳等材料，这样既能够增加泥背层的保温性，还能减少整个屋顶的重量。为了进一步提高坡屋顶的保温性能，可以在屋顶结构层内增加一些农村当地的生物质材料，如采用厚度约为 10cm 的芦苇、麦秸等编织成的草苫，像盖"棉被"一样均匀地覆盖到原来的望板上方，然后再做泥背，挂防水构件。这样的屋面将具有良好的保温、隔热以及蓄热性，它对外界的高温和严寒天气都具有防御能力，使室内温度保持恒定、冬暖夏凉。图 4-5 给出了该形式屋顶结构层保温做法的示意图，实际应用时可以向草苫喷洒少量生石灰或者氯化磷酸三钠稀溶液，以达到防霉、防虫的效果。

(2) 经济型保温技术

在不具备条件或无法采用生土类保温的地区，可根据实际情况采用一些低成本的经济型保温方式。以下给出两个经济型保温吊顶和屋面的例子。

1) 保温隔热包。保温包是由珍珠岩或者聚苯颗粒制成的厚度大于 100mm 的保温层，可以在传统坡屋顶吊顶内增铺这种保温包，从而提高屋面的保温性能，如图 4-6 所示。这种做法具有施工速度快、轻质、保温性能好和造价低等优点。传统坡屋顶采用 100mm 厚袋装胶粉聚苯颗粒进行吊顶保温处理后，其传热系数可由 1.64W/(m²·K) 降低到 0.9W/(m²·K)。该项技术措施更适用于既有农宅节能改造时采用。但是，这种技术对吊顶上的铺设空间要求较高，且施工过程中要求铺设均匀、不留缝隙，确保施工质量，以避免热桥产生。

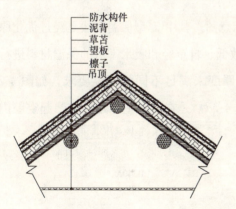 

图 4-5　双坡屋顶泥背结构层保温示意图　　　　图 4-6　聚苯颗粒保温包

2) 泡沫水泥保温屋面。泡沫水泥保温屋面是以废木材、废刨花板、秸秆、荒草、树叶和谷壳等各类农业废弃物为原料，辅以添加剂，并在传统灰泥屋顶上采用现场发泡技术施工而成。该项技术措施适用于新建农宅和既有农宅的节能改造工程。在施工过程中,将秸秆等农业废弃物(原料)、菱镁水泥(基料)和添加剂(改性剂和发泡剂)等按照一定的比例,经混合、搅拌,在传统灰泥屋顶上发泡生成200mm厚(厚度可根据所在地区气候条件确定)泡沫水泥保温层。200mm厚泡沫水泥保温屋面的传热系数可小于0.68W/（m²·K）。现场发泡水泥具有轻质、保温性能好、防火性能好、原材料价格低廉、来源充分、施工效率高等优点。同时,避免了秸秆、荒草、树叶等燃烧时对环境的污染,有利于综合利用废旧资源,节能环保,具有资源综合利用价值。

(3) 新型保温技术

指采用新型建材、新型保温材料对围护结构进行保温的技术。这类保温技术相对于生土型保温和经济型保温技术成本更高一些,比较适用于一些经济水平较高的地区。下面简要介绍两种新型墙体材料及其相应的保温技术。

1) 新型保温砌块墙体。新型保温砌块相对于传统的保温砌块来说,通过优化原材料及配比,来减小砌块壁厚,增大保温材料层厚度,选择导热系数低、自重轻和吸水率低的保温材料进行内部填充,从而提高新型砌块保温效果,为了避免传统保温砌块在砌筑过程中的热桥问题,采用不同平面形式块型,通过相互连嵌的端部阻断热桥。

图4-7给出了两种新型保温砌块构造示意图。其中T型保温砌块是经过优化原材料及配比并减小砌块壁厚,选择导热系数低、自重轻和吸水率低的保温材料进行内部填充,通过改变填充的保温材料层的厚度来满足不同的保温要求,如图4-7(a)、(b)、(c)所示。SN型保温砌块(图4-7d)是在砌块主体延伸的凸起空腔内

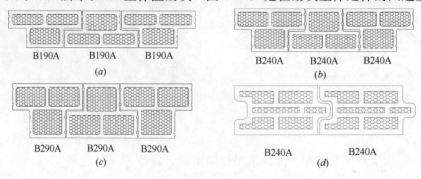

图4-7 新型保温砌块及其嵌接方式
(a) T型；(b) T型；(c) T型；(d) SN型

填充保温材料，当砌块连锁搭接时，相邻砌块的凸起交错契合，从而使得砌块砌筑的墙体中保温层交错搭接，不会形成热桥，保温效果好。此外，新型保温砌块通过特殊构造，以膨胀聚苯板为芯材，满足了节能要求。保温材料设于砌块内部，寿命得以延长。

2）结构保温一体化墙体。钢模网结构复合墙体是通过模网灌浆的方式、利用膨胀聚苯板作为保温层的结构保温一体化墙体。这种墙体是由有筋金属扩张网和金属龙骨构成墙体结构，采用模网灌浆工艺及岩棉板等保温材料构成的，其做法如图4-8所示。这类墙体的突出优势在于利用一体化结构，避免了墙体热桥，而且强度高，抗震性能好，另外具有施工速度快、轻质等特点。但是这类技术应用时间相对较短，且对施工质量要求较为严格，因而其造价比一般的苯板外保温墙体高。

除了墙体、屋顶外，门窗也是建筑围护结构中的重要部件，它具有采光、通风、视觉交流和装饰等多种功能。在白天太阳照射时，窗玻璃是重要的直接获得太阳能的部件；而在夜间或者阴天时，门窗又会向室外传热。此外，门窗还是冷风渗透的主要部件。因此，必须采取有效的措施改善门窗的保温性能，以减少门窗冷风渗透损失及传热损失。

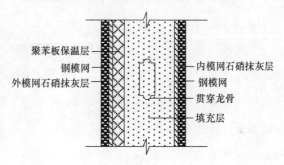

图 4-8 钢模网构造示意图

适用于门窗的保温措施主要有以下几种方式：

1）选择保温性能好的外窗

门窗型材特性和断面形式是影响门窗保温性能的重要因素之一。框是门窗的支撑体系，可由金属型材、非金属型材或复合型材加工而成。金属与非金属的热工特性差别很大，木、塑材料的导热系数远低于金属材料。其中，PVC塑料窗和玻璃纤维增强塑料窗具有良好的保温隔声性能和价格相对低的优势，较为适合农村地区使用。一般PVC双层玻璃窗的传热系数为 $2.8W/(m^2·K)$，相对于传统的单层木窗（传热系数 $5.0W/(m^2·K)$ 左右），可有效降低外窗的冬季热损失。

此外，外窗的气密性也是保温性能的重要指标，气密性越好的外窗，房间冷风渗透量越小，越有利于房间保温。例如，平开窗的气密性要好于推拉窗，在严寒以及寒冷地区，宜采用平开窗。在 20 世纪 70～80 年代搭建的农宅多采用平开木窗，但由于年久失修，窗缝增大，造成外窗的气密性变差，在此种情况下，除了更换气密性更好的 PVC 双层玻璃平开窗外，还可以在窗缝上贴密封条，通过较为经济的方式提高外窗的气密性。

2）采用保温窗帘

窗帘不仅仅是室内装饰品，起到隐蔽、遮挡作用，它还起到非常重要的保温作用。在寒冷的冬季夜间，窗帘既可遮挡低温窗面造成的冷辐射，增加窗的保温性能，减小窗的热损失，还能降低房间的换气次数。如图 4-9 所示的带有反射绝热材料的保温窗帘，可以使冬季农宅采暖负荷减少 10%～15%。

3）采用多层窗

采用多层窗，其目的不仅仅是增加玻璃的厚度，更重要的是窗与窗之间可以形成一定厚度的空气层，这个空气层具有很好的保温效果。我国北方地区由于冬季十分寒冷，宜采用双层窗，如图 4-10 所示。在一些十分寒冷的地区，还可以采用三层玻璃窗。根据实测数据表明，在室内外温差 44℃时，三层玻璃窗内表面温度比双层玻璃窗的内表面温度高 3℃以上。

图 4-9　保温窗帘

图 4-10　黑龙江地区农宅使用的双层窗

4）增加门斗

门斗是在建筑物的进出口设置的能够起到挡风、御寒等作用的过渡空间，门斗可以有效减少室内由于人员进出造成的冷风渗透，是东北地区传统民居常用的一种外门保温措施。

4.1.2 北方地区的集热蓄热墙技术

被动式太阳能技术是可不依靠任何机械动力通过建筑围护结构本身完成吸热、蓄热、放热过程从而实现太阳能采暖的技术，适用于太阳能资源丰富的地区。传统的被动式太阳能技术有以下三种形式：直接受益式、集热蓄热墙式和附加阳光间式。从 20 世纪 80 年代开始，国内许多科研院所对这些被动式太阳能应用方式进行了细致深入的研究，建立了相关模型以及优化技术。在原有基础上，近年来又开发了一些新型的集热蓄热墙技术，因为使用过程无需额外动力，或者仅消耗非常少的风机电耗，因此也可归属于被动式太阳能技术。下面简要介绍两种集热蓄热墙技术。

(1) 新型百叶集热蓄热墙

新型百叶集热墙的结构及外观如图 4-11 所示，其中百叶帘是可控的，由 3mm 厚的普通白色玻璃盖板、105mm 厚的空气夹层、悬挂在空气夹层中可任意调节角度的铝合金百叶帘和 250mm 厚的实心砖墙组成。该系统可利用太阳能实现建筑采暖和墙体遮阳，并且同时具备集热和蓄热的功能。根据实验数据显示，对保温良好的单体农宅，系统运行时，冬季室温可以提升大约 5℃。

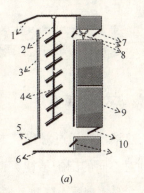

图 4-11 新型百叶集热墙结构及外观示意图
(a) 百叶集热墙结构；(b) 百叶集热墙外观
1—室外上侧出风口；2—连接杆；3—透光盖板；
4—百叶；5—室外下侧进风口；6—框架；7—室内
上侧出风口；8—风机；9—墙体；10—室内下侧进风口

(2) 新型孔板型太阳能空气集热墙

新型孔板型太阳能空气集热墙由采暖模块、蓄热模块、新风模块三部分组成，如图 4-12 所示。在冬季，这三部分模块是独立运行的。冬季白天太阳辐射较强时，开启通风器，室外新风由通风器进入新风模块，再经过采暖模块预热后通过送风口送入室内。同时开启蓄热模块风机，间层空气通过回风口进入蓄热模块，经模块加热后送回屋顶蓄热层内，热量一部分释放，一部分蓄存于楼板内在夜间释放。夏季，在蓄热模块开排气孔，将模块内部的热空气排至室外。夜间利用蓄热模块的开孔，引入室外凉爽空气送至楼板，进行结构体蓄冷，降低白天的室内温度。

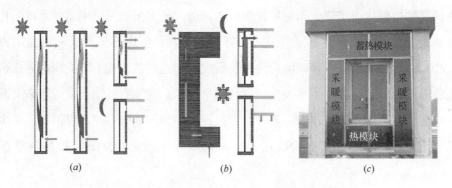

图 4-12　新型孔板太阳能集热空气集热墙示意图
(a) 冬季；(b) 夏季；(c) 与建筑集成外观

4.1.3　南方地区的被动式隔热技术

在南方地区，夏季炎热潮湿，通过对建筑本体热性能的改善来实现被动式隔热，改善室内热环境。针对不同的围护结构类型，有不同的被动式隔热技术。例如，可以采用外遮阳等方式来实现夏季隔热，通过建筑布局的改善实现夏季自然通风、遮阳等。下面着重针对墙体和屋顶介绍一些被动式隔热技术。

(1) 种植墙体与种植屋面

所谓种植墙体或种植屋面指的是通过种植攀缘植物覆盖墙面或屋面，利用植物叶面的蒸腾及光合作用，吸收和遮挡太阳辐射，降低外墙或屋面温度，进而减少外墙或屋面向室内的传热，达到隔热降温的目的，如图 4-13 所示。

爬山虎是一种绿色攀缘植物，比较适用于种植墙体。通过实地测试发现爬山虎可以遮挡 2/3 以上的太阳辐射，降低墙体外表面温度。而且冠层内风速为冠层外风速的 15%，挡风作用可阻挡白天高温空气向墙面对流传热。佛甲草是一种景天科属植物，具有根系浅，抗性强，耐热、耐旱、耐寒、耐瘠薄、耐强风、耐强光照，抗病虫害能力强等特点，适用于种植屋面（图 4-14）。

种植屋面较种植墙体来说，更为复杂一些，其构造和做法要保证植物生长条件

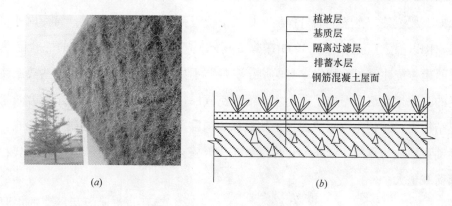

图 4-13 种植墙体与种植屋面
(a) 种植墙体；(b) 种植屋面结构

图 4-14 爬山虎与佛甲草
(a) 爬山虎；(b) 佛甲草

和屋面安全，一般在屋面防水保护层上铺设种植构造层，由上至下分别为绿化植物层、种植基质层、隔离过滤层、排（蓄）水层等，构造层如图 4-13（b）所示。在施工过程中，必须考虑到种植屋面的结构安全性、防水性以及降温隔热效果。

种植墙体和种植屋面的隔热效果也已经被大量实验以及理论所证实。实测数据表明，当室内不采用空调降温的情况下，采用种植屋面的房间空气温度要比采用普通屋面房间的空气温度低 3℃ 左右，而且屋顶内表面温度较普通屋面低 4℃，明显改善了室内热环境。

（2）通风瓦屋面

岭南传统民居屋面通风瓦技术也是南方地区屋顶隔热的一种典型形式。岭南传统民居大部分为双坡硬山屋面，采用木屋架上覆陶瓦（又称素瓦）。一般做法为：

木屋架上放檩条，檩条上面钉桷板，桷板上覆板瓦，上面再盖筒瓦，筒瓦内外覆灰浆层，用以固定筒瓦和板瓦（如图 4-15 所示）。这种屋面具有良好的综合隔热性能，岭南传统建筑屋面材料本身的热工参数并不具有隔热优势，而是这些热工性能普通的瓦片相互组合形成了一种含有活跃空气层，同时兼有通风与遮阳综合效果的隔热结构层，达到建筑隔热的目的。板瓦的铺设方法一般都为叠七露三的形式，有瓦片铺设层数的差别。铺设的瓦片层数越多，室内的热环境越好，但造价比较高，屋面荷载也大。

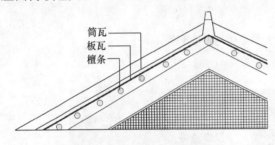

图 4-15 传统民居的双坡覆瓦屋面

筒瓦与普通板瓦屋面的主要不同在于筒瓦中的空气层。在白天，屋面构造中的空气层可以大大提高屋面的热阻，增强屋面的隔热性能。在夜晚，由于空气的热惰性极小，屋面温度能够快速下降，改善夜间室内热环境。

此外，瓦垄与瓦坑高低错落，在高出的瓦垄的遮掩下，瓦坑常常处于阴影中（图 4-16），这种明暗相间的遮挡，起到了改善屋面隔热与室内热环境的效果。

图 4-16 夏至日瓦垄与瓦坑阴影示意图
(a) 上午 9 点时的阴影；(b) 中午 12 点时的阴影；(c) 下午 15 点时的阴影

通过对岭南地区典型农宅的测量数据分析表明：在白天，屋面内表面的温度远远低于外表面的温度，最大温差可以达到 23℃。在夜间，依靠瓦片之间的自然通风，有效降低了室内温度和屋面内表面温度，可以使建筑室内温度与室外温度几乎相当。因此，这种通风瓦屋面有效阻隔了室外热量的流入，适合南方地区，尤其是夏热冬暖地区。

4.2 典型农村采暖用能设备

4.2.1 省柴灶技术[1]

(1) 农村传统旧灶的主要问题

炕连灶系统是农村地区典型的炊事以及采暖系统，柴灶是该系统的重要组成部分。传统的炊事柴灶热效率低，一般不超过20%，并且释放大量的污染物，包括颗粒物、一氧化碳、多环芳烃和黑炭等，不仅造成生物质能源的巨大浪费，也严重影响了室内空气品质，给长期暴露在厨房的妇女儿童造成严重的健康影响。传统柴灶主要问题包括：一高（高度高），两大（大灶门，大灶膛），三无（没有灶箅子，没有通风道，有的没烟囱）。因此引起的弊病是：由于吊火高，火的外焰只能燎到锅底，导致锅底与燃烧面的接触面积少，不能有效加热锅体；由于灶膛大，柴草燃烧火力不集中，造成能源浪费；灶门大，冷空气直接从灶门进入灶膛而降低灶膛温度；没有灶箅和通风道，空气就不能从灶箅下进入灶膛与柴草混合，易造成不完全燃烧；没烟囱，柴草燃烧产生的烟气只能从灶门排出，恶化室内空气品质。

图4-17 农村传统柴灶图

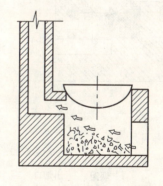
图4-18 农村传统旧灶的结构图

(2) 节能灶的设计

节能灶和传统旧灶的主要区别在于利用科学的燃烧技术对炉灶的燃烧室、烟

---

[1] 本节内容主要参考郝芳洲，贾振航，王明洲. 实用节能炉灶. 北京：化学工业出版社，2004.

囱、拦火圈、进风道等炉灶结构和部件进行合理设计，使得燃料可以充分燃烧并能向炊事输送更多的热能，同时还能保持较低的污染排放。因此，节能灶设计应注意三个关键点：促进燃料燃烧完全、提高热效率、防止倒烟。

本节所介绍的节能灶的结构示意图如图 4-19 所示。以下分别从燃烧室、烟囱等部件结构的设计入手，探讨如何设计节能灶。

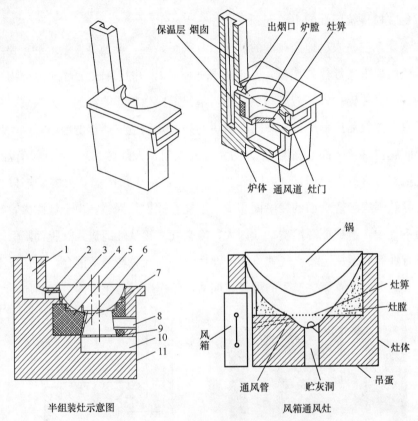

图 4-19 节能灶的结构图

1—烟囱；2—出烟口；3—拦火圈；4—三爪锅支架；5—保温层；
6—灶膛；7—回烟道；8—灶门；9—灶箅；10—通风道；11—灶体

1）灶膛设计

灶膛是省柴灶的"心脏"，灶膛的好坏，涉及是否能够促进燃料燃烧完全，提高热效率。为了实现这两个目标，应对灶膛内的吊火高度、燃烧室、拦火圈、炉箅子等进行合理设计。

①吊火高度。确定吊火高度就是为了使火的中焰与锅底接触，由于火焰的中焰层温度最高，锅底与中焰接触，易提高锅的温度，进而提高热效率。吊火高度是指锅底中心与灶箅之间的距离（图4-20），该高度与使用锅的大小和使用燃料种类有关。一般农户灶，直径500~600mm，对应得到的烧草灶的吊火高度为16~18cm，烧木灶的吊火高度为13~15cm。

②燃烧室。燃烧室也叫炉芯，指的是灶箅上部到拦火圈下部之间的部位。常见的燃烧室是长方筒形（图4-21），这种燃烧室适合烧薪柴。另一种常用的燃烧室是圆筒形（图4-22），大致有喇叭形、圆柱形、鼓形等几种形式，其

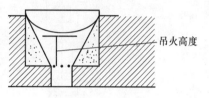

图4-20 吊火高度结构示意图

特点是燃烧的火力比较集中，有利于提高燃烧热效率。大多数烧草的炉灶都不另设燃烧室，就靠烧火过程存积灰渣形成的临时燃烧室，既起到缩小灶膛容积的作用，又起到保温、防止灶膛热量散失的作用，结构简单，制作容易。

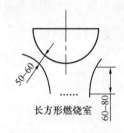
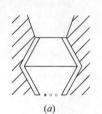
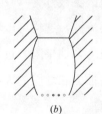
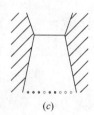

图4-21 长方形燃烧室结构示意图

图4-22 圆筒形燃烧室示意图
(a) 圆筒形；(b) 腰鼓形；(c) 鼓形

③拦火圈（图4-23）。是指燃烧室上部和锅之间的部位，起到调整火焰和烟气流动方向，合理控制流速的作用，延长可燃烟气在灶内的燃烧时间。拦火圈与锅之间的间隙是否合适通过试烧来检查。如果灶膛火不旺，黑烟多而从灶门喷火，说明拦火圈过高，与锅壁间隙太小；如果火焰偏向烟囱方向，而不是扑向锅底中心，说明拦火圈太低，没起到拦火的作用。可以利用黏土掺麻刀或头发、保温材料、黄泥等材料制成拦火圈，价格低廉，经久耐用。

④回烟道与出烟口。设置回烟道（图4-24）是为了增加烟气在锅底停留的时间，以便使得锅能够吸收更多的热量，提高热效率。回烟道也被称为回风道，有明

烟道与暗烟道之分。一般有暗烟道的灶膛内就不再设置拦火圈，主要依靠烟孔位置和孔径大小来调节烟气的气流组织。在砌筑烟道时应尽量增加锅底的受热面。只要灶膛边缘能够支撑住锅的重量（包括食物重量），应尽量缩小灶体与锅的接触面积，增加烟气与锅底的接触面积，进而增大受热面，提高热效率。

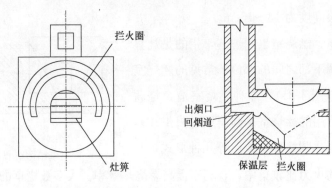

图 4-23 拦火圈的示意图　　图 4-24 回烟道示意图

出烟口，在一些地区也被称为喉咙口。出烟口能够增加烟气流动的动压，进而增加烟气在出烟口处的流速，这样可以增加灶膛内的静压差，起到引射作用。出烟口会增加烟气流动的阻力，如果阻力过大，易出现倒烟现象，因此出烟口的横截面积大小，要根据烟囱的抽力和灶膛的大小来定。出烟口的位置在灶膛的上部、形态以扁宽为宜，不宜高窄。

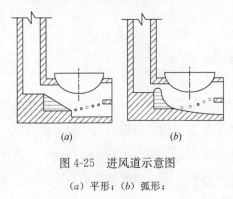

图 4-25 进风道示意图
(a) 平形；(b) 弧形；

⑤进风道。灶箅以下的空间称为进（通）风道，它的作用是向灶膛内输入适量的空气，使得氧气与柴草能够充分混合。此外，进风道还有贮灰的作用。进风道有多种类型，如平形、弧形等（如图 4-25 所示）。一个五口之家的灶，进风道截面积为 $12mm \times 12mm$ 即可。在进风道口加个插板可以控制进风量的大小，不烧火时将插板推入，有利于灶膛保温。

⑥灶门。灶门也叫加柴口，柴草是从灶门进入灶膛的。灶门的大小、位置的高低，直接影响燃料燃烧效果。灶门一定要有挡板，在添柴时打开，其余时间要关

着，其目的是减少冷空气从灶门中进入，进入灶膛的风（空气）应从进风道进。灶门应低于出烟口 3～4cm。

⑦灶箅子。灶箅子也被称为炉箅子、炉排、炉栅、炉桥等，如图 4-26 所示。空气一般通过灶箅子与柴草混合，空气能够与柴草混合均匀，则与灶箅子的空隙大小有密切关系。如果灶箅子空隙面积过小，则易导致烟气系统阻力过大，空气供给不足，如果烟囱抽力不够，则易导致倒烟。如果空隙面积过大，则易使得灶膛温度降低，增加排烟热损失。因此，灶箅子的尺寸以及安装需要根据烟囱的抽力大小以及锅的尺寸确定。

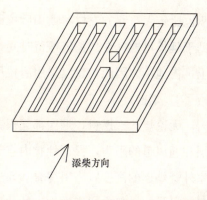

图 4-26 炉箅子

一般情况下，灶箅子的安装位置以锅脐为中心，箅子全长的 1/5～1/3 朝向烟囱，4/5～2/3 背向烟囱。从灶门外向里倾斜安装时最好有个角度，12°～18°为宜。灶箅子齿条之间的间隙大小与烧的燃料有关，如果是烧柴灶，间隙为 10～15mm。灶箅子的摆放位置的方向也与所烧燃料有关，烧煤的灶箅添煤方向与齿条平行，烧柴草的灶箅添柴方向与齿条垂直。

⑧二次进风。在控制一次进风量的条件下，设置二次风可使燃料得到更充分的燃烧。对二次风应给予预热，以避免降低灶膛温度而引起燃料燃烧不完全。有的柴灶在灶膛外侧安装二次进风管，并与带有若干小孔的一次风环连接，如图 4-27 所示。但目前二次进风技术还有待进一步研究。

⑨灶膛保温。应采用保温材料减少灶体热损失，提高热效率。利用炉灰渣、草木灰、稻壳灰等保温材料，在灶膛和灶门之间增加 5cm 宽的保温层，以及填充在灶体上，有效降低灶体热损失。

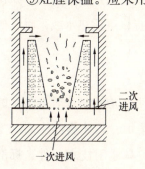

图 4-27 二次进风示意图

2) 节能灶的通风方式

强制通风方式，是利用风箱或鼓风机加强灶内的烟气流动。根据通风方式，又分为前拉风灶和后拉风灶。拉风灶完全靠烟囱的抽力而拉动空气进入灶膛助燃，不用鼓风机或风箱，目前在各地农村普遍使用。在我国南方农村习惯使用前拉风灶,但由于烟囱在灶门的上方,致使拦火圈与灶膛上部之间的间隙不易调整,可燃烟气来不及充分燃烧就被烟囱抽走,并且灶在厨房内占地面积也比较大;北方农村习惯用后拉风灶,烟囱在后灶门之前,放置拦火圈方便,有助于延长可燃气在灶膛里停留时间,而且灶体放在厨房的一侧或一角,烟囱顺墙而上,占地小。因此,建议采用后拉风灶。

3) 烟囱

无论烧什么燃料,烟囱都起很大的作用。烟囱可以产生抽力,以克服灶箅燃料层和通风道的阻力,保证灶膛内空气的供给,同时把烟气中的烟尘等有害物质排往室外。烟囱的高度宜高出房脊 $0.5\sim1.0\mathrm{m}$,过高的烟囱对增加抽力效果并不十分明显。另外,一般农户家中烟囱的位置是固定的。屋顶处空气涡流的影响有时会导致"灶不好烧"的情况出现,为了规避这种现象的发生,可以在烟囱顶端装上一个随风转的"风帽"(图4-28)。

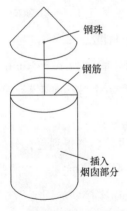

图 4-28 风帽示意图

烟囱横截面积的选择也很重要,过大或过小的横截面积会导致倒烟现象的发生。烟气在烟囱中的流速一般以 $1\sim2\mathrm{m/s}$ 为宜,可以此为依据选择合理的横截面积。此外,烟气冷却后在烟囱中形成焦油沉淀,易堵塞烟道,因此烟囱也要注意保温和防潮。

4) 余热利用

利用烟气余热是提高灶系统热效率的有效措施。例如,北方地区的炕连灶系统就是利用灶的排烟余热加热炕体,在炊事的同时实现采暖,大大提高燃料的综合热效率。除了这种形式外,还可以采用多种其他形式的余热利用方式,如在烟囱或回烟道内安装水箱或水管,在炊事的同时加热水,提供生活热水或采暖,如图 4-29 所示。

(3) 传统老灶和节能灶的应用效果

节能灶在热效率和污染指标上都远远优于传统老灶。我国有比较完善的柴灶的热性能和污染测试方法和标准,如农业行业标准《民用柴炉、柴灶热性能测试方法》(NY/T8—2006)和北京市地方标准《户用生物质炉具通用技术条件》标准(DB 11/T540—2008)。

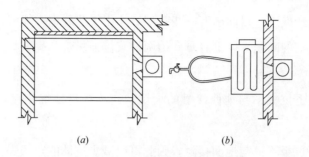

图 4-29 典型的余热回收系统示意图
(a) 利用空腔型墙体回收烟气余热；(b) 提供生活热水

通过实测数据表明（无余热回收的情况下），传统柴炉的热效率为 18.4%，而高效省柴灶的热效率可接近 40%，同时相对于传统柴灶，炊事期间厨房 CO 浓度由 24.91mg/m^3 降低至 6.47mg/m^3，PM2.5 浓度由 225.66mg/m^3 降低至 131.36mg/m^3。

4.2.2 炕技术

（1）传统炕系统存在的主要问题

炕连灶是北方典型的炊事与采暖方式，本书第 4.2.1 节已经对灶的节能设计进行了介绍，本节将对炕技术进行简要介绍。炕可以视为灶的烟气余热回收设备。当居民烧柴做饭时，燃料产生的热量一部分通过炉灶进行炊事，另一部分通过烟气在炕道内的迂回流动，最终以辐射和对流的形式对室内进行供暖。火炕一般由砖、水泥预制板、水泥砂浆等组成，这些热容较大的材料使得炕板可以在炊事后的一段时间内维持在一定温度水平上，不会很快变凉。此外，火炕一般用做床，供居民夜间睡觉时使用。如果上炕板温度适宜，即使炕体周围热环境稍微寒冷一些，仍然可以保持居民的热舒适性，从而减少空间供暖负荷，从这一角度来说火炕是非常好的一种集采暖、生活于一体的形式，具有保留意义。

但传统火炕存在以下问题：1）烟囱产生的抽力过小或过大，使得炕体有时产生"倒烟、燎烟、压烟"的现象（俗称"炕不好烧"），有时却产生"炕烧不热"的现象。2）炕面温度分布不均，易产生"炕头热、炕梢凉"的现象，影响热舒适性。3）炕洞除灰不便，堵塞后不易检查。4）夏天睡热炕，不舒适。5）落地炕直接与地面接触，易造成热量损失。

经过长期实践摸索，目前已有一些新型炕体用于实践中，能够在一定程度上解决传统炕体所面临的问题。以下着重介绍两种炕体：吊炕和高架灶连炕。

(2) 吊炕

吊炕指的是下炕板不与地面接触的火炕。与传统落地炕相比，吊炕具有以下优点：

①吊炕的下炕板不再与地面接触，因此可以减少炕体的热损失。

②下炕板架空的炕体有助于增大炕体的散热面积，进而增大炕体向室内的散热量。

③可以形成床式吊炕。所谓床式吊炕，就是外表看起来像床的火炕，如图 4-30 所示。其炕体只有炕头部分靠墙，炕头的烟气进口与柴灶的烟气出口连接；炕体的其余表面不与墙体接触，这样有助于加强炕体周围空气的自然对流，有助于提高室温，并且方便人们的日常活动。此外，这种炕体外形美观，更容易被接受。

图 4-30　农户家中的床式吊炕

正是由于上述优势，使得吊炕能够越来越得到农民的青睐。但值得注意的是，吊炕在设计时需要满足以下要求：炕面温度分布均匀、炕体热效率高、满足蓄热性要求、烟道流畅、冬暖夏凉。以下分别针对这几点列出一些简单易行的技术措施。

1) 提高炕面温度分布均匀性的技术措施

炕面温度分布不均一般指的是"炕头热、炕梢凉"的问题，造成这一现象的主要原因是烟气在炕体内的流动不均匀以及炕面板厚度选择不当等，由此建议采用以下几种方式：

①采用后分烟墙。如图 4-31 所示，炕体采用后分烟墙可以使得炕体入口烟气有效扩散开，烟气流动更加均匀，可以在一定程度上避免炕头烟气聚集，进而导致过热的问题。

②采用引洞分烟的方法。所谓引洞分烟，指的是在进烟口处搭砌长约为 1/3 炕体长的引洞（结构如图 4-32 所示），这样可以将炕体入口的热烟气引至炕体中部，

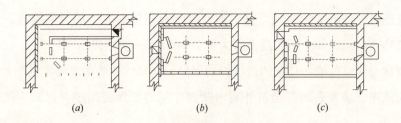

图 4-31　分烟墙烟气分布示意图

(a) 烟囱和灶在一侧（回龙）；(b) 烟囱在炕后中间位置；(c) 烟囱在炕后一角

有效提高炕梢温度，有效解决炕头过热的问题。

③减少炕面的支撑点。减少炕面支撑点可以有效减少烟气流动的死角，使得烟气流动更加均匀。炕面下支柱只要能够满足炕板上的重量即可（包括人、被褥以及小饭桌的荷载）。例如，一块炕面板的尺寸为：1000mm×600mm×50mm（长×宽×高），炕体总尺寸为 3000mm×2000mm×340mm（长×宽×高），炕内支柱砖宜为 4 块。

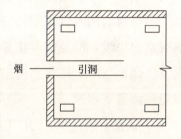

图 4-32　引洞分烟示意图

④适当减小炕体的烟气入口截面积。较小的烟气入口面积可以提高烟气的射流作用，有利于烟气在炕洞内的扩散，使得烟气分布更加均匀。一般来说，炕体的烟气入口截面积适当小于炕体的烟气出口（也是烟囱入口）即可。

⑤炕头抹灰厚度比炕梢稍厚一些。一般来说，炕头部分的烟气温度要比炕梢部分的烟气温度高，如果炕头与炕梢的炕板采用相同的厚度，则易出现"炕头热、炕梢凉"的问题。如果将炕头部分的炕板厚度加大，则可以有效降低炕头部分的温度，进而提高炕面温度分布的均匀性。例如，如果炕面选用 60mm 厚钢筋混凝土板或石板，外侧采用水泥砂浆抹灰。炕头的抹灰厚度要比炕梢厚 25~30mm。值得注意的是，上炕板抹灰后应该是平的，厚薄的余量应在摆炕洞时预留好，保证蓄热和炕面温度均匀。

2）提高炕体热效率的技术措施

如果要提高炕体热效率，就需要让热量尽可能多地传入室内，尽可能减少热损失。建议采用以下几种简单易行的技术措施：

①适当增加炕洞高度。适当增加炕洞高度可以降低烟气在炕体内的流通速度，

增大烟气在炕腔内的滞留时间，使得烟气与炕板能够有充分的时间换热，增强换热、提高热效率。例如，炕洞高度宜大于240mm（一块立砖）。

②增加与建筑外墙相接触的炕体侧的保温。如果炕体的侧墙与建筑的外墙相接触，则应该在炕墙外表面与建筑外墙内壁面之间增加保温措施，以减少炕板的热损失。

③增加烟气余热利用设备。如果炕体排烟温度过高，也会导致炕体的排烟热损失过大，进而影响炕体热效率。在炕体烟气出口以及烟囱入口之间增加一些烟气热回收的措施可以有效降低排烟温度，提高热效率。例如，可以在炕体烟气出口与烟囱入口之间接一段空腔型墙体（类似于火墙），利用部分烟气余热对室内供暖。但是值得注意的是，热回收措施不应造成过大的流动阻力，以免发生倒烟现象，恶化室内空气品质。另外，不要使烟囱内的烟气温度过低，以免焦油阻塞烟道。

3）满足蓄热性要求的技术措施

所谓满足炕体蓄热性要求指的是，上炕板外表面温度在夜间人员睡觉期间能够维持在一定温度水平上，不会出现过热或者过冷的问题。根据调研发现，上炕板外表面较为适宜的温度为20～40℃。可以通过合理选择上炕板的材质以及厚度实现蓄热性的要求。根据研究表明，上炕板宜选择导热系数大、热容大的材料。材料的选择宜就地取材，例如在石材较多的地区，可以选择石板作为上炕板材料。

此外，炕板的厚度与烧炕模式、燃料量、室内空气温度等因素有关。例如，如果每天的燃料量越大，烟气向炕板的散热量越大，因此需要炕板厚度适当增加，以维持上炕板外表面温度在舒适的范围内。如果室内空气温度越高，则炕板向室内的散热量越小，则应适当增加炕板的厚度以满足温度要求。

4）确保烟道流畅的技术措施

只有烟道流畅，才能保证不出现倒烟现象，确保室内空气品质。炕系统利用热压来克服烟气流动阻力。一旦烟气流动阻力大于热压，则会发生倒烟现象。为了保证烟道流畅，则需要使得热压与系统阻力相匹配。从炕体内烟道的设计角度来说，应该尽量减少炕面的支撑点，减少流通阻力。从烟囱设计的角度来说，烟囱是形成热压（产生抽力）的主要部件，因此应合理设计烟囱的横截面积以及高度，可参见4.2.1。此外，在刚刚烧炕的阶段，内部热压作用并不明显，此时易发生倒烟现象，可以在烟囱出口处放置小风机，先依靠机械通风方式促进炕系统内烟气流动，当热压足够大时，关闭小风机，降低烟气流速，提高炕体热效率。

5）实现炕体冬暖夏凉的技术措施

可以通过改进炕体与灶的连接方式，调节炕体内烟气流量，从而实现炕体的冬暖夏凉。如图4-33所示，柴灶中设置两个排烟口，一个排烟口作为炕体的进烟口，另一个排烟口直接连接至烟囱中，在柴灶与烟囱的连接处设置烟插板（与旁通阀类似），通过调节烟插板来调节旁通的烟气流量，进而改变炕体内的烟气流量。在冬季，调节烟插板截断旁通的烟气，柴灶的全部烟气流经炕体后再通过烟囱排出；在夏季，调节烟插板增大旁通烟气的流通，可以减少流经炕体的烟气流量，进而降低烟气对炕体的加热强度，调节炕面温度。虽然烟插板可以灵活调节流经炕体的烟气流量，但要注意插板位置的气密性，以防止烟气泄露，影响室内空气品质。

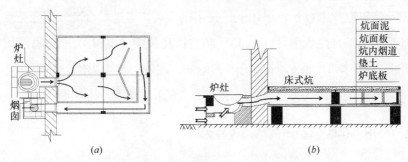

图4-33　烟气可调式炕连灶系统示意图
(a)平面图；(b)立面图

（3）高架灶连炕

高架灶连炕的原理如图4-34所示。炕体位于二层房间内，通过烟道与位于一层的柴灶相连。在炊事过程中，通过热压的作用，柴灶的排烟通过连通的烟道进入二层的炕体内加热炕板。高架灶连炕最大的特点就是将火炕移至二层房间内，实现了二层房间应用火炕采暖的设想。而且，这种高架灶连炕系统能够产生较强的热压，烟道流畅，烟气能够顺利排出。

高架灶连炕的设计也应该遵循吊炕中的炕体设计要点，以实现炕面温度分布的均匀，满足蓄热性要求、防止倒烟等。此外，灶与炕之间的连接管路尽量砌筑于墙体中，不占用房间空间，同时连接通道截面积不要过大，以免过多的烟气热量传递

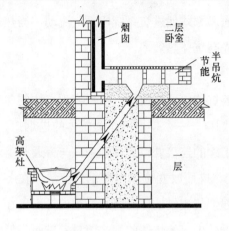

图 4-34　高架灶连炕原理图

给墙壁，导致炕面温度过低。

(4) 技术小结

火炕在我国具有上千年的历史，是通过长期实践得到的符合农村用能特点的节能技术，不论从农民用能习惯、建筑节能，还是文化传承的角度来说，炕系统是值得保留的。传统炕系统存在炕面温度分布不均、倒烟、夏天睡热炕等问题，在一定程度上影响了炕在农村的发展。针对上述问题，本节从炕体结构设计、材质选择等方面提出了改进炕体热性能的一系列技术措施。

根据示范工程数据显示，采用上述技术措施后，通过配合高效节能柴灶，节能型炕连灶系统的综合热效率可以由 45% 左右提高到 70% 以上，每年每铺炕可节约秸秆 1400kg 或薪柴 1200kg，相当于 700kgce。此外，炕面温度分布更加均匀，明显改善"炕不好烧"，"炕头热、炕梢凉"及"夏天睡热炕"等问题。

4.2.3　小型供暖锅炉烟气热回收技术

"土暖气"是重力循环式供暖系统的俗称，依靠供水管与回水管中水的温差引起的水密度差而形成的水柱重力压差，即作用压力来推动热水循环流动。与火炕相比，土暖气系统可以实现整个空间供暖，且不需要频繁"填火"，因此是北方农村家庭常用的采暖方式。其工作原理如图 4-35 所示。

经测试发现，一般家庭使用的土暖气热效率不高，根据某典型户用土暖气采暖煤炉热量分配（表 4-1）所示的各部分热量分配，其中炉体自身散热损失和排烟热损失是引起土暖气效率较低的主要原因，其他部分的散热损失比例相对较小。

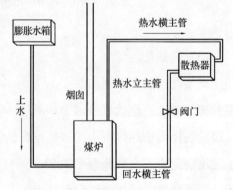

图 4-35　重力循环供暖系统示意图

第4章 农村住宅节能技术讨论

某典型户用土暖气采暖煤炉热量分配　　　　　　　表 4-1

项目	热量分配（%）	项目	热量分配（%）
有效利用	32	燃料不完全燃烧	13
排烟热损失	23	炉体散热损失	28
气体不完全燃烧	3	灰渣热损失	1

由此可见，提高土暖气热效率的工作重点在于减少排烟热损失和炉体散热损失两部分。由于炉体散热损失涉及炉子结构和材料的应用问题，经过多年的发展，这部分技术改进已经更新换代多次，目前要想进一步提高的难度越来越大；相反，排烟热损失部分节能潜力依然较大，实施难度也相对较小。在日常使用中，排烟温度经常在200℃以上，采用烟气热回收装置是一种提高煤炉整体采暖效率的有效方式。

与大型燃煤锅炉的热回收装置不同，小型煤炉的烟气热回收装置适用于小循环流量下的低温烟气余热回收。针对这一特点，相关研究单位开发了一款烟气热回收装置，其结构如图 4-36 所示。运行原理为：煤炉烟气从土暖气烟囱排出，进入热回收装置，并横掠带翅片的热管，与热管换热后，从烟囱中排出。烟气侧热管（热管下部）从烟气中吸收热量，将热量传给热管中的传热介质（水），使得热管中的水变成水蒸气上升进入到水侧热管（热管上部），被热回收装置上部水箱中的水冷却后，重新凝结成水，沿管壁流回管底；上部水箱中的水吸收热量而升温。

该烟气热回收装置有两种较为典型的应用模式：1) 预热土暖气的回水（如图 4-37 所示）；2) 提供生活热水（如图 4-38 所示）。"预热回水"模式能够提高采暖系统供水温度，进而增大采暖系统供热能力，而"提供生活热水"模式可以在采暖的同时提供日常生活热水，如洗菜、洗手、洗刷碗筷等。但是生活热水温度需要尽量恒定，而热回收装置的热水出水温度受烧煤时间以及烧煤量的

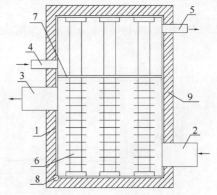

图 4-36 小型煤炉烟气热回收装置原理示意图

1—壳体；2—烟气进口；3—烟气出口；4—水箱进口；5—水箱出口；6—热管；7—分隔板；8—合页；9—保温材料

影响较大，因此需要采用间断式使用热水的方式。

目前该技术已经完成了两种模式下的实验室开发和测试研究工作，并在北京市郊区的农户中开展了小规模示范。根据示范工程实际运行数据显示，"预热回水"模式下该烟气热回收装置可以使排烟温度从数百度降低到100℃左右，如图4-39所示，折算一天内平均回收的热量占煤炉所消耗燃料总热值的8%左右。对于一般北方农户来说，每年可以节省250kg左右的煤炭，如果按照煤价800元/t，每年节省供暖费用200元左右，而该热回收装置成本约为300～400元，则投资回收期约为两年，经济性较好。

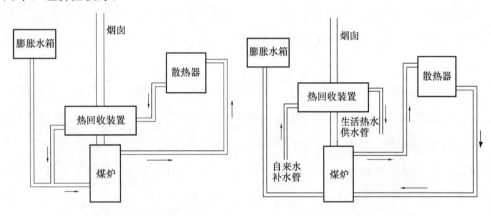

图4-37 预热煤炉回水模式示意图　　图4-38 提供生活热水模式示意图

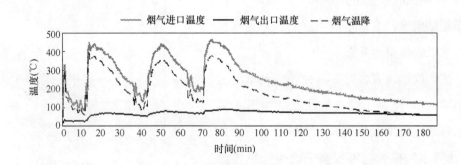

图4-39 烟气热回收装置进出口温度变化曲线

实际应用过程中，由于该装置会增加采暖系统的流动阻力，对于一些原本循环性能不好的系统，需要增加水泵来提供足够的循环动力；还要使装置的换热能力与煤炉型号达到合理匹配，不要将烟气温度降到过低的范围，而且每年采暖季结束后需要利用装置下方安装的合页将底部盖板打开，清理其内部积灰，从而有效避免装置长期运行后烟气侧沉降的灰尘所导致的换热效率降低和酸液腐蚀问题，以维持装置的正常运行，并延长使用寿命。

4.3 新能源利用技术

4.3.1 户用太阳能热水系统

户用太阳能热水系统根据用户使用太阳能的方式可以分为：太阳能生活热水系统（即目前广泛应用的太阳能热水器）以及太阳能热水采暖系统。两种系统都采用太阳能集热器作为集热部件，生产热水，但是系统使用目的不同，前者是全年提供生活热水，而后者以冬季供暖为主要目的，可以兼顾提供生活热水。

（1）户用太阳能生活热水系统

由于农村市场的特点，太阳能生活热水多采用自然循环型热水系统。这种热水系统形式简单，由太阳能集热部件、保温水箱和辅助热源（根据实际情况选用）等组成。目前太阳能生活热水系统类型包括紧凑式真空管太阳能热水器、分离式真空管太阳能热水系统和平板型太阳能热水系统等。其中紧凑式真空管太阳能热水器市场占有率在90%以上。太阳能集热部件是系统的核心部分，其中真空管在低温条件下的集热效率更高，在我国南北方地区均适用；而平板则具有结构简单、安装方便、易与建筑结合等优点。

当太阳能辐射较好时，集热器中的水被加热后，密度减小上升至顶部的保温水箱中，同时保温水箱中温度较低的水由于密度较大，不断补充至集热器内，如此不断循环，逐步加热储水箱中的水，从而满足家庭的生活热水需求。

太阳能生活热水系统具有以下特点：

①我国太阳能热水集热器的生产已经达到较高的产业化水平，一个集热面积在 $2m^2$ 的集热器售价在 1000～2000 元，在太阳能资源丰富地区，能够满足 3～5 口之家的生活热水需求，符合目前农村的经济水平。

②集热器产生的热水可以直接利用，中间无其他转化环节，热量损失小。

③使用过程中基本不需要频繁维护。

④集热器在天气晴好空晒时温度较高，对集热器的热性能及密封性都会产生不

好的影响,因此在使用过程中应尽量避免空晒现象发生。

⑤系统可靠性一般。在冬季较为寒冷的地区连续多日阴天,有可能存在冻结问题。这种情况下,夜晚及不使用时需要采用管道排空、加伴热带等防冻措施。

根据以上几点,太阳能生活热水系统基本符合农村实际情况,应该加以推广。

目前农村用户对太阳能生活热水系统有比较高的接受程度,在一些地区"家电下乡"中也推广了太阳能热水器。此外,近年来在我国部分农村地区已经开始安装并投入使用以村为单位的太阳能浴室系统,利用太阳能与电辅助加热系统提供洗浴用水,由村里安排经过培训的人员负责管理。

农村太阳能生活热水系统的利用在现阶段还存在两个问题。第一,在农村地区销售的产品质量参差不齐,存在集热器性能不佳、保温水箱保温性能不好、水箱内胆材料以次充好等问题均会影响太阳能热水系统的使用效果。第二,农村地区缺乏完善的售后服务体系,当系统发生质量问题后,难以得到有效的维护。因此,在推广过程中监管部门应注意督促厂商保证产品质量并建立完善的售后服务体系。

(2) 户用太阳能热水采暖系统

1) 系统组成及工作原理

太阳能热水采暖系统是利用太阳能热水集热器收集太阳能辐射热量并结合辅助能源满足采暖(可同时提供生活热水)的系统。与生活热水系统不同,采暖系统组成较为复杂,主要设备包括:太阳能热水集热器、储水箱、辅助热源、采暖末端、水泵以及控制箱。系统运行原理示意图如图4-40所示,系统运行一般基于温差控制。以真空管集热器热水循环系统为例,当真空管出水温度高于水箱中水温5~7℃(对于平板型集热器采暖系统,吸热板监测点温度高于水箱中水温10~15℃)时,启动热水循环泵,利用太阳能辐射热量加热流经太阳能集热器的水,并将热水储存在水箱中,以维持水箱中的水温在40~50℃。如果单纯依靠太阳能不足以达到水温要求时,则启动辅助热源以满足水箱水温要求。在末端循环系统中,当室温过低时(一般设定14~18℃),启动末端循环泵,应用分集水器将热水送至末端供热盘管中(如地板辐射盘管)加热室内空气。

2) 系统特点

太阳能热水采暖系统具有以下特点:

①系统的可控性较好。储水箱的设置可以实现短期蓄热功能,在需要热量时再

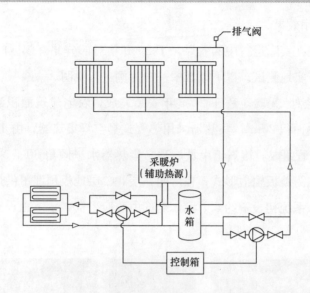

图 4-40 太阳能热水采暖系统运行原理图

实现放热功能。此外,系统可以通过控制箱实现自动控制,减少人员操作,提高系统的便利性。

②同时解决采暖和生活热水供应。虽然该系统被称为太阳能热水采暖系统,但也可以同时实现生活热水的供应,利用一套系统实现两种功能。

③系统初投资高,经济性欠佳。目前户用太阳能热水采暖工程增量投资在 250~400 元/m^2(建筑面积),也就是说,对于供热面积在 $100m^2$ 的农宅来说,用户初投资在 25000~40000 元,这接近于甚至超过一般农村家庭年收入,初投资远高于其他常规能源采暖设施,从经济性角度看,太阳能热水采暖很难作为首选的采暖形式。

④运行维护较为复杂。太阳能热水采暖系统较为复杂,因此需要的维护工作也较多,需要的维护水平较高,例如更换破损的真空管、更换热水系统中的水处理装置、检修管路、维护控制箱等。此外,系统在寒冷地区使用时有冻结的风险,需要采取合理的防冻措施。

⑤冬季得热量不足而其他季节过剩。综合考虑系统初投资等因素,目前用于农宅的冬季太阳能热水采暖系统的设计保证率为 30% 左右,其余 70% 要靠辅助热源提供。而其他季节因太阳能系统的产热量无处利用,使得系统处于闲置状态,其年有效利用时间仅为太阳能生活热水系统的 1/4 左右,经济性较差。

3) 实际应用效果

为了解系统在实际运行中的效果，于 2008 年对部分北京郊区的太阳能热水采暖示范工程进行实地测试。以下以其中一户为例进行说明。

该户太阳能热水采暖工程于 2005 年安装完成，农宅建筑面积为 $150m^2$，太阳能集热系统集热面积 $20m^2$。集热器采用热管式真空管集热器，由 110 根 $\phi 58mm \times 2200mm$ 的真空管组成，镶嵌于南坡屋顶，集热器水平倾角 30°，采用电补热辅助系统。供暖末端为地板辐射形式，在房间一层、二层地板预埋了供热盘管，采用旋转布管方式。该系统初投资约 5 万元，全部由政府出资，示范工程相关示意图见图 4-41。

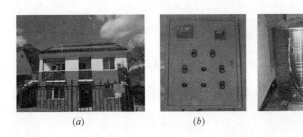

图 4-41 某太阳能热水采暖示范工程
(a) 建筑外观；(b) 自动控制设备；(c) 储水箱

根据一周的测试结果得到该太阳能系统的全天平均集热效率为 33.3%，由于实际应用时的安装倾角不佳、表面落灰、系统散热等问题造成该值远低于其实验室测定效率。当房间平均温度为 15℃时，太阳能的保证率约为 40%，整个采暖季还需要约 2000kWh 的补热量，运行费用超过 1000 元，致使该系统在整个寿命周期内无法回收初投资。

因此，从该典型示范工程中，可以看到目前太阳能热水采暖系统在农村地区应用的主要问题：

① 太阳能热水采暖系统不是简单地将太阳能热水集热器面积扩大，并把储水箱、采暖末端、水泵等部件进行拼装就可以形成适用于农村地区的太阳能采暖系统。在系统设计上，要注意辅助能源形式的合理选择、集热面积与供热负荷的合理匹配、储热水箱与集热系统的合理匹配、防冻等问题。在系统推广上，由于系统的初投资高，失去了市场化运营机制的前提条件，目前主要依靠政府投资这一推广

路径。

②另外，农村地区缺少售后服务体系，系统的日常维护如集热器表面清洁、系统保温维修等简单问题都无人负责，使得系统供热实际效果不佳，最终严重影响系统的经济性和在农村用户中的口碑，进一步影响了系统的推广。

(3) 技术总结

1) 太阳能生活热水系统由于成本低、集热效率高、运行维护简单，其生产已经达到较高的产业化水平，适合在农村地区大力推广。

2) 太阳能热水采暖系统初投资高，高于一般农村家庭的经济承受能力，且在农村地区尚未建立售后服务体系，易导致系统供暖效果变差，严重影响系统的经济性，因此目前不适合在农村地区大规模推广。

4.3.2 太阳能空气集热采暖系统

(1) 系统组成及运行原理

太阳能空气集热系统是一种采用空气作为传热介质的太阳能光热转换系统。该系统主要由太阳能空气集热器、风机、温度控制器、风管、散流器等构成。图4-42给出了典型农宅的太阳能空气集热系统示意图，空气集热器倾斜安装在屋顶上，风机安装在集热器入口管路上，进出风口通过风管与集热器连接，整个系统的运行控制由集热器出口监测点的温度控制器控制风机启停来实现。当白天太阳辐照较好时，空气集热器吸热板温度不断升高，其内部的空气通过自然对流加热并依靠浮升力驱动流至集热器出口，当出口监测点的温度控制器的监测温度超过25～30℃（根据实际工况确定送风温度值）时，控制风机开启，室内空气通过风机的驱动，

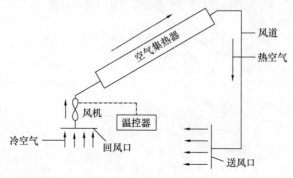

图 4-42　空气集热系统示意图

流经太阳能空气集热器，被加热后再送入室内，提高室温。当太阳能辐照较弱时，若温度控制器的监测温度低于20℃（可根据实际工况适当调整停止运行的控制温度），温控器则控制风机停止工作，整个系统停止循环。

(2) 空气集热器设计要点

空气集热器是太阳能空气集热采暖系统的核心部件，其热性能的优劣决定了集热系统热效率的高低。

空气集热器一般以平板型集热器为主，下面介绍一种典型实用的平板空气集热器，其结构如图4-43所示，由透光盖板、吸热板、保温层、封闭空气层、空气流通通道等部件组成。在白天太阳能辐照较好时，太阳辐射的一部分通过空气集热器透光盖板的透射，到达吸热板并被吸收，提高吸热板的温度，另一部分被透光盖板反射而散失。较低温度的空气在风机驱动下流经空气流通通道，通过对流换热的方式，将吸热板吸收的一部分热量带走，空气沿着流动方向温度不断升高，最终通过出风口，变成热风被送入室内，提高室温。空气集热器的有效得热与热损失示意图如图4-44所示。

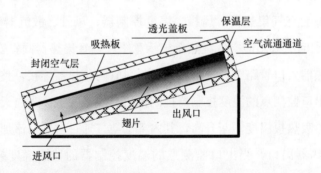

图4-43　Ⅰ型平板型空气集热器示意图

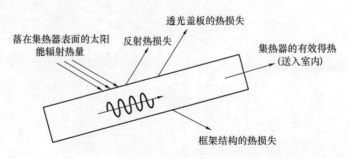

图4-44　空气集热器的有效得热与热损失

该空气集热器的技术要点如下：

1) 透光盖板应尽量采用高透过率、低反射率、低吸收率的透光材料。

2) 合理选择封闭空气层的厚度，使其达到最优的保温效果。较小或者较大的封闭空气层厚度均会增大透光盖板的热损失，使集热器效率变低。

3) 在吸热板与保温背板之间合理增加翅片扩展表面结构的设计，强化流动空气与吸热板、翅片表面之间的换热效果，同时兼顾集热器内部流动空气的压降不宜过大。

4) 保温背板、周围框架应采用良好的保温措施，并在加工过程中避免热桥。

5) 保持集热面清洁。平板型透光盖板表面容易积灰，导致透光盖板透过率降低，影响集热器效率，因而集热器表面应尽量保持清洁。通常，集热器置于屋顶时，人工清理不便，可采用一些自动清洁措施。

(3) 系统特点

太阳能空气集热采暖系统具有以下特点：

1) 系统形式简单，单位采暖供热量的初投资低

太阳能空气集热采暖系统仅包括空气集热器、一个小型风机和管路，系统形式非常简单，初投资约在 400~500 元/m^2（集热面积），相当于热水集热采暖系统初投资的 1/4 左右。即使空气集热系统的集热效率为热水系统的一半，单位有效输出热量的投资也仅为热水系统的 1/2。

2) 系统运行的可靠性高

集热系统形式简单，直接将加热空气送至室内，末端采用散流器等装置，不需要经过二次换热环节，也不需要阀门等过多的管路配件。同时，与水系统相比，空气系统即使出现泄漏，也不会造成使用的不便。另外，空气集热供热系统不存在太阳能热水系统可能发生的冻结问题，保证了系统运行的可靠性。

3) 加工方便，可以实现模块化生产

系统所使用的空气集热器产品的生产工艺也比较简单，且可以实现模块生产。根据采暖需求，用户可以购买不同数量的集热模块，有效控制初投资，这也为未来的市场推广奠定良好的基础。该系统不仅适用于新建农宅，还可以用于既有农宅。

4) 施工以及运行维护方便

系统形式简单的另一大好处在于施工方便，可以减少施工费用，进一步提高系

统的经济性。另外，除了需要定期清洗过滤网、保持集热面清洁之外，不需要其他维护。系统采用了温控器来控制系统的启停，不需要手动开关风机，提高了系统使用的便利性。

5) 夜间需要其他辅助采暖措施

但与热水系统相比，该系统蓄热能力较差，仅能够依靠房间围护结构以及家具等进行蓄热，当太阳能辐射强度由强变弱时，室内空气温度有较为明显的降低。因此夜间需要其他采暖措施，如炕、电热毯等局部采暖措施。

经过优化的太阳能空气集热器的全天光热转换效率可以达到 30%～40%。在北方地区，$1m^2$ 集热面积向 $4～5m^2$ 建筑供暖，即可以满足白天采暖需求。对于北京地区供热面积为 $60m^2$ 的农宅来说，可以采用 $12m^2$ 集热面积，配以功率 100W 左右风机，12 月～2 月风机运行电费约 50 元。相对于使用煤炭采暖来说，系统投资回收期约为 5～6 年。

(4) 系统在农村地区的适用性

根据调研，我国农村居民并不是要求室内温度恒定不变，而是由于经常进出室内外，可以接受的温度范围也较大，这使太阳能空气集热采暖成为可能。而且，在北方地区的农宅中，炕是一种较为普遍的采暖设施，可以保证晚上房间的局部热舒适，与太阳能空气集热系统恰好形成了良好的互补。

以往的研究和工程实际应用中，往往将太阳能集热系统关注的焦点放在集热效率上，认为空气集热器的集热效率低于热水系统，没有太大的利用价值。因而，到目前为止，空气集热器在工程实际中并没有得到很好的应用和推广，相应的集热器产品结构设计技术开发、构件模块市场的标准化等也处于相对低的水平。

然而，根据北方农宅太阳能空气集热系统示范工程的实测结果发现（详见本书第 5.9 节），即使集热效率仅有 20% 的太阳能空气集热系统（未经任何优化），其获得"单位供热量的费用"指标依然优于热水系统。空气集热系统由于其较低的初投资和运行费用，以及较高的可靠性以及运行维护的方便性，使其在农村地区具有很好的适用性。如果能够积极引导农民采用这种系统，将有可能打破目前太阳能建筑采暖受限的僵局，走出一条适合于北方农村地区的清洁采暖的新路。

4.3.3 太阳能光电照明

(1) 原理与特点

太阳能照明灯是以白天太阳光作为能源，利用太阳能电池板作为发电系统，太阳能电池板电源经过大功率二极管及控制系统给蓄电池充电，夜间需要照明时，控制系统自动开启，输出电压，使各式灯具达到设计的照明效果。

一套基本的太阳能照明系统包括太阳能光伏电池板、充放电控制器、蓄电池和光源。结构如图 4-45 所示。

太阳能光伏电池板是太阳能发电系统中的核心部分，也是太阳能光电照明系统中价值最高的部分。其作用是将太阳的辐射能转换为电能，然后送往蓄电池中存储起来，或者直接用于照明。太阳能光伏电池板由太阳能电池片经串并组合，形成不同规格的电池板，分单晶硅、多晶硅和非晶硅三种。

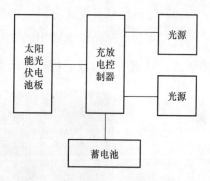

图 4-45　太阳能照明系统结构框图

充放电控制器主要目的是保证系统能正常、可靠地工作，延长系统部件（特别是蓄电池）的使用寿命。它必须包含蓄电池过充保护电路、过放保护电路、过流保护电路和防反充保护电路等。

蓄电池是光伏电源系统的关键部件，目前我国用于光伏发电系统的蓄电池多数是铅酸蓄电池（其中包括胶体蓄电池），只在高寒户外系统采用镉镍电池。其作用是在有光照时将太阳能电池板所发出的电能储存起来，到需要的时候再释放出来。蓄电池容量应在满足夜晚照明的前提下，把白天太阳能电池组件的能量尽量存储下来，并能存储满足连续阴雨天夜晚照明需要的电能。但若容量过大，使蓄电池处在亏电状态，将影响蓄电池寿命，造成浪费。

太阳能灯一般选用高效、节能的光源。目前多选用 LED 和 12V 直流节能灯。

光电照明的一些特点：

1）光伏板初投资过高导致光电照明系统成本昂贵。目前太阳能电池板的成本过高。例如，一盏 100W 左右的太阳能 LED 路灯，初投资大约为 8000 元左右，每 kWh 电的成本在 3～5 元之间，相对于 0.3～0.5 元的常规供电价格，价格差距明显。

2）太阳能照明设施不能长效稳定地运行，需要专业人员的维护，包括更换蓄电池，保证光伏板表面清洁等。这在一定程度上也会增加光伏板的运行费用。

3）目前在国家的光电补贴政策下，太阳能光伏技术发展很快，产品生产厂家如雨后春笋。但是有些产品没有形成系列，质量参差不齐，太阳能电池板的设计、制造技术较差，使得光电转换效率不高，太阳能电池组件寿命都比较短。

以上这些因素都导致在国家电网能够覆盖的地区，太阳能光电照明的经济性差。

(2) 运行现状及发展方向

我国光伏电池的地面应用始于1973年，但在农村地区照明应用还处于刚刚起步阶段，目前主要以政府机构、公益组织和企业的示范性推广为主。

图 4-46　太阳能路灯

北京市市委自2006年起在北京郊区实施"三起来"工程，其中让农村"亮起来"，在乡镇道路、村镇居住区设置"太阳能光伏室外照明装置"，旨在提高村镇道路、街区的照明质量，提高村镇居民的居住条件，在823个村镇安装了太阳能光伏照明装置近80000套，总投资约5亿元。昆明市2008年作为实施"绿色光亮工程"的启动年，自2008年启动至今，项目总投入3150多万元，在全市74个乡（镇）、103个村安装太阳能光伏照明系统5000多套❶。

根据实际调研发现，由于缺乏维护，光伏板以及蓄电池破损较多，导致光电路灯或户用光电设备不能正常运行，因此在北京等国家电网完全覆盖的地区，或四川、重庆等太阳能资源并不丰富的地区，光伏照明技术并没有发挥其优势，反而有

---

❶ 昆明投入3150多万元实施"绿色光亮工程"，http：//www.cn-tyn.com/info/detail/1-8909.html.

可能增加政府后期的维护投资和负担。太阳能光电照明的最大优点在于可以实现独立照明，不需要依赖地方电网的支持，因此在一些太阳能资源丰富的偏远地区具有一定优势。

4.3.4 生物质固体压缩成型燃料加工技术❶

(1) 技术原理与产品特点

生物质固体成形燃料加工技术是通过揉切（粉碎）、烘干和压缩等专用设备，将农作物的秸秆、稻壳、树枝、树皮、木屑等农林剩余物挤压成具有特定形状且密度较大的固体成型燃料。

生物质固体压缩成型燃料加工技术是生物质高效利用的关键。不加处理的生物质原料由于结构疏松、分布分散、不便运输及储存、能量密度低、形状不规则等缺点，不方便进行规模化利用。通过压缩成型技术，可大幅度提高生物质的密度，压缩后的能量密度与中热值煤相当，方便运输与储存。压缩成型燃料在专门炊事或采暖炉燃烧，效率高，污染物释放少，可替代煤、液化气等常规化石能源，满足家庭的炊事、采暖和生活热水等生活用能需求。

(2) 压缩成型燃料的生产

1) 加工原料

压缩成型燃料的原料来源广泛，主要包括农作物秸秆（玉米秸、稻草、麦秸、花生壳、棉花秸、玉米芯、稻壳等）和林业剩余物（树枝、树皮、树叶、灌木、锯末、林产品下脚料等）。但由于不同类型的加工原料在材料结构、组成成分、颗粒粒度和含水率等方面存在很大的差异，因此其加工方法与加工设备存在差别，加工难度也不相同。

2) 加工方法与工艺

根据加工原料与产品的不同，生物质固体压缩成型技术可以分为多种类型。根

---

❶ 本节主要参考文献：
罗娟等. 典型生物质颗粒燃料燃烧特性试验【J】. 农业工程学报，2010，26（5）：220-226.
陈彦宏等. 生物质致密成型燃料制造技术研究现状【J】. 农机化研究，2010（1）：206-211.
周春梅等. 生物质压缩成型技术的研究【J】. 科技信息，2006（8）：72-75.
陈永生等. 生物质成型燃料产业在我国的发展【J】. 太阳能，2006（4）：16-18.

据物料加温方式的不同可分为常温湿压成型、热压成型和碳化成型；根据是否添加粘接剂可分为加粘接剂和不加粘接剂的成型；根据原料是否预处理可分为干态成型与湿压成型。下面介绍三种不同的加工方法。

①常温湿压成型。这种加工方式的工艺流程包括浸泡、压缩和烘干三个步骤。首先将原料在常温下浸泡一段时间，由于纤维发生水解发生腐化，从而变得柔软易于压缩成型。然后再通过模具将水解后的生物质进行压缩，脱水后成为低密度的生物质压缩成型燃料。常温湿压成型技术的优点是加工工艺和设备简单，存在的主要问题是由于加工原料含水率高、温度低，导致设备磨损较大，且燃料烘干能耗较高，产品燃烧性能欠佳。

②热压成型。热压成型是目前使用较为普遍的生物质压缩成型工艺，其工艺流程包括原料铡切或粉碎、原料（模具）加热、燃料成型和冷却晾干四个步骤。主要通过将生物质加热到较高温度来软化和熔融生物质中的木质素，从而发挥其粘接剂的作用，形成固体压缩燃料。根据加热对象的不同，又分为非预热热压成型和预热热压成型两种方式，前者首先将成型机的模具加热，间接加热生物质以提高其温度；后者在生物质进入成型机之前直接进行预热处理。虽然两者加热方式不同，但都提高了生物质温度，使成型压力有所降低，且得到的固体压缩燃料质量较高、燃烧特性较好。但存在成型机成本较高、预热能耗较大等问题。

③冷态压缩成型。在常温下，利用压辊式颗粒成型机将粉碎后的生物质原料挤压成圆柱形或棱柱形，靠物料挤压成型时所产生的摩擦热使生物质中的木质素软化和黏合，然后用切刀切成颗粒状成型燃料，与热压成型相比，不需要原料（模具）加热这个工艺。该工艺具有原料适应性较强、物料含水率使用范围较宽、吨料耗电低、产量高等优点。

3）加工设备

成型燃料的加工设备包括成型机、粉碎机、烘干机，及其配套的输运系统和电力控制系统，其中成型机是核心设备。国内外最常见的压缩成型设备主要包括螺旋挤压式成型机、活塞冲压式成型机和压辊式颗粒成型机，如图4-47所示。

螺旋挤压式成型机是开发应用最早的成型机。它通过加热使成型温度维持约150~300℃，让生物质中的木质素和纤维素软化，依靠螺杆挤压生物质原料形成致密块状燃料。具有运行平稳、连续生产、成型燃料易燃等优点，加工的成型燃料密

图 4-47 常见的生物质固体压缩成型机
(a) 螺旋挤压式成型机；(b) 活塞冲压式成型机；(c) 压辊式颗粒成型机

度较高，约 1100～1400kg/m³。存在的主要问题是原料含水率要求高，需控制在 8%～12%左右，因此一般要配套烘干机；螺杆磨损严重，成型部件寿命短；生产能耗偏高，每吨成型燃料的生产能耗约 90kWh。

活塞冲压式成型机是靠活塞的往复运动来实现生物质原料的压缩成型，产品包括实心棒状或块状燃料，燃料密度约为 800～1100kg/m³。按驱动力类型，活塞冲压式成型机可分为机械式和液压式两种，前者利用飞轮储存的能量，通过曲柄连杆机构带动冲压活塞将原料压缩成型；后者利用液压油缸所提供的压力，带动冲压活塞使生物质冲压成型。活塞冲压式成型机的成型部件磨损比螺杆式小，寿命相对较长；对原料含水率的要求不高，可以高达 20%，通常不需要配备烘干设备，生产能耗约为 70kWh/t。但成型燃料密度稍低，冲压设备振动较大，系统稳定性不够，生产噪声较大。

压辊式颗粒成型机的工作部件包括压辊和压模。压辊可绕轴转动，其外侧有齿和槽，可将物料压入并防止打滑；压模上有一定数量的成型孔。在压辊的作用下，进入压辊和压模之间的生物质原料被压入成型孔内后挤出，在出料口处被切断刀切成一定长度的成型燃料，成型燃料的密度一般为 1100～1400kg/m³。按照结构不同，压辊式颗粒成型机可分为平模造粒机和环模造粒机，其中环模造粒机又可分为卧式和立式两种机型。压辊式成型机一般不需要外部加热，依靠原料和机器部件之间的摩擦作用可将原料加热到 100℃左右，使原料软化和黏合，加工每吨成型燃料的耗电量约为 50kWh，比螺旋挤压和活塞冲压两种方式都低。且对物料的适应性最好，对原料的含水率要求最宽，一般在 10%～30%之间均能很好的成型。但压辊式成型机存在的主要问题是易堵塞，设备振动和工作噪声大。

4) 压缩成型燃料

固体成型燃料主要包括块状燃料和颗粒燃料。块状燃料主要以农作物秸秆为原料，生产工艺比较简单，生产成本较低，但使用范围较窄，较多作为锅炉燃料。颗粒燃料的原料范围较宽，生产工艺比较复杂，生产成本较高，但用途广，适用于户用炊事炉、采暖炉或炊事采暖一体炉。图 4-48 所示为不同类型的生物质固体压缩成型燃料。根据北京市地方标准《生物质成型燃料》（DB11/T 541—2008）中规定，颗粒燃料的直径小于 25mm，长度小于 100mm。块状燃料的直径大于 25mm，长度不大于直径的 3 倍。加工成型的燃料全水分不高于 15%，灰分不高于 10%，挥发分大于 60%，全硫含量低于 0.2%，低位热值高于 13.4MJ/kg。

图 4-48 不同类型的生物质固体压缩成型燃料
(a) 生物质颗粒燃料；(b) 生物质块状燃料

生物质在通过压缩成型后，其体积大约可以缩小到原来的 1/8～1/6 左右，燃料密度从 700～1400kg/m³ 不等，主要受加工工艺与加工设备的影响。密度在 700kg/m³ 以下的为低密度成型燃料；介于 700～1100kg/m³ 之间的为中密度成型燃料；在 1100kg/m³ 以上的为高密度成型燃料。由于加工原料不同，生物质成型燃料的热值也各不相同，一般秸秆类的成型燃料热值约为 15000kJ/kg，木质类的成型燃料热值一般在 16000kJ/kg 以上。同时，由于生物质中所含的硫元素与氮元素比例较小，硫的含量约为干重的 0.1% 左右，远低于煤中硫的含量，氮的含量一般不超过干重的 2%，因此在燃烧过程中产生的 SO_2、NO_x 等污染气体极少，正常燃烧过程中 SO_2 和 NO_x 的排放质量浓度分别约为 10mg/m³ 和 120mg/m³，能够显著减少燃烧对室内外环境的污染。

(3) 技术推广和应用模式

生物质固体成型燃料是生物质能利用的最佳方式之一，但是在成型燃料加工过程中，还面临着诸多挑战，具体表现在以下方面：

1）加工工艺较复杂。生物质固体成型燃料的加工需要通过闸切（粉碎）、烘干、压缩等多个步骤，需要配套的厂房、专用的设备和经过培训的工人才能完成生产和加工。

2）技术运行模式欠佳。目前生物质成型燃料主要通过大型企业进行集中加工，需要进行分散收购、集中加工和分散销售三个过程。虽然通过商品化运作模式，一定程度上推动了生物质成型燃料技术的发展，但过高的运输成本和成型燃料价格极大地限制了生物质成型燃料的推广。

3）终端使用设备推广不足。生物质固体成型燃料一般需要配合专用的燃烧设备进行利用，在农村地区推广使用，农民需要付出一定的经济代价，如何让农民接受并购买，以及如何进行技术指导和设备维护都是迫切需要解决的问题。

针对生物质固体成型燃料技术推广所面临的以上问题，需要下面三个方面入手进行解决：

在加工工艺和技术层面，需要各企业和研究院所加大科研和产品开发力度，不断改善成型机的生产性能，减少加工能耗，增强加工质量，提高设备寿命，改善加工条件，同时强化系统的自控能力，降低设备操作难度。在技术运行模式上，通过政府的政策倾斜与资金补贴，在农村地区逐步推广生物质固体压缩成型技术的"代加工模式"（详见本书第 3.2.2 节），通过建立以村为范围的小型加工点，缩小生物质的收集范围，通过农民自行收集、村内代加工的方式生产生物质成型燃料，并供自家生活使用。由此可以降低生物质收集和运输费用，避免将生物质在农村地区商品化，保留生物质廉价、易得的特点，让农户能够用得了、用得起、用得好这些生物质资源。在终端设备上，由于生物质压缩成型燃料与其他能源形式比较具有明显的性能或经济优势，在解决了燃料加工与供应的问题后，通过国家政策引导和财政补贴能够有效的推动终端设备的普及，同时，各村设立的小型加工点可以为农户解决设备使用指导和设备维护等相关问题，可以使生物质固体成型燃料得到充分、有效和合理的利用。

4.3.5　生物质压缩成型颗粒燃烧炉具

（1）工作原理、分类和特点

户用生物质压缩成型颗粒燃烧炉具一般采用半气化燃烧方式。这种新型炉具可

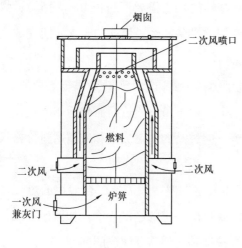

图 4-49 炉具结构原理图

以使用生物质颗粒燃料、薪柴、玉米芯、压块等密度较高的生物质原料,燃料适用范围较广,一般称为户用生物质炉具,其结构如图 4-49 所示。生物质燃料在炉膛里燃烧,为了增加燃烧效率,一次风从炉排底部进入,在炉具上部出口处增加了二次风喷口,这样将固体生物质燃料和空气的气固两相燃烧转化为单相气体燃烧,这种半气化的燃烧方法使燃料得到充分的燃烧,减少了颗粒物和一氧化碳排放,明显地降低了污染物的排放。使用时,燃料一般从炉子的上部点燃,自上而下进行燃烧,与空气的流动方向相反。从开始点火到燃尽都可以做到不冒黑烟,可以把焦油、生物质炭渣等完全燃烧殆尽。因此,生物质颗粒燃料炉具具有较高的燃烧效率。

户用生物质炉具按照功能可主要划分为生物质炊事炉具、生物质采暖炉具以及生物质炊事采暖两用炉具等几种形式;按照进风方式可划分为自然通风炉具和强制通风炉具。自然通风炉具完全靠烟囱的抽力和外界大气自然进风方式为燃烧供氧,该类型炉具的特点是设计简单,操作简便,容易控制,但缺点是火力大小和供氧量不可调。强制通风炉具是使用电机和风扇将外界大气进行强制通风为燃烧供给氧气,该类型炉具特点是供氧效果好,火力大小可调,但缺点是设计较为复杂,需经一定培训后才能正确操作。对于以颗粒燃料为主的户用炊事炉具,一般采用的是强制通风方式。图 4-50 为不同类型的生物质颗粒燃烧炉具。

(2) 炉具的热性能与大气污染排放测试及指标

户用生物质炉具的主要技术指标包括热效率和大气污染排放指标。北京市在 2008 年出台了地方标准《户用生物质炉具通用技术条件》(DB11/T 540—2008),国家能源局 2011 年出台了能源行业标准《民用生物质固体成型燃料采暖炉具通用技术条件》(NB/T 34006—2011) 和《民用生物质固体成型燃料采暖炉具试验方法》(NB/T 34005—2011)。目前《生物质炊事采暖炉具通用技术条件》、《生物质炊事采暖炉具试验方法》、《生物质炊事烤火炉具通用技术条件》、《生物质炊事烤火

图 4-50　不同类型的生物质颗粒燃烧炉具

炉具试验方法》等多个国家能源行业标准将陆续出台发布。

对于户用生物质炊事炉,其炊事火力强度不能低于 1.5kW,炊事热效率不能低于 25%,对于炊事采暖炉具,其综合热效率不能低于 70%。各类炉具的大气污染排放指标要求是一致的,户用生物质炉具大气污染排放指标如表 4-2 所示。

户用生物质炉具大气污染排放指标　　表 4-2

污染物	指标	污染物	指标
烟尘(mg/m^3)	≤50	一氧化碳(%)	≤0.2
二氧化硫(mg/m^3)	≤30	林格曼烟气黑度(级)	1
氮氧化物(mg/m^3)	≤150		

如图 4-51 所示,目前开发的生物质颗粒燃料炉具具有较高的热效率以及低污染排放,不仅有利于生物质能源的高效利用,同时有利于室内外环境的改善。

(3) 炉具的生产与推广

目前,我国生物质颗粒燃料炉灶生产企业产量规模在 5000 台/年以上的约有 100 多家,分布在我国北京、河北、山西、河南、湖南、四川、贵州等地,2010 年度全国年生产生物质炊事炉具和生物质炊事采暖炉具约 50 万台,截至 2010 年累积推广 100 多万台。单纯生物质炊事炉具的价格一般在 200~800 元,生物质炊事和采暖炉具的价格一般在 700~2000 元。

对于农村地区来说,生物质颗粒燃料炉具还是新兴技术,现阶段其推广方式主要以政府为主导,有政府完全补贴模式、政府和农户分摊补贴模式和碳交易资金补贴模式,均对生物质颗粒燃烧炉具的普及起到了一定的推动作用。但限制生物质颗粒燃烧炉具广泛使用的主要原因是生物质颗粒燃料的供应。目前生物质颗粒燃料的

火力强度 (kW)	2.03
炊事热效率 (%)	35.6
烟尘折算排放浓度 (mg/Nm³)	16
SO_2 折算排放浓度 (mg/Nm³)	0
NO_x 折算排放浓度 (mg/Nm³)	65
CO 折算排放浓度 (mg/Nm³)	300
林格曼黑度 (级)	≤1

(a)

燃料消耗量 (kg/天)	3~4
热烟气温度 (℃)	350~500
烟尘折算排放浓度 (mg/Nm³)	低
SO_2 折算排放浓度 (mg/Nm³)	0
NO_x 折算排放浓度 (mg/Nm³)	低
CO 折算排放浓度 (mg/Nm³)	≤1000
林格曼黑度 (级)	≤1

(b)

输出热功率 (kW)	12
热效率 (%)	75
烟尘折算排放浓度 (mg/Nm³)	21
SO_2 折算排放浓度 (mg/Nm³)	0
NO_x 折算排放浓度 (mg/Nm³)	82
CO 折算排放浓度 (mg/Nm³)	700
林格曼黑度 (级)	≤1

(c)

图 4-51 几种典型的生物质颗粒燃料炉具及其实验室测试结果

(a) 炊事炉具及其测试结果；(b) 烧炕炉及其测试结果；

(c) 户用热水采暖炉及其测试结果

供应主要采用了商品化运作模式，通过大型加工企业集中收购生物质原料，加工后以商品的形式进行销售，价格可达 600 元/t 以上，折合到单位热值的价格与煤相当，并不具有明显的价格优势，较高的使用费用限制了生物质颗粒燃烧炉具的推广和使用。如果能够实现生物质颗粒燃料的代加工运作模式，解决颗粒燃料的供应问题，将能够极大的促进生物质炉具的普及，实现农村地区生物质能源的合理利用。

4.3.6 SGL 气化炉及多联产工艺

(1) 技术原理

SGL气化炉及多联产工艺是指生物质材料热解气化可同时产生固体—生物质炭（solid）、气体—可燃气（gas）、液体—生物质提取液（liquid），简称SGL气化炉。SGL气化炉是多联产工艺的主要设备（如图4-52所示），主要由上锥体、套筒、下锥体等组成，气化炉顶部进料，顶部进气、顶部监控；炉体上部采用升降拨料系统，通过升降拨料控制料层使反应进行均匀和平稳，同时避免气化炉内架桥、烧穿；炉体中部设计了旋转打孔炉排，定时旋转出炭；炉体下部设计了防爆孔，可以防止误操作时及时释放压力；气化炉底部采用水冷夹套，有助于生物质炭的冷却和余热的回收。整个过程无需外加热量，实现了设备运行自动化控制。

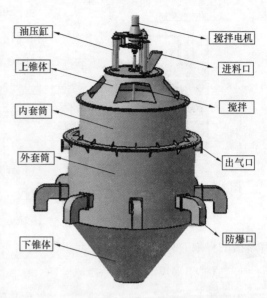

图4-52　SGL气化炉示意图

农林生物质材料热解气化同时制取固、气、液三相产品的工艺技术，如图4-53所示。

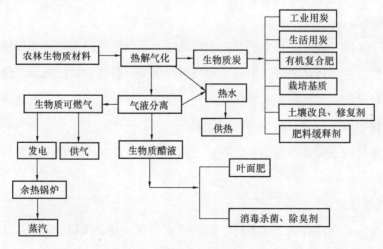

图4-53　SGL气化炉多联产工艺流程图

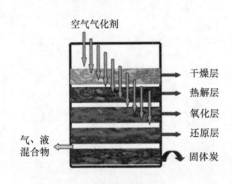

图 4-54 SGL 气化炉多联产工艺原理示意图

SGL 气化炉多联产工艺包括基本热解和气化剂参与的气化反应两个过程，其原理如图 4-54 所示。基本热解反应过程可以看做是其纤维素、半纤维素及木质素三种主要组分热解过程的综合体现。

在 SGL 气化炉多联产工艺过程中，通常包括原料的干燥、热解、氧化和还原四个阶段，这四个阶段在气化炉中对应形成四个区域，但由于诸多影响因素导致每个区域没有严格的界限。

1）原料干燥层

生物质本身含有一定的水分，进入气化装置之后，在 100～250℃ 温度下，生物质中的自由水和结合水被加热析出。这个阶段的速度比较缓慢，需要大量的热量。

2）热分解反应层

热解是指生物质的基本热解反应过程，可以看做是其纤维素、半纤维素及木质素三种主要组分热解过程的综合体现。生物质被加热到 250℃ 以上时，半纤维素、纤维素、木质素的热分解，析出焦油、CO_2、CO、H_2、H_4 等大量生物质气，并热解得到生物质炭和生物质提取液。

3）氧化层

由于干燥区、还原区发生的都是吸热反应，所以气化设备中必须保持热量的供给。通常的做法是将热解区产生的生物质炭与氧气进行氧化放出热量，保持气化设备中的热量平衡。生物质炭和氧气在此充分接触、氧化生成大量二氧化碳，同时放出大量热量，温度最高可达 1000℃ 或更高。

在氧化层内主要是产生二氧化碳，一氧化碳的生成量不多，在此层内已基本没有水分。

4）还原层

还原反应是在没有氧气的条件，生物质炭与气流中的 CO_2、H_2O、H_2 发生一系列的反应，二氧化碳及水在这里还原成一氧化碳和氢气，进行吸热反应，温度开始降低，一般温度在 700～900℃ 左右。

(2) 技术特点

SGL 气化炉优势：①运行稳定；②气密性好，安全性高：整个系统有水封装置，它有两个方面的作用，一方面是可以保证可燃气不泄漏，二是可泄压，防止爆燃；③适应性强：此设备可适应各种类型生物质原料、不同的地理环境等；④气液分离、燃气净化系统优良：产生的气体经过除尘、除焦、冷凝等特殊的净化设备后可得到洁净的可燃气，此过程中除焦油是关键之处，若焦油除不净，焦油容易堵塞气体管道，焦油会进入燃气发电机内堵塞气缸，降低发电机寿命甚至导致整套系统无法正常运行。

SGL 气化炉工艺优势：①利用 SGL 气化炉多联产技术可同时产出气、固、液三种产品，而其他气化技术只有一种产品是可燃气；②整个生产系统是自供热，不消耗燃料、无三废排放，而有些气化技术需要进行液体污染处理；③在整个生产过程中，可根据需要控制和调整气、炭、液三相产品的产量和质量，与其他气化工艺相比，灵活性强，产品可变性高。

SGL 气化炉尽管取得了一些技术上的突破，但在可燃气的净化（焦油和水蒸气的去除）、防止管道和灶具堵塞、防止气化炉内的架空、炭层的烧结问题和炭的质量控制、冷却及出炭系统的完善等方面还有许多工作要做。

(3) 实际运行效果

目前该 SGL 气化炉主要用于农村地区的炊事供气，生物质 SGL 气化炉及多联产气化供气一般以一个村庄为单位，同时为 100~300 户村民供气，主要用于日常的炊事。系统主要设备包括原料处理设备、气化炉、净化系统、储气柜和输气管网。该气化炉可适应农作物秸秆、麦草等，且不用切断，直接进入气化炉气化，经过迷宫净化和油滤后靠风机打入恒压储气罐，气化炉如图 4-55 (a) 所示，该生产线配套了 1500m^3 储气罐，可同时满足村庄 300 户居民一天的用气量，储气罐如图 4-55 (b) 所示。根据实际运行数据显示，满足村庄 300 户居民一天的用气量，每天消耗原料 1000kg 左右，产气量 1200m^3，相当于 350kg 标准煤的热量，该系统能够满足全村的炊事用能需求。

该项目初期投资 150 万元，目前是由该村书记垫资和江苏省政府资助，农民免费使用燃气。农民只要把自家的秸秆送到气化炉原料库即可。

(4) 技术不足及发展方向

图 4-55 SGL 秸秆气化站

(a) 秸秆 SGL 气化炉；(b) 可燃气储罐（1500m³）

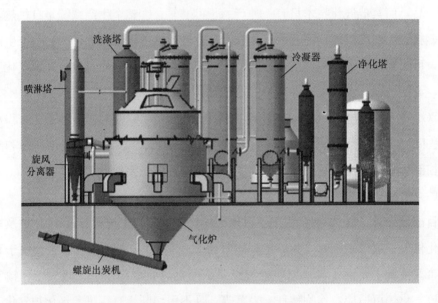

图 4-56 生物质气化供热供气效果图

生物质气化技术尽管经历了 100 多年的发展历史，中国近 20 年来通过各种机制在农村建设了大量生物质气化工程，但是持续运行 3 年以上的比例很低，究其原因：首先，生物质气化技术在原料存储方面存在问题，要持续稳定的向农户供气，需要大量的空间用于存储生物质；其次，生物质气化产生的燃气的气体成分、含量及热值还不稳定，导致燃烧不稳定；第三，可燃气中的焦油、水蒸气的含量控制还存在不足，可能导致管道、灶具的堵塞；最后，对于 SGL 气化技术，还存在气化炉内的架空、炭层的烧结和炭的质量控制等问题，要防止可燃气反喷、爆燃等问题。

正是由于存在的以上问题,导致目前该技术推广面临困难,这也为该技术未来的发展提出了更高的要求。

4.3.7 低温沼气发酵微生物强化技术

沼气是我国农村目前应用范围较广的可再生能源形式之一。在国家的大力支持下,截至 2009 年底,我国已建成的户用沼气池总数为 3507 万。但是伴随着沼气建设的迅速发展,沼气低温发酵问题也日益突出。低温条件下沼气池启动慢、原料转化率低、产气不足甚至不产气,导致沼气池每年有数月不能正常使用,难以保证农村居民的持续用能需求,造成了很多沼气池闲置,同时也影响了农村居民对沼气使用的积极性。低温沼气发酵技术在一定程度上改善了低温对沼气发酵的影响,在促进农村废物利用、节能减排、保护和改善农村生态环境,对推进沼气事业的推广具有积极的影响。

(1) 技术原理

低温沼气发酵微生物强化技术通过选育低温沼气发酵功能微生物,研发耐低温沼气发酵复合菌剂,配合使用可提高微生物代谢活性的添加剂,并采取适当的保温措施,从而提高沼气池低温环境下的产气量。在气温不低于 $-5 \sim -10$℃的情况下,该技术在不需要提供额外能耗的前提下,既可快速启动新装池,缩短冬季沼气池的启动时间,还能显著提高低温条件下的原料转化率和沼气产量。该技术的核心部分为低温沼气发酵复合菌剂和添加剂。复合菌剂含有大量高活性耐低温纤维素分解菌、蛋白质分解菌及产甲烷菌;添加剂作为厌氧微生物的生长代谢的辅助因子,可以提高微生物的代谢活性。将二者配合使用,保证了低温条件下沼气发酵微生物协调增殖、活跃代谢。

1) 低温沼气发酵复合菌剂

用于沼气发酵复合菌剂生产的功能菌系种源选择参与沼气发酵过程的耐低温菌株或菌系。生长营养液依据各功能菌株生长所需微量元素按比例配制。固体底物的选择可结合当地的实际情况选用农村户用沼气池的常用原料,如稻草、麦秆、玉米秆、谷壳、麸皮、生活垃圾等作为碳源,禽畜粪便等作为氮源,碳氮比为 25:1。选择颗粒污泥作为载体。

沼气发酵复合菌剂所需种源主要通过以下两种途径获得：

一是定向选育和驯化低温沼气发酵功能菌株，依据微生物之间的代谢关系和应用需求，选择不同的菌株进行配伍，组成在低温环境中高效水解有机质产甲烷的功能菌系。

二是从特定的低温环境中采集样本，对微生物群落进行定向低温驯化，从而使耐低温的特殊功能菌群得到富集。低温沼气发酵复合菌剂生产的关键步骤是常温厌氧发酵的控制。在常温状态下，厌氧液态发酵使功能菌迅速增殖后，接种于固态发酵基质，提供高浓度营养供给。固态发酵过程中严格监测发酵状况，为微生物低温代谢提供适宜的生长环境，实现沼气发酵微生物的协调增殖，获得高生物量、高活性的复合菌剂。

低温沼气发酵复合菌剂成品各类功能微生物含量：总菌数 3×10^9 个/g，产甲烷菌含量约为 1×10^7 个/g，厌氧纤维素水解菌 4×10^8 个/g。

2）沼气发酵添加剂

沼气发酵添加剂是由硫酸亚铁和硫酸锌，锰、钴、镍等微量元素组成。依据微生物代谢的需求，按一定比例混合，粉碎后保存，使用量为 $0.25kg/$ 口沼气池。

(2) 技术特点

低温沼气发酵微生物强化技术在了解自然规律的基础上，通过加强参与沼气发酵过程的微生物之间的协同作用，提高沼气发酵原料转化率和产气量，是逐步实现沼气发酵从自然发酵过程到可控性发酵过程转变的技术，可用于解决我国北方地区沼气使用难和南方地区冬季产气率低等问题。

与传统沼气自然发酵技术相比，该技术具有三个方面的优势，一是在低温条件下加速厌氧发酵启动，将启动时间缩短约三分之一。二是可以提高原料转化率，沼气产量平均增加20%左右。三是工艺简单，操作过程易于掌握。由于该技术主要是利用微生物改善沼气发酵状况，因此，其应用效果受制于影响微生物生长代谢的相关因素（如温度、酸碱度、氧化还原电势等）。

本技术仅仅是改善并促进了低温沼气发酵状况，并非"一劳永逸"的低温沼气发酵技术，选育和驯化高效的低温沼气发酵微生物资源及研发高效低排的保温、增温设施是解决其技术瓶颈的重要途径。在使用同时，应配合适当的管理、维护措施，才能保证沼气池在低温条件下的正常运行。用于传统水压式沼气池时应特别注意，在气温较低或者气温波动较大的情况下，必须辅以适当的保温措施，如覆盖杂草、秸秆、塑料薄膜等保温材料，必要时采取辅助增温。同时，应随时关注沼气发酵的硬件设施及沼气池的运行状况，认真维护管理，及时进、出料。

(3) 应用模式

1) 模式1

传统水压式沼气池启动时加入5kg沼气发酵复合菌剂和0.25kg添加剂，启动及管理方法参照《农村户用沼气池技术手册》。菌剂及添加剂使用时需分别用沼液搅拌均匀，从进料口加入，并使用潜污泵保持沼液回流循环15min以上，以保证菌剂和添加剂与发酵料液充分混匀。

在气温较低地区，该技术可与耐低温发酵沼气池配套使用。如图4-57所示，耐低温发酵沼气池为双层夹心砖墙，夹芯层填充珍珠岩、聚苯颗粒、废旧泡沫、泡沫加气混凝土炉渣、粉碎的颗粒塑料垃圾等材料。夹层厚度可以根据所处地区的气候条件选择。

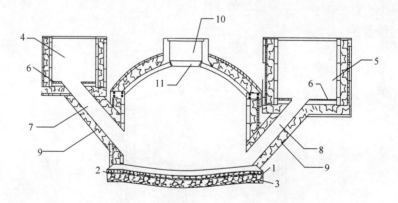

图4-57 耐低温发酵沼气池剖面图

1—池底保温层；2—池底防水层；3—砂石垫层；4—进料口；5—水压间；6—防水层；7—进料管；8—出料管；9—保温层；10—蓄水圈；11—活动盖

目前该模式在我国南方"猪-沼-果"("三位一体")及西藏高原型太阳能沼气池("四位一体")能源生态模式中推广应用1万余户，取得了良好的应用效果。在我国南方"猪-沼-果"应用模式中，8m³ 水压式沼气池的池温为8～16℃时，以100kg秸秆为原料的新装沼气池启动时间为4天；气温−6～15℃，池温12～20℃，累计以1t猪粪与50kg稻草混合发酵原料的沼气池，启动时间为2～3天，发酵120

天的累计沼气产量为180m³，以每立方米沼气完全燃烧产生25075kJ热量计算，共计产生$4.5×10^6$kJ的热量。

目前我国建造的沼气池多数为水压式沼气池，因此，该模式可在我国多数地区普遍推广。北方地区的"四位一体"能源生态综合利用体系和西北"五配套"生态果园模式都是以太阳能为动力的农村能源生态模式，从发酵原料来源、硬件设施条件和用能需求等方面考虑，低温沼气发酵微生物强化技术均可满足需求。同时在日光暖棚的保温和增温作用下，该技术对低温沼气发酵的促进效果应该更显著。

2) 模式2

干式厌氧发酵容积小，发酵时养分损失小，无污水排放，沼渣可直接用做固体有机肥、发酵副产物易处理。但是由于其发酵浓度高，对菌种的要求高，发酵工艺难控制；进出料困难，对发酵设备的技术条件要求高等原因，目前在我国农村户用沼气发酵中应用较少。农村户用干发酵沼气池为敞口式砖墙构造，顶部安装软体储气装置，进出料方便，密封性好，保温效果较好，如图4-58所示。为提高沼气池的保温效果，可以结合耐低温发酵的水压式沼气池的夹层式设计，借助夹芯层提高沼气池的保温性。

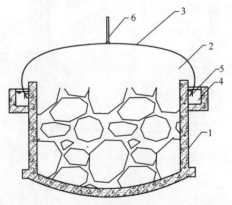

图4-58 农村户用干发酵沼气池剖面图❶

1—发酵池体；2—储气室；3—塑料薄膜；4—水密封槽；5—挂钩；6—导气管

干式沼气发酵流程如下：以粉碎、堆沤等方法对原料进行预处理，将其与低温沼气发酵菌剂均匀混合，分装入池后覆盖保温层，安装软体储气膜。发酵原料总固

---

❶ 农村户用干发酵沼气池（专利号ZL.20100202682.3)。

体（TS）浓度[1]为20%～40%，碳氮比25∶1。原料接种入池后可在池体顶层和外围覆盖废旧材料，作为沼气池的保温层。

户用干式沼气发酵的关键是进出料方便，延长发酵过程中的均衡产气时间。解决这两个问题可分别通过以下途径实现：一是将接种后的发酵物料混合均匀，以不同的发酵单元装池。二是通过改变不同发酵单元的物料特性和接种量，保证不同发酵单元依次达到产气高峰。

该技术可用于农村生活垃圾及其他农业废弃物的资源化、能源化处理，几乎不产生液体副产物，固体副产物可直接作为有机肥使用。不同地区可根据农业生产、生活特点选择发酵原料。目前，该技术在四川和河北分别进行了食用菌菌渣和生活垃圾能源化利用示范。-5~15℃，以食用菌菌渣，猪粪和草粉按照5∶3∶2混合，低温菌剂接种量为20%～30%，$8m^3$干发酵沼气池日均产气量为$1.5m^3$/天，发酵周期150天，总产气量$225m^3$。

（4）应用案例

1）案例一

低温沼气发酵微生物强化技术在四川省丹棱县石河村（海拔516m，北纬30°、东经103°）18口农村户用水压式沼气池进行应用。应用时间为2009年11月至次年3月，气温为-3~15℃。采用废弃农用塑料薄膜对沼气池的发酵间进行覆盖保温，沼气池出料间温度为10.5~19.5℃。运行期间，沼气池发酵pH值控制在6.5~7.5。为提高沼气池冬季的产气效率，TS浓度控制在10%左右，挥发性脂肪酸浓度维持在1000mg/L以上。

记录沼气池每天的气温、沼气池的发酵温度、产气量、压力表读数、pH值。每周通过循环回流的方式采集发酵液检测挥发酸浓度。

监测结果显示，添加沼气发酵复合菌剂前，各沼气池的日产气量为0.29~$2.85m^3$/天，平均日产气量为$1.14m^3$/天；应用后，沼气池的日均产气量为0.59~$3.27m^3$/天，平均为$1.78m^3$/天。投加菌种和添加剂之后与之前相比，日均增加产气量$0.64m^3$/天。

2）案例二

西藏自治区达孜太阳能沼气及集中供气示范工程位于解决桑珠林乡一组朗木寨

---

[1] TS浓度指TotalSolid，TS浓度即总固体浓度。

村，用于奶牛养殖场的牛粪及农田秸秆的能源化利用。

该沼气工程由 700m³ 储料池、150m³ 发酵罐、70m³ 储气罐及 200m² 太阳能供热系统组成，如图 4-59 所示。

图 4-59 达孜太阳能沼气及集中供气示范工程

工程运行工艺参数如表 4-3 所示。

达孜太阳能沼气及集中供气示范工程运行工艺参数 表 4-3

项 目	参 数	项 目	参 数
发酵罐容积	150m³	搅拌速率	200r/min
进料量	6m³/天	搅拌时间	1~2h
TS 浓度	8%		

工程于 2009 年 10 月下旬启动，启动时采用低温沼气发酵微生物强化技术，加入 30%（w/w）❶ 沼气发酵复合菌剂和 3% 添加剂（w/w）❷，启动时间缩短 60%。工程启动情况如表 4-4 所示。西藏地区 4~5 月，对该工程的运行状况监测 50 天，运行状况如表 4-5 所示。

沼气工程启动情况 表 4-4

平均气温	太阳能水箱平均温度	发酵罐温度	启动时间
4℃	29℃	16℃	30 天

---

❶ 此处 w/w 指沼气发酵复合菌剂与发酵原料的质量百分比。
❷ 此处 w/w 指添加剂与发酵原料的质量百分比。

沼气工程运行情况　　　　　　　　　　表 4-5

气温 (℃)	太阳能水箱温度 (℃)	发酵罐温度 (℃)	日均产气量 (m^3)	容积产气率 [$m^3/(m^3 \cdot d)$]	供气户数 (户)
11～20	32～44	22～26	35.8	0.24	32

沼气工程利用太阳能保温，发酵温度可保持在 24℃ 左右，平均日供气 35.8m^3，每天可产生热量约 9×10^6kJ。每天可为当地 32 户居民供气，分早、中、晚三个时段累计 9h，平均每户供气量为 1.2m^3，每户每天相当于节约薪柴约 2kg。

(5) 技术小结

低温沼气发酵微生物强化技术在气温 $-6\sim15$℃、池温 $10\sim20$℃ 时，用于以秸秆及禽畜粪便为原料的 8m^3 户用沼气池，120 天总产气量约为 180m^3，也就是说该沼气池的容积产气率为 0.19$m^3/(m^3 \cdot d)$，原料产气率为 0.45$m^3/(kg \cdot TS)$。以每立方米沼气完全燃烧产生 25075kJ 热量计算，共计产生 4.5×10^6kJ 的热量，约 0.15tce。同时可产出约 0.8t 沼渣和 6t 沼液用做有机肥。

在气温不低于 $-5\sim-10$℃ 的情况下，该技术在不需要提供额外能耗的前提下，既可快速启动新装池，缩短冬季沼气池的启动时间，还能显著提高低温条件下的原料转化率和沼气产量。因此，该技术可广泛用于我国农村户用沼气池及集中供气沼气工程，特别适用于我国南方地区沼气池的秋冬季启动和越冬。在北方寒冷地区，可配合太阳能等辅助加温措施，保证和加强该技术的实施效果。对于不同的沼气发酵原料，可依据原料特性差异改进复合菌剂和添加剂配方，保证原料转化率和沼气产量。使用时应结合各地区可再生能源利用方式，有效耦合菌种资源与保温、增温措施，从而发展以太阳能等可再生能源为热量来源的低温沼气发酵应用模式。目前该技术已在四川、重庆、江西、湖南、河北、贵州及西藏等地区进行了 1 万余户农村户用沼气池和农村中小型集中供气沼气工程应用示范及推广。

4.3.8　风力制热技术

(1) 技术原理与特点

利用风能制热是近年来发展起来的风能利用方式。根据热力学定律，由机械能转化为热能，理论上可以达到 100% 的效率。同时热转换可以利用油泵、压缩机、搅拌机等设备，这些设备的扭矩与转速的二次方成正比，可以较好的与风力机匹配，在较宽的风速范围里可取得高效率。而且，在所有风能利用系统形式中，风能直接热利用系统的综合效率是最高的。此外，风能制热技术还兼具投入成本低、维护方便、清洁环保等一系列优点，在风力资源较好的地区具有一定的应用前景。

一般来说，风力制热有两种转换方式，一种是间接制热方式，一种是直接制热方式。间接致热是通过风力机发电，再将电能通过电阻发热，变成热能，虽然电能转换成热能的效率是 100%，但是风能转换成电能的效率较低，而且由于风力发电成本较高，不适合农村地区使用；直接制热方式是将风能直接转换成热能，其制热效率高，成本低适合于广大农村地区使用。

风能直接制热利用系统可以划分为能量吸收，能量转换及能量储存和控制系统三个子系统。原理如图 4-60 所示。

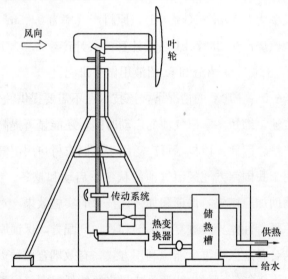

图 4-60 风能热利用系统原理示意图

1) 能量吸收系统

能量吸收系统是把风能转换为机械能的系统，该系统主要包括：风车、塔架等部件。通过理论分析和实验，依照安全，经济耐用的原则，并结合我国农村地区的技术应用水平，现已设计出一些结构简单，维护方便，一次性投资少的风能吸收装置。

2) 能量转换系统

能量转换系统就是把机械能转换为热能的系统，直接制热方式由于不需要通过风力发电，节省了中间环节，使风力制热的成本大为降低，是当前主要的能量转换模式。直接制热模式当前应用较为广泛，主要有搅拌液体制热以及液压式制热。

搅拌液体制热是将机械能直接转换为热能的方法。它是通过风力机驱动搅拌器转子转动，转子叶片搅拌液体容器中的载热介质，使之与转子叶片及容器摩擦、冲击，液体分子间产生不规则碰撞及摩擦，提高液体分子温度，将制热器吸收的功转化为热能。该制热方式具有不需要辅助装置搅拌制热装置，结构简单，价格便宜，容易制造，体积小，无易磨损件，对载热介质无严格要求等优点。

液压式制热装置是由液压和阻尼孔组合起来直接进行风能-热能能量转换的制热装置。风力机输出轴驱动液压泵旋转，使液压油从狭小的阻尼孔高速喷出，高速喷出的油和尾流管中的低速油相冲击。油液高速通过阻尼孔时，由于分子间互相冲击、摩擦而加速分子运动，使油液的动能变成热能，导致油温上升。这种制热方式由于是液体间的冲击和摩擦，故不会因磨损、烧损等问题损坏制热装置，其可靠性较高。

3）能量储存和控制系统

能量贮存和控制系统是风力制热装置必不可少的组成部分，否则可能出现低速风能无法利用、高速风能导致制热装置过热的问题。考虑我国的实际情况和转换后的热能应用特性，能量的储存一般采用温水蓄热储能。

（2）应用领域及发展趋势

风力直接制热系统可以应用于风力资源丰富地区农宅采暖、制备生活热水、农副产品加工、水产养殖、沼气池的增温加热等农村用能领域。但目前我国风力制热技术仍处于研究阶段，主要产品尚未定型，距离规模化推广还有较大的距离。

在风力发电机组的研发中应注意，风力制热负载等特性与风力发电机组系统特性区别较大，风力发电机组的风力机设计理论与方法不适合于制热用风力机的设计，需要进一步开展制热用风力机的设计及试验工作，特别是应开展多翼帆布材料的风力机叶片空气动力学特性的研究。

此外，搅拌制热装置结构简单，价格便宜，容易制造，体积小，无易磨损件，对载热介质无严格要求等特点，是适合于风力制热系统的理想选择，但应进一步研究如何提高单位时间内制热装置内的油液温升，如何与风力机输出功率特性相匹配等关键问题。

第5章 农村住宅节能最佳实践案例

5.1 北京市农宅节能改造示范

5.1.1 项目概况

(1) 项目背景

从2005年开始，结合北京市社会主义新农村建设的总体部署，北京市农村工作委员会和北京市规划委员会联合确立了一批新农村规划重点示范项目，房山区二合庄村开展的"村级农宅节能改造和综合环境改善"工程便是其中之一。该工程在坚持"政府引导、农民主体、部门联动、社会参与"的原则基础上，召集部分高等院校和设计施工单位完成了相关的设计与施工，为后期北京市乃至北方地区农宅节能技术推广提供了示范，并积累了重要的测试数据和技术参考。

(2) 示范村基本情况

二合庄村2005年总户数为198户，总人口为465人。2006年2月，对该村112户居民的入户调研结果显示，该村户均年收入为6888元，户均年采暖费用为1591元（当时的煤炭价格约为600元/t），采暖季一般从11月15日到次年的3月15日，户均采暖面积为92m²。

该村农宅基本于1985年之后建造，砖混结构占总建筑数量的90%以上。围护结构热工性能较差，墙体以37cm砖墙为主，窗户以单层玻璃木窗为主，绝大多数墙、屋顶无任何保温措施，具体调研结果如图5-1所示。

该村112户农户的户均年生活能源消耗量为2.7tce，各种能源所占比例如图5-2所示，其中商品能占其生活能源总消耗量的99%，秸秆等非商品能仅占1%，消耗的商品能源又以煤炭为主（包括散煤和蜂窝煤）。全村农户冬季采暖能耗约占生活总能耗的63%，折合单位采暖面积的采暖能耗量为20.7kgce/m²。但是该村

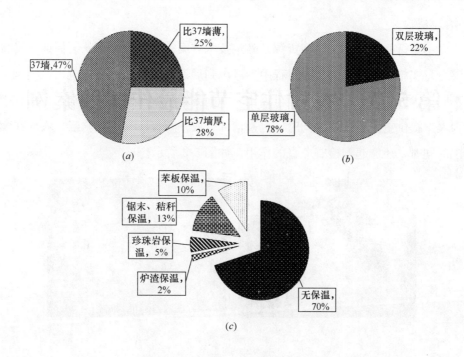

图 5-1 改造前围护结构情况调研

(a) 外墙形式比例图;(b) 窗户玻璃类型比例图;(c) 屋顶材料使用比例图

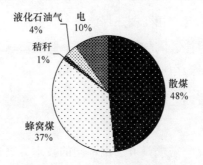

图 5-2 改造前户均生活能源消耗量分布（不同能源种类都已折算成标煤）

农户感知的采暖舒适水平差别很大,有 40% 左右的农户反应冬季室内偏冷。

5.1.2 节能改造方案

农宅的被动式节能改造是示范工程的主要内容,并采取"以点带面、分期进行"的方式推进。第一期采取政府补贴、自愿报名的原则进行,改造费用政府补贴 80%,农户仅需出资 20%,最终选定了 10 户农宅（其中 9 户改造,1 户新建）作为示范对象。

简单易行并充分利用当地资源是确定技术方案的基本原则,从而保证农民将来能够自行实施。示范工程实施过程中,考虑到后期技术成果的推广应用,尝试了多个不同技术方案的组合,一方面可以比较不同方案的实际效果的差别,另一方面能够为农户提供更多的选择。同时,也邀请部分农户积极参与工程施工,农户在学习施工的同时,还能起到检查监督的作用,如图 5-3 所示。

图 5-3 施工照片

第一期所采用的技术方案主要涵盖墙体、屋顶、窗户、地面等多个方面:

墙体:聚苯板(膨胀聚苯乙烯泡沫板)外保温、聚苯板内保温、聚苯颗粒保温砂浆内保温、内外保温结合、相变蓄热保温材料;

屋顶:聚苯板吊顶保温、陶粒混凝土屋顶、膨胀珍珠岩保温屋顶;

窗户:单层玻璃改为双层玻璃、外加阳光间;

地面:地板辐射采暖;

其他:节能吊炕。

根据各户的实际情况与需求,可选用不同的技术方案进行组合使用,各示范农宅的最终改造方案统计如表 5-1 所示。

示范农宅改造方案统计表　　表 5-1

改造户	墙 体	屋 顶	窗 户
1	南墙 90mm 厚聚苯颗粒保温砂浆内保温,北墙、东墙和西墙墙外做 90mm 厚聚苯板外保温	120mm 厚聚苯板内置于纸面石膏板吊顶内侧	南窗不改,北窗内侧加装塑钢单玻平开窗

续表

改造户	墙 体	屋 顶	窗 户
2	南墙外做 70mm 厚聚苯板外保温，北墙和东墙外做 90mm 厚聚苯板外保温	120mm 厚聚苯板内置于纸面石膏板吊顶内侧	南窗和北窗改为双玻塑钢节能窗
3	南墙、北墙、西墙和东厢房墙外做 90mm 厚聚苯板外保温	屋顶和东厢房屋顶做 120mm 厚聚苯板内置于纸面石膏板吊顶内侧	南窗和东厢房窗户改双玻塑钢节能窗
4	南墙、北墙和西墙做 90mm 厚聚苯颗粒保温砂浆内保温	120mm 厚聚苯板内置于纸面石膏板吊顶内侧	南窗和北窗改双玻塑钢节能窗，南向增加阳光间
5	北墙、东墙和西墙做 90mm 厚聚苯板外保温	120mm 厚聚苯板内置于纸面石膏板吊顶内侧	东窗和北窗改双玻塑钢节能窗
6	南墙和西墙 70mm 厚聚苯乙烯板内保温，北墙 30mm 厚 FTC 蓄热保温涂料，采用低温地板辐射采暖	120mm 厚聚苯板内置于纸面石膏板吊顶内侧	双玻塑钢节能窗
7	南墙、北墙、东墙、西墙和厢房墙外做 90mm 厚聚苯板外保温	屋顶和厢房屋顶做 140mm 厚珍珠岩外保温	北窗、东窗、西窗和厢房窗户用双玻塑钢节能窗，阳光间用塑钢单层玻璃
8	北墙、南墙、东墙和西墙做 90mm 厚聚苯板内保温	120mm 厚聚苯板内置于纸面石膏板吊顶内侧	南向增加单层塑钢窗阳光间
9	北墙、南墙、东墙、西墙和厢房墙外做 90mm 厚聚苯板外保温	120mm 厚聚苯板内置于纸面石膏板吊顶内侧	南窗、北窗和厢房保留原有双玻塑钢节能窗

5.1.3 改造效果测试

2007 年 10 月工程完工后，对改造农宅进行了详细测试，主要测试内容包括：墙体传热系数、换气次数、采暖季耗煤量和整个冬季的室内逐时温度等。

不同类型围护结构的传热系数测试结果见表 5-2。与没有保温的墙体或屋面相比，采取保温措施后的墙体和屋面的传热系数明显降低，墙体和屋顶的传热系数分别下降了 69% 和 37%，农宅保温性能明显改善。

围护结构传热系数测试结果　　　　　　　　　　　表 5-2

围护结构类型	传热系数值 [W/(m²·K)]
普通 37cm 砖墙	1.19
普通 37cm 砖墙＋90mm 厚聚苯板外保温	0.37
普通 37cm 砖墙＋90mm 厚胶粉聚苯颗粒内保温	0.32*
普通屋顶	1.03
普通屋顶＋120mm 厚聚苯板吊顶保温	0.65

注*：90mm 厚胶粉聚苯颗粒内保温的墙体传热系数与工程经验值相差较大，但测试过程遵照相关标准，原因可能是各种材料比例不同或者施工工艺造成的。

换气次数测试结果表明，改造后的农宅，在门窗关闭情况下的换气次数为 0.5 次/h 左右，与未改造的农宅相比，换气次数可以降低 50% 左右，农宅气密性得到了加强。

围护结构热工性能的改进在提高了农宅冬季室内热环境的同时，也降低了采暖耗煤量。如图 5-4 和图 5-5 所示，农宅改造后，采暖季平均室温较原来提高了 4～7℃，而采暖煤耗却降低了 27%～44%，这两部分累积后的综合节能率可以达到 55%～70%，节能效果显著。

图 5-6、图 5-7、图 5-8 分别给出了几户具有代表性的农宅整个冬季的室温情

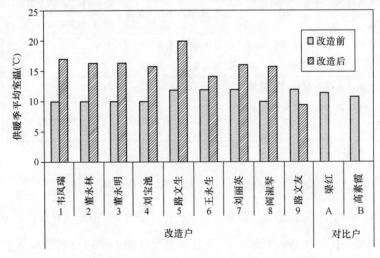

图 5-4　改造前后采暖季平均室温的变化

注：改造前的室内平均温度为调研所得；农户 9 未采用任何采暖措施，为基础室温。

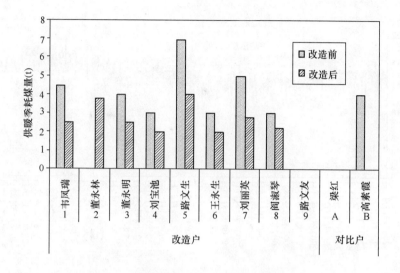

图 5-5　改造前后全年采暖耗煤量的对比

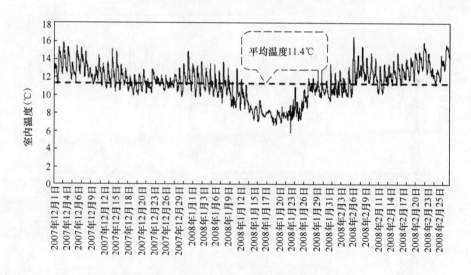

图 5-6　对比户 A 整个冬季室内温度分布曲线

况。在测试期间，未改造农户室内平均温度只有 11.4℃，明显低于改造后的农户。而对于改造后的农户，有阳光间和无阳光间时的室内温度分布情况也明显不同。没有阳光间时，由于受太阳直接辐射的影响，室内温度波动较大：农户 9 家（无阳光间）的最冷月最高室温可达到 26℃，最低室温为 15℃，室温波动幅度达到 10℃以上。由于中午室温过高，迫不得已需要开窗降温，造成了热量浪费；有阳光间时，太阳辐射的影响得到了缓冲，室温波动幅度明显减小。农户 7 家

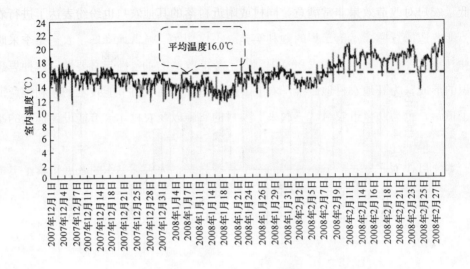

图 5-7　农户 7 家整个冬季室内温度分布曲线（有阳光间）

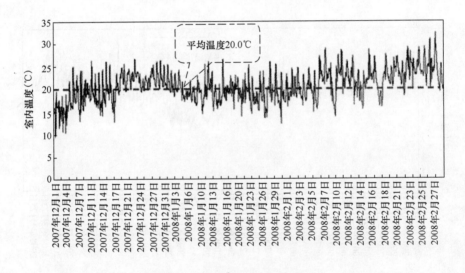

图 5-8　农户 5 家整个冬季室内温度分布曲线（无阳光间）

（有阳光间）最冷月的最高室温为 18℃，最低室温为 13℃，波动幅度仅约 5℃，感觉更为舒适。

5.1.4　总结

该项目切实改善了当地农户的冬季室内热环境状况，并为农户节省了大量的能源费用。通过实地走访发现，节能改造过的农宅冬季室温明显提升，且烧煤量显著降低，农户对改造效果非常满意，同村或附近村落的其他农户也纷纷表达了进行农宅节能改造的意愿。示范工程的顺利实施，不仅切实、显著地降低了农宅冬季采暖能耗，更重要的作用在于让农户意识到农宅节能改造的重要性与必要性。这种思想认识的形成，为其他农村地区推广农宅节能改造和其他农村节能技术的顺利推广铺平了道路，也为北京市农村"三起来"项目的实施以及农村建筑节能设计标准的制定奠定了基础。

本项目作为北方农宅节能改造的一个有益尝试，为后续工作的开展积累了宝贵的经验。但是，由于当时在农宅的节能技术和推广模式选择等方面都处于摸索阶段，在设计、实施的过程中也存在一些不足，主要表现在以下方面：

（1）墙体、屋顶保温厚度的选择依靠经验值。在进行围护结构保温材料和厚度的选取上，虽然考虑到农村建筑的特殊情况，如室内目标温度低、体形系数偏大等，墙体、屋顶的保温厚度的设计在参考城镇居住建筑的节能设计标准基础上也增加了一定的保证余量。但没有对农宅保温层厚度进一步优化，这些在后续的研究过程中已经进行了补充完善。

（2）在节能改造的实施过程中，对材料、施工成本控制欠佳，最终导致改造成本偏高，每户的改造费用在 1.5~2 万元。尤其在施工过程中，几乎完全依靠专业施工队，人工成本较高。如果能够充分调动当地农民的积极性，使其能够参与改造施工，既可以降低改造成本，还能使农民学会农宅保温改造施工。

5.2 黑龙江省生态草板房

5.2.1 项目概述

（1）地理位置与气候特征

该项目建于黑龙江省大庆市林甸县胜利村。林甸县位于黑龙江省中西部，东经 $124°18'\sim125°21'$、北纬 $46°44'\sim47°29'$ 之间，西与世界著名的丹顶鹤之乡扎龙自然保护区毗邻，县境内西北部 315 万亩的天然湿地是世界八大湿地保护区之一。该地区冬季室外平均风速为 3.5m/s，冬季主导风向为西北风，最冷月平均温度 $-19.9°C$，最低温度 $-38.1°C$，采暖期室外平均温度 $-10.4°C$，平均相对湿度 64%，年采暖天数

182天，度日数5112℃·d，最大冻土深度205cm。该地区冬季气候严寒漫长，夏季凉爽短促。

（2）当地住宅现状

该地区住宅多为传统的49cm、37cm砖房，还有一部分为生土建筑，近几年的新建住宅除平面布局、外装修有所更新外，外墙仍采用传统的49cm砖墙，窗为双层木窗或单层双玻塑钢窗，门为铁皮包木门或普通木门，围护结构基本保持现状。围护结构的结露及结冰霜程度很严重，在建筑四角处，由于冬季长期结露，墙体内表面发霉、长毛，严重影响了室内的使用和美观。室内冬季居住质量较差，远未达到舒适与节能的要求。

（3）住宅设计策略

北方严寒地区农村经济发展水平较低，住宅建设相对滞后，缺乏配套的基础设施，多数地区的住宅施工仍停留在亲帮亲、邻帮邻的传统的手工状态，缺少专业施工队伍。对于偏远地区，由于道路交通不发达，更加阻碍了住宅建设的发展。因此应根据当地的施工技术、运输条件、建材资源等来确定建筑方案与技术措施，尽可能做到因地制宜，就地取材，采用本土技术，降低建造费用。

5.2.2 节能技术

（1）空间布局技术

1）合理设计住宅入口

住宅入口是建筑的主要开口之一，是使用频率最高的部位。严寒地区的冬季，入口是农村住宅的唯一开口部位，也是控制冷风渗透热损失的主要部位。入口的设计避开了当地冬季的主导风向——西北，并加设门斗，避免冷风直接吹入室内造成热量损失。同时，门斗还形成了具有很好保温功能的过渡空间，见图5-9。

2）热环境的合理分区

在满足功能的前提下，改变传统民居一明两暗的单进深布局，采取双进深平面布置，将厨房、储藏等辅助用房布置在北向，构成防寒空间，卧室、起居等主要用房布置在阳光充足的南向，见图5-9。

3）减少建筑散热面

体形系数是影响建筑能耗的重要因素，它的物理意义是单位建筑体积占有外表面积（散热面）的多少。北方严寒地区农宅通常是以户为单位的单层独立式住宅，以目前几种典型户型（建筑面积 60~120m²）为例，其体形系数分布范围在 0.7~0.88 之间，超出城市多层住宅一倍以上。由于体形系数越大，单位建筑空间的热散失面积越大，能耗越高，不利于农宅节能。因此，在与当地农民协商后，加大了农宅进深，并采用两户毗连布置方式，使体形系数降至 0.63。

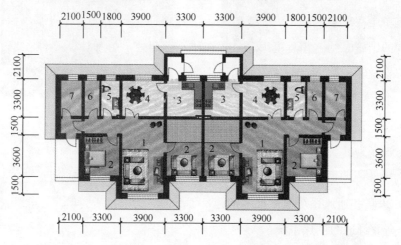

图 5-9　北方生态草板房平面图

1—客厅；2—卧室；3—厨房；4—餐厅；5—卫生间；6—锅炉间；7—仓房

（2）围护结构构造技术

北方农村住宅户均外围护结构面积大，因此，提高住宅围护结构的保温隔热性能是农宅设计的重要方面。在设计过程中采取了以下技术措施：

1) 墙体：采用草板保温复合墙体替代传统的单一材料墙。为保证墙体的耐久性与适用性，墙体内侧采用了 120mm 红砖作为保护层，构造见图 5-10 (a)。

2) 屋顶：考虑到适用经济性、施工的可行性以及当地传统构造做法，采用坡屋顶构造，保温材料使用草板与稻壳的复合保温层，见图 5-10 (b)。

3) 地面：在地层下增加了苯板保温层，地面保温性能得到加强。

4) 窗：为改善传统木窗冷风渗透大的状况，南向窗采用密封较好的单框三玻塑钢窗，北向为单框双玻塑钢窗附加可拆卸单框单玻木窗，只在冬季安装。同时，加设厚窗帘以减少夜间通过窗的散热。

5) 合理切断热桥：复合墙体如果不加处理，将在墙体门窗过梁处、外墙与屋顶交界处、外墙与地面交界处形成热桥。采用聚苯板切断了可能存在的全部热桥。为保证结构的整体性与稳定性，在内外两层砌体之间每隔 0.5m 处及两个窗过梁之间设 Φ6 的拉接筋。

(a)

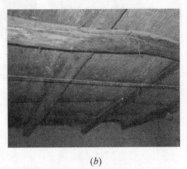
(b)

图 5-10　围护结构构造技术

(a) 草板复合外墙图；(b) 草板稻壳复合保温屋顶

(3) 采暖和通风系统节能技术措施

1) 高效舒适的供热系统

图 5-11　火炕

火炕是北方农村民居中普遍使用的采暖设施，"一把火"既提供了做饭热源又解决了取暖热源，热效率高，节省能源。经测试，虽然室外达到零下 30℃ 的气温，炕面仍可以保持 30℃ 以上的温度，并在其周围形成一个舒适的微气候空间。长期实践证明，火炕对于人体是非常有益的，因此保留了北方民居中的传统采暖方式——火炕（图 5-11）。

2) 门斗是室内外的过渡空间，在冬季，门斗内新鲜空气充足，且温度明显高于室外，因此为避免过冷空气进入室内，将取气口设在门斗内，通过埋入地层的三条管线分别进入厨房与卧室，为室内补充必需的氧气，如图 5-12 所示。其中，进入卧室的两条管线布置于炉灶附近，使冷空气被预热后再输送到卧室，减少房间采暖负荷。设置于进气口的可调节阀门可以控制进风量。

(4) 可再生能源利用技术

1) 充分利用太阳能

该地区具有丰富的太阳能资源，且住宅无遮挡，太阳能利用具有得天独厚的条

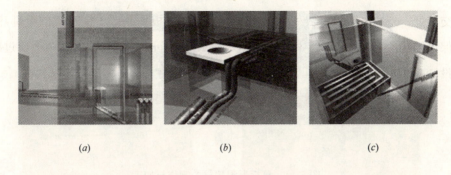

图 5-12 室内通风系统设计

件。考虑到当地技术条件与农民的经济状况，优先采用了经济有效的被动式太阳能利用方案，即：增加南向卧室窗的尺寸，同时起居室的外墙采用大玻璃窗构成阳光间。此方案在实际使用中得到了很好的效果。尽管房间进深很大，在寒冷的冬天，阳光仍充满室内各个角落，如图 5-13 所示。住宅景观与室内舒适性较传统民居有明显提高，深受农民的欢迎。同时为减少阳光间夜间散热，在起居室加设了玻璃隔断及保温窗帘，有效地解决了阳光间夜间保温问题。

图 5-13 阳光间

(a) 阳光间外观图；(b) 阳光间冬季室内景观

2）开发当地绿色建材

北方广大农村多数盛产稻草，草板与稻壳是一种非常理想的生态、可再生的绿色保温材料，如图 5-14 所示。它具有就地取材、资源丰富可再生、节省运输、加工能耗与费用低等优势，因此，本项目采用了草板和稻壳作为生态草板房围护结构的保温材料。同时研发了一系列相关技术（如加设空气层、透气孔及防虫添加剂等），以防止草板、稻壳出现受潮和虫蛀等问题。该套技术施工简单，农民易操作，经实践检验效果很好，在该地区得到了大量推广。

图 5-14 草板保温建材的制作与加工
(a) 草板制作间图；(b) 农民自制的草板

5.2.3 节能测试和评估

(1) 测试分析

对生态草板房进行室内热环境测试，测试期间的室内外温度如图 5-15 所示。

因为生态草板房竣工时已接近年底，农户并未使用全部房间。但对于使用中的西卧室，依靠炕连灶系统，利用每天三次的炊事余热，也能够使得室内温度达到 10℃ 以上。

此外，草板房保温性能良好，维持相同室内热环境所需的采暖能耗明显低于当地的传统民居。平均每户每年仅消耗 1~2t 秸秆即可满足炊事和采暖需求，由于该地区秸秆量充足，农户的炊事采暖能耗费用基本为零。

(2) 使用反馈

1) 使用舒适性评价

住宅设计突破传统民居的束缚，符合现代农民的生活特点与要求。阳光间的设置深受农民欢迎；门斗的设置避免了困扰寒地农村农民已久的"摔门"现象，减少了冷风渗透；通风技术简单适用，使节能住宅在门窗紧闭的冬季也能保持室内空气新鲜。做饭时炉灶不再出现倒烟现象，外围护结构没有出现结露、结冰霜等现象。总之，住宅从使用上、机理上以及视觉上都较传统住宅有明显改善，居住舒适度大大提高，尤其是冬季室内热环境得到了很大的改善。

2) 可操作性评价

建筑材料就地取材，技术上简单易行，施工方法易被当地农民接受。

3) 社会价值评价

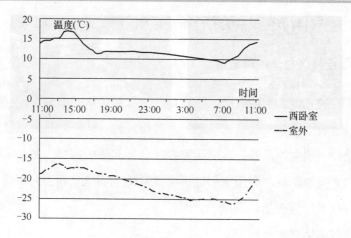

图 5-15 温度逐时变化曲线
注：西卧室采暖依靠做饭余热加热火炕的方式

改进后的住宅设计提高了居住舒适度，减少了商品能源的使用和 CO_2 排放。由于所选用的保温材料是农作物废弃物，属于可再生绿色材料，既减少了加工运输保温材料所带来的能耗和污染，也减少了每年春季烧稻草所带来的大气污染，有利于严寒地区农村人居生态环境改善与建筑的可持续发展。

5.3 秦皇岛市低能耗村落示范

5.3.1 示范项目概况

石门新村位于秦皇岛市抚宁县榆关镇最北部，毗邻象山景区。全村共 98 户，总人口 328 人。全村采用集中居住模式，占地面积约 50 亩，采用统规自建的方式修建，户均建筑面积约 80m²。

果树种植是石门新村的主要产业，95% 以上耕地栽植果树，果林面积约 350 亩，果品年销售量在 250 万 kg 以上。该村利用果树和象山景区的旅游资源，以农业观光为基础，打造了该村的生态旅游业产业链，2008 年该村人均纯收入约 8000 元，并曾被评选为"全国造林绿化千佳村"。因此，该地区生物质资源（主要是果树枝）丰富，是当地农户的主要生活用能燃料。

当地农宅多为单体建筑，体形系数约为 0.8~1.2。原有农宅多为自主建房，建筑形式、建筑材料、供暖系统的选择等方面的重视和投资都不够。

5.3.2 低能耗村落的改造措施

石门新村的建设以生活用能"无煤化"为目标，从"节流"和"开源"两个角度出发，以建筑本体节能改造为基础，通过沼气池、秸秆气化炉以及炕连灶等装置或设备来充分利用生物质能，以满足家庭的炊事和采暖需要。另外，通过安装太阳能热水器和太阳能路灯，利用太阳能解决日常的生活热水和公共照明需求。

具体的技术措施包括以下两个方面：

(1) 建筑本体节能改造

针对建筑本体的节能改造措施可分为墙体、屋顶和窗户三个部分，具体改造措施如表 5-3 所示，改造前后的建筑对比如图 5-16 所示。

石门新村建筑本体节能改造措施　　　　表 5-3

	墙　体	屋　顶	窗　户
改造措施	采用聚苯板外墙外保温技术，保温厚度为 80mm	在原刚性焦碴保温防水层基础上加设双层压型铁板保温防水层，苯板厚度为 110mm	木窗更换成为双层中空玻璃铝合金窗
	外保温构造层由里向外为：原基层、原找平砂浆层、苯板粘接层、膨胀聚苯板(80mm)、旋入式锚固钉(由苯板外表面旋入)、罩面砂浆层、耐碱玻纤网、涂料层	下设三角形轻钢屋架(按构造要求设计)，用螺栓与原屋面构造连接形成复合屋面保温防水层	空气层最小净距 10mm，为增强窗户冬季夜间保温效果，加设保温窗帘
	改造后的外墙传热系数为 0.42W/(m²·K)，较原来没有保温的墙体，传热系数降低了约 53%	屋面保温改造设计传热系数为 0.37W/(m²·K)	外窗的气密性等级为 4 级，传热系数约为 3.0W/(m²·K)

(2) 可再生能源的利用

1) 沼气池

石门新村全村有近一半的农户建造了沼气池(见图 5-17)，每户沼气池体积约 10m³，主要用于解决家庭的炊事用能。沼气池主要建于仓库间地下，仓库间由于设置了阳光间，因此温度较高，解决了北方地区冬季沼气无法正常运行的问题。沼气池中的原料主要是牛粪，每年每户使用牛粪约 1.5t，花费约 200 元。同时，沼气池与厕所相连，人的粪便可直接入池。在夏季，由于温度较高，发酵效率高，产生的沼气可基本满足该村夏季全部炊事用能需求；秋冬季节由于温度较低，发酵效率

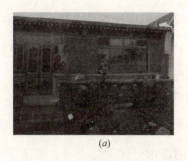 

(a) (b)

图 5-16 节能改造前后对比图

(a) 改造前；(b) 改造后

低，需要其他能源（如秸秆、液化气等）来辅助炊事。由于炕连灶的使用，冬季炊事能耗基本由薪柴来满足。另外，由于石门新村以果树种植业为主，使用沼气后，发酵产生的沼液和沼渣可作为种植肥料，充分利用资源，减少环境污染，形成节约型的循环经济模式。

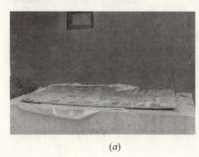 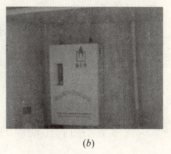

(a) (b)

图 5-17 沼气池及其设备

(a) 沼气池；(b) 沼气调控净化器

2）小型秸秆气化炉

在此次示范项目中，石门新村对传统柴灶进行了改造，利用秸秆气化炉取代了传统的柴灶和煤炉。此次示范给石门新村每户配置了一台小型秸秆气化炉，燃料为压缩的秸秆块，用于满足部分炊事和采暖需求，但调研结果显示，该装置的使用效果欠佳。

3）火炕

火炕是石门新村农宅中普遍使用的采暖设施。由于该村农户普遍采用生物质进行炊事，利用炊事的余热加热炕面，提高生物质的能源利用效率，节省能源消耗。

通过调查，冬季室内炕面仍可以保持 28℃ 以上的温度，满足夜间采暖需求。但目前该村建造的火炕全部为落地炕，如能改进为新型吊炕，可进一步改善室内热环境。

4) 太阳能利用

石门新村各户均安装了户用真空管式太阳能热水器（见图 5-18），集热面积约 1.5m^2，基本解决了当地农户对生活热水的需求。同时，全村共安装了 17 盏太阳能路灯（见图 5-19）解决公共照明问题。

图 5-18　屋顶安装太阳能热水器　　　图 5-19　太阳能路灯

通过以上改造措施，一方面改善了石门新村农民的生活环境，解决传统的烧煤引起的空气污染和煤渣处理难等问题，减少了燃煤采暖费用，降低农民经济负担。另一方面，减少煤炭等不可再生能源的使用，促进当地能源的可持续发展。

5.3.3　实际改造效果

为了解改造示范项目的使用效果，于 2011 年 11 月在该村进行了入户调研与测试，共调研农户 30 户。调研结果显示，目前依然使用煤炭进行炊事和采暖的农户有 9 户，以电为主的农户有 1 户，其他 20 户主要利用薪柴进行炊事和采暖，且其中仅 1 户使用了秸秆气化炉。为进一步对比改造农宅与未改造农宅的差别，还在抚宁县选择了一个未做改造的村庄进行对比调研，调研户数为 67 户。

(1) 用能情况

在能源消费总量来看，调研得到的两村年户均生活总耗能如表 5-4 所示，石门新村的农户每年每户的总耗能大约为 2.1tce，而对比村庄的总耗能大约为 3.8tce，年户均生活总能耗约为对比村庄的 1/2。

石门新村与对比村庄的年户均生活总耗能　　　　　　　　表 5-4

	年户均生活总耗能
石门新村	2.1tce
对比村庄	3.8tce

从能源结构来看，石门新村主要以薪柴为主，占了总能耗的 80%，煤仅占总能耗的 10%；而对比村庄则主要以煤为主，占了总能耗的 60%，生物质能源（薪柴和秸秆）只占了约 30%，具体数据见表 5-5。不难发现，虽然石门新村尚未完全实现"无煤化"，但能源结构已经发生了显著的变化，煤的使用得到了有效控制。

农户各类能源平均年使用量　　　　　　　　　表 5-5

	液化气（kgce）	煤（kgce）	薪柴（kgce）	秸秆（kgce）	电（kgce）
石门新村	57.9	250.0	1646.4	0	164.7
对比村庄	115.7	2292.2	211.3	967.8	216.7

从能源使用用途来看，两个村庄炊事、采暖各部分能耗如表 5-6 所示。两个村庄用于炊事和采暖所占比例相当，但总量均显著低于对比村庄。

农户各项生活用能消耗量　　　　　　　　　表 5-6

	炊事（kgce）	采暖（kgce）
石门新村	874.1	1080.1
对比村庄	1554.3	2032.7

（2）室内热环境

通过调研发现，石门新村在改造之后，室内的热环境得到了切实地改善，室内热环境的满意度明显要高于对比村庄，具体的调研结果见图 5-20。

5.3.4 项目总结

秦皇岛石门新村示范项目在建设过程中形成的以建筑本体节能为基础，充分利用当地的可再

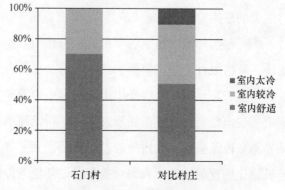

图 5-20　村民对室内热环境满意度的调研结果

生能源资源的做法，是非常符合目前中国北方农村住宅节能和低碳化发展要求的。但是，该示范村并未真正地实现"无煤村"，许多农户放弃使用秸秆气化炉并最终回到了原始的传统柴灶和煤炉的使用。根据调研，原因为：第一，秸秆气化炉使用之后农民觉得屋子里面很呛，空气质量很差；第二，秸秆气化炉需要频繁添入秸秆，不如煤炉使用方便，还存在焦油处理难等问题。因此，散户式秸秆气化技术仍存在问题。这既对新型生物质利用设备提出了要求，也为其他村庄实现"无煤村"提供了教训。

虽然尚未实现真正的"无煤村"，但是该项目实实在在的改善了石门新村农民的生活环境，提高了生活质量，减轻了村民在能源消费方面的经济负担，为北方农村地区实现"无煤村"提供了宝贵经验。

5.4 西部新型窑居示范项目

5.4.1 示范项目概况

(1) 建设背景

窑洞民居是我国黄土高原地区独有的一种传统乡土居住建筑。按建筑材料通常可分为"土窑"和"石（砖）窑"两种类型。土窑，是指在土崖旁边或在下沉式院落侧壁挖掘而成的拱形洞口，经简易装饰而成的居所。石窑或砖窑，是指用砖或石材砌筑而起的拱形构筑物，其又可分为沿山坡而建的靠山式窑洞和独立式窑洞两种。在陕北，乡村居住建筑中约90%为传统窑居建筑，老百姓最喜爱的是砖或石材箍起的靠山窑，约占总数的70%以上。图5-21是土窑和砖（石）窑的常见形式。

传统窑居建筑中蕴涵着丰富的生态建筑经验，如冬暖夏凉（节约能源）、节约土地、就地取材、施工简便、经济实用、窑顶自然绿化、污染物排放量小、利于保护自然生态环境等，这些是中国传统优秀地域建筑文化的核心部分。但是，这种传统窑居建筑普遍存在着空间形态单一、功能简单、保温性能失衡、自然通风与自然采光不良以及室内空气质量较差等问题。黄土高原地区乡村人口大约5000万，随着城镇化进程的加快，人们对提高居住环境条件的需求日益提高。大多数居民依旧采用传统的方法在建造传统的旧式窑居，而少部分先富起来的青年人开始"弃窑建

图 5-21 传统窑居常见形式

(a)"嵌入式"土窑；(b) 砖石窑洞

房"，形体简单、施工粗糙、品质低下、能耗极高的简易砖混房屋已随处可见，造成的结果是：建筑能源资源消耗成倍增长，生活污染物和废弃物的排放量急剧增大，城乡人居环境、自然生态环境质量每况愈下，正在重复城市人居环境所走过的先污染、再治理的老路。

本项目通过对传统窑居建筑进行全面客观的现场测试、调查和评价，将蕴涵于黄土高原传统窑洞民居中的生态建筑经验转化为科学的生态设计技术，在延安枣园村进行了新型窑居建筑的设计和示范项目建设。

(2) 自然环境状况

枣园村位于延安市区西北 7km 处的西北川地区，该地大陆性气候显著，气候偏冷且气温年较差和日较差都比较大。年平均气温为 9.4℃。最冷月为 1 月，日平均气温—6.3℃；最热月为 7 月，日平均气温 22.9℃。气温平均日较差为 13.5℃，年较差为 29.2℃，日平均温度≤5℃的天数为 130 天。该地区较为干旱，全年降水量约为 526mm，且集中在 6~9 月。一年中 8 月份相对湿度最大，可达到 66%~78%。1 月相对湿度最小，约为 45%~60%。该地区太阳能资源丰富，年日照时数可达 2400 多小时，仅次于西藏和西北部分地区，为太阳能的利用提供了非常有利的条件。

(3) 建设概况

枣园村地处一连山和二连山的山坡上，坐北朝南，北面为高山，山脚下南面是西川河及川地。枣园村山地、坡地上植被稀少，水土流失严重，具有典型陕北黄土高原地形地貌特征。枣园村南为延园，是中共中央书记处 1943~1947 年的所在地，面积约 80 多亩，这决定了枣园村的与众不同。

该村在 1997 年共有 160 户，632 口人，绝大部分住户居住在砖石窑洞之中，且分布在山坡地上，占地 $4.5km^2$，其布局为自然形成，土地浪费较严重。村落排水无组织，生产、生活垃圾乱倒，村容村貌不整，卫生条件差，居住环境低下，整体建设水平较低。图 5-22 为枣园村入口处原貌。

图 5-22　枣园村原貌

示范项目的准备工作开始于 1996 年下半年，至 1998 年 4 月，示范项目建设规划与设计方案完成。同年，枣园村示范项目开始投入建设。至 1999 年年底，已完成第一批 48 孔（16 户）和第二批 36 孔（6 户，每户为 3 开间双层窑居）新窑居的建设工程。至 2000 年 8 月，第三批新型绿色窑居建造完成，共建 32 孔，8 户村民住进了新居（每户为 2 开间双层窑居）。2001 年又有 104 孔新型绿色窑居投入建造。图 5-23 为枣园村新型窑居示范项目部分窑居的规划建成图。

图 5-23　新型窑居规划（建成）图

5.4.2　设计实施方案

(1) 整体规划

在现有村址的坡地上充分挖潜，利用坡地，以设置村落住区为主体。调整和改善居住用地格局以减少道路及基础设施的经济投入。尽可能理顺现有道路秩序，完善道路层次，充分利用地形地貌，进行护坡、整修和道路走线的调整，使村中主干道通往各基本生活单元并能通行机动车辆。

将居住生活用地分为3个区域，20多个基本生活单元，按照村落-基本生活单元-窑居宅院的结构模式灵活布局，按照公共-半公共-私密的空间组织生活系统，并强调在各层次之间相互联系的同时保持相对独立完整。

在景观绿化方面，以园林化居住环境为目标，形成点、线、面有机结合，平面与立面结合的绿化系统。在窑居院落全面实施立体庭院经济，窑顶种植经济作物，既美化了环境，改善了气候，又有一定的经济效益。地面采用渗透性草石结合的生态铺面，避免了大面积的硬化。村口空间节点强调了"绿色住区"的可识别性特征。有序的组织处理废弃物和污染物，使枣园村成为自然生态环境和人工环境良性循环、具备现代生活质量的窑居住区。

(2) 单体设计

绿色窑居住区的建设，直接关系到每一户居住者的直接利益，将影响到他们今后的生活。所以项目建设的每一个阶段，都充分听取了居民的想法，采纳其合理的建议。在建设项目前期，项目组提出了四种不同类型的窑居方案后，将住户召集在一起，详细介绍了每一个方案的构成、特征及造价，让每户根据各自的经济条件、家庭成员构成、个人喜好去挑选。这一过程中，居民表现出极大的热情，展示出了高度的创造力。这一次与居民成功的合作，让大家深感：居民参与绿色住区的研究可大大提高项目的适宜性和可实施性。

图5-24～图5-27为其中一种窑居户型的单体剖面、平面及局部设计。相比于传统窑居，在平面布局上，缩小了建筑南北向轴线尺寸，增加了东西向轴线尺寸。

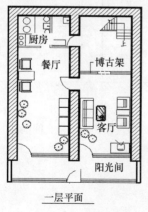 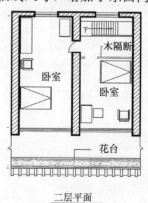

图5-24 典型新型窑居平面设计

同时避免在外围护结构设置过多的凹入和凸出，减小了体形系数，有助于减少采暖热负荷。房间平面布置按使用性质进行划分，厨房、卫生间和卧室应分开，室内功能分区明确，满足现代生活的需求。同时，错层窑居、多层窑居与阳光间的结合形成了丰富的群体窑居外部空间形态。

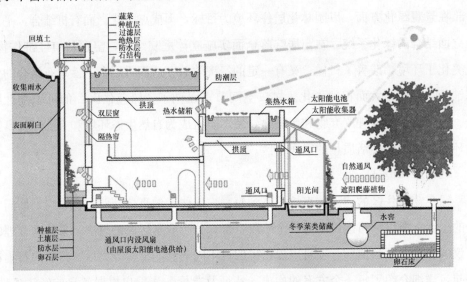

图 5-25　新型窑居建筑剖面设计原理图

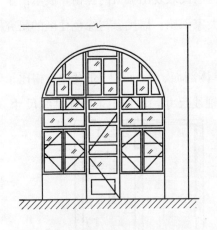

图 5-26　新型窑居正立面

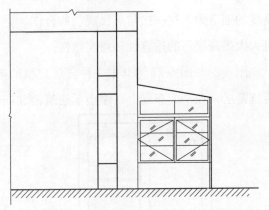

图 5-27　新型窑居阳光间剖面

5.4.3　节能技术策略

（1）保温——以玻璃窗替代了原来的麻纸窗户，并且采用双层窗或单层窗加夜间保温的方式提高保温性能，同时注意增加门窗的密闭性能。门洞入口处采用了保温措施以防止冬季冷风的渗透。在北向增加窗户，但窗户面积非常小，而且采用了双层窗并设置保温装置。

（2）采光——多路采光设计保证了室内表面亮度均匀，特别是改善了传统窑洞底部阴暗潮湿的弊病。

（3）换气——错层后的天窗与窑洞后部的通风竖井，为风压通风和热压通风创造了条件，保证了换气和夏季降温的要求。

（4）热水与采暖——运用主动式与被动式太阳能采暖设施保持舒适的冬季室内热环境。全村安装了太阳能热水器160台，为村民的生活提供了方便，同时节约了烧水所需的常规能源。共有40户新建了窑居附加阳光间，增加了房屋采光度并充分利用太阳能采暖。

（5）自然降温——厚重型被覆结构与地沟构造措施使气流自循环形成自然空调系统。共有3户进行了地冷地热技术的试验。具体做法为在院内挖一个地窖，有通道与室内墙壁上的排气扇相通，利用排气扇进气或出气，使室内环境既能在夏季降温又能在冬季得热，在改善室内空气质量的同时，又调节了温度。

（6）防潮——在窑顶采用了新型防水技术，结合室内有序组织的自然通风能保持夏季室内温度场分布均匀，防止了壁面与地面泛潮。图5-28和图5-29为新型窑居建筑外景和内景。

图 5-28　新型窑居外观

图 5-29　新型窑居室内状况

5.4.4　实际效果测评

新型窑居较好地解决了传统窑居内部相对阴冷、潮湿的问题，营造了良好的室内环境，提高了窑居建筑的舒适度。

(1) 室内空气温度

图 5-30 给出了新型窑居夏季室内空气温度的实测数据。可以看出，新型窑居室内温度可以维持在 25℃ 以下，这是比较舒适的热环境状况；同时，测试期间室内温度波动很小，保持在 24～25℃ 之间，因而能

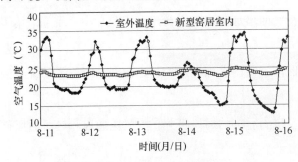

图 5-30 新型窑居夏季室内空气温度实测

达到类似于空调控制的效果，但是这种自然状况比空调送风更加舒适。图 5-31 和图 5-32 给出了新型窑居与传统窑居冬季室内空气温度的实测数据。可以看出，新型窑居内部温度可以达到 15℃ 以上，最低温度约 10℃，而传统窑洞的室温最高值在 10℃ 左右，最低值约 5℃。虽然两次测试的时间不同，但由于两个测试时段室外温度水平相当，也可以说明新型窑居设计方案比传统窑居具有更好的保温效果。同时，从测试数据还发现，无论是冬季还是夏季，新型窑居室内相对湿度都要低于传统窑居，这表明新型窑居室内比较干爽。

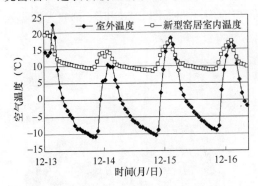 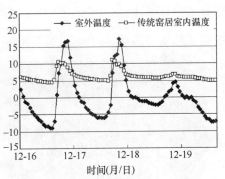

图 5-31 新型窑居冬季室内外空气温度实测　　图 5-32 传统窑居冬季室内外空气温度实测

(2) 太阳能采暖

图 5-33 显示了新型窑居内部太阳能采暖效果的模拟结果，由于设计了附加阳光间和直接受益窗等太阳能集热部件，可以提高室内温度，在一层的附加阳光间内部，温度可以达到 22℃ 左右。

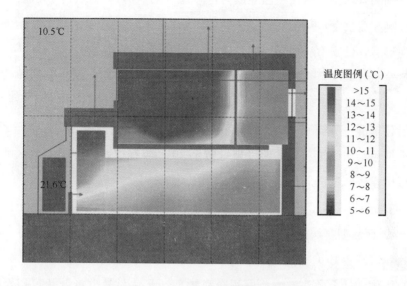

图 5-33 新型窑居太阳能采暖模拟效果

(3) 自然采光

图 5-34 为同一时刻（下午 1 点）传统窑居与新型窑居室内采光情况的实测结果。以采光系数作为分析指标，可以看出，新型窑居室内采光系数比传统窑居要高，特别是靠近窗口的位置，由于采用了玻璃窗替代了麻纸，透光率提高，同时由于窗框的面积相应减小，新型窑居室内采光得到了总体的改善。

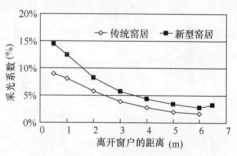

图 5-34 新型窑居与传统窑居室内采光状况

5.4.5 项目总结

该项目在传统窑洞的基础上，从建筑平面、空间组织、太阳能利用等方面进行综合改进所形成的新型窑居建筑，在维持传统窑洞能源消耗水平的同时，显著改善了室内热环境和空气质量，使放弃了窑洞并搬进砖房的农民又自愿返回窑洞。是一个利用现代科学技术改善传统民居的成功实例。

(1) 示范推广效应。由于新型窑居建筑同时具备了现代住宅和传统窑洞民居的诸多优点，使许久以来被人们认为是"落后、低级"象征的传统窑洞民居获得了新生,建设和拥有新型窑居住宅已经成为这一地区的"时尚"。在绿色窑居建筑示范项目的影响和启发下,运用绿色窑居的设计思想、借鉴绿色窑居示范工程的设计方法和空间形态,延安市房地局组织开发了"延安市经济适用窑住宅小区",项目包括窑居建筑总计350余套、800余孔,在竣工前已销售一空。绿色窑居建筑日益受到人们的欢迎和重视,延安市杨家岭村于2002年开工,2003年建成了号称世界最大的窑居建筑群——杨家岭窑洞宾馆。据延安市建设规划局统计,自延安枣园村建成第一个绿色窑居建筑示范基地以来,截至2011年春季,陕北延安地区的村民已经自发模仿建成新型窑居住宅约5000多孔。

(2) 节能减排效果。旧式窑洞供暖耗煤量为 $15kgce/m^2$,普通混凝土房屋需要 $25kgce/m^2$,而新型窑居建筑采暖耗煤仅为 $5kgce/m^2$ 左右。每个家庭约 $100m^2$ 的新窑居每年可减少 CO_2 排放 2.4t。

(3) 媒体和社会关注。中央电视台科教部、北京科教电影制片厂以及国内外40多家报纸、网站等媒体都对该项目进行了采访和报道。美国华盛顿州立大学建筑系已经将延安枣园绿色窑居示范工程作为建筑学本科学生的实习基地。该项目初步建立了中国传统民居生态建筑经验的科学化、技术化及再生的思路和方法,对研究解决中国传统居住建筑文化持续走向生态文明和现代化提供了一条途径。

5.5 青海省太阳能采暖示范工程

5.5.1 项目概况

(1) 工程概况

示范工程位于青海省海北藏族自治州刚察县沙柳河镇,国道315线以北,总占地面积 $95923m^2$,总建筑面积 $7800m^2$,基本户型面积 $78m^2$,砖混单层建筑,层高2.8m。其中被动式太阳能采暖住宅80套($6240m^2$),主被动结合太阳能采暖住宅20套($1560m^2$)。项目于2008年初启动,2010年底完工,目前大部分牧民已搬入新居,示范工程实景如图5-35所示。

(2) 自然气候条件

青海省刚察县地处青藏高原地区,平均海拔3300.5m,绝大部分地区海拔在

图 5-35　示范工程实景

3500m 以上，海拔最高点 4775m，位于县境西部的桑斯扎山峰，最低点 3195m，位于县境南部的青海湖湖滨地带。该地区属于典型的高原大陆性气候，日照时间长，昼夜温差大，冬季寒冷，夏秋温凉，1 月份平均气温为 -17.5℃，7 月份平均气温为 11℃，年平均气温 -0.6℃，采暖期长达 242 天，年日照时数为 3037 小时，日照率为 68%，5～9 月份日平均日照时间可达到 14 小时以上，属于长日照区域，境内日平均日照为 8 小时，年总辐射可达 6580MJ/m^2，太阳能资源仅次于拉萨，位于全国第二。

5.5.2　技术方案

（1）基地选择及场地规划

青海省刚察县一年中有一半时间处于寒冷恶劣的气候环境中，为争取尽量多的日照，"向阳"成为选址所必须考虑的重要因素之一。示范工程场地位于阳坡上，地形总体上北高南低，建筑物可以最大程度接受太阳辐射。

（2）建筑朝向及日照间距

为保证建筑物及集热面充分接受太阳辐射，建筑物方位控制在正南偏东或偏西 30°以内，且最好控制在偏东或偏西 15°以内。示范工程为兼顾县城整体规划要求，与南面主干道平行，建筑单体朝向为南偏西 6.8°。以保证冬至日正午前后 5 小时的基准日照，示范工程建筑日照间距为 14m，建筑高度为 4.7m，且前后排地形高差约为 1m。

（3）建筑平面及形体设计

在建筑物平面的内部组合上，根据自然形成的北冷南暖温度分区来布置各房间，该布置方式可减小采暖温差，降低采暖能耗。示范工程卧室、客厅布置在南侧暖区，卫生间、厨房布置在北侧，形成温度阻尼区，北侧房间的围合对南侧主要房间起到良好的保温作用。南墙作为集热面来收集太阳能，而东、西及北墙为失热面。

建筑物形状凹凸、体形复杂、外表面面积大是导致建筑能耗大的主要原因。通过对建筑体积、平面和高度的综合考虑，尽量加大得热面而减少失热面，东西轴长、南北轴短，建筑平面南北短边与东西长边之比为1∶2。

(4) 建筑层数、层高及进深

考虑民居独户住宅特点，示范工程均为单层建筑。根据青海地区的特点和通风换气需求，住宅建筑层高为2.8m。建筑层高确定后，为了保证南向主要房间能够达到较高的太阳能供暖率，根据经验一般进深不大于层高的1.5倍较为合适，示范建筑进深为3.9m。

(5) 被动太阳能采暖技术

充分考虑该地区纬度高、冬季太阳高度角小、太阳能资源丰富的特征，卧室南立面采用"集热蓄热墙＋直接受益窗"的组合式被动太阳能技术，客厅南向采用附加阳光间式被动太阳能技术。

1) 集热蓄热墙

集热蓄热墙外立面、内立面如图5-36 (a)、图5-36 (b) 所示，外立面尺寸如图5-36 (c) 所示，集热蓄热墙构造如图5-36 (d) 所示。由外向内依次为4mm玻璃盖板、100mm空气层、10mm瓦楞铁皮、15mm细石砂浆、40mm聚苯板、240mm黏土砖和15mm细石砂浆，其中瓦楞铁皮外表面为藏族传统的藏红色，在保留传统藏族民居色彩的同时也起到了吸热材料的作用，集热蓄热墙上部设置两个通风孔、下部设置三个通风孔，尺寸均为200mm×200mm，内附可启闭式木盖板。该地区夏季凉爽，不考虑降温，因此，集热蓄热墙上部的玻璃盖板为不可开启式，仅将下部的玻璃盖板设置为可启闭式，用于定期清理集热蓄热墙灰尘。南外窗为真空玻璃窗，其尺寸为1500mm×1800mm，结构由外向内依次为4mm普通玻璃、4mm封闭空气层和4mm普通玻璃。

2) 附加阳光间

客厅南向为全玻璃封闭阳光间，外观和内部分别如图5-37 (a)、图5-37 (b) 所示。阳光间南立面和顶部均为4mm普通玻璃结构，南立面中间位置设置玻璃

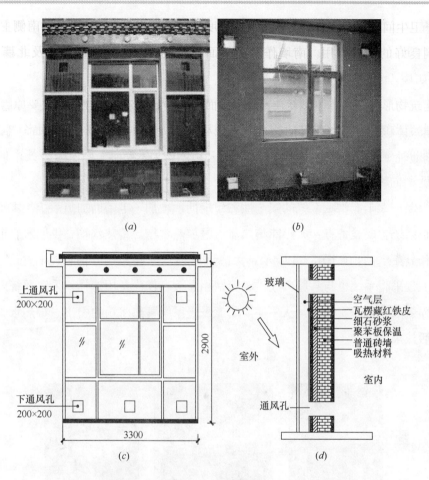

图 5-36 集热蓄热墙

(a) 集热蓄热墙外立面；(b) 集热蓄热墙内立面；(c) 集热蓄热墙外立面尺寸；
(d) 集热蓄热墙构造

(a)

(b)

图 5-37 附加阳光间

(a) 附加阳光间外观；(b) 附加阳光间内部

窗，夏季阳光间内温度过高时，打开用于通风换气。阳光间与客厅隔墙结构为15mm细石砂浆、240mm普通砖和15mm细石砂浆。隔墙上窗户为普通玻璃窗，尺寸为1500mm×1800mm。

（6）主动式太阳能采暖技术

由于当地冬季气候寒冷，单纯依靠被动式太阳能技术难以完全满足冬季室内热舒适要求，需要与其他采暖方式相结合。示范工程在被动太阳能采暖技术的基础上，设置主动太阳能采暖系统。

为保证太阳能供暖系统的安全性和稳定性，增加了电辅助加热系统。主动太阳能采暖系统主要设备有：太阳能集热器、电加热水箱、蓄热水箱、供回水管道、控制箱和分集水器，如图5-38所示。考虑到电辅助采暖长期开启使得耗电量过大，示范工程采暖系统也与县城市政供暖管网相连接，作为备用选择，采暖系统末端为地板辐射散热方式。此外，从主动太阳能采暖系统蓄热水箱内引出一根热水管，作为生活热水之用。

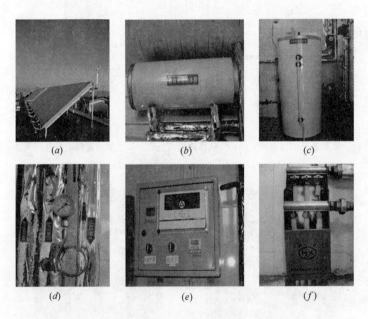

图 5-38 主动式太阳能采暖设备

(a) 太阳能集热器；(b) 电加热水箱；(c) 蓄热水箱；(d) 供回水管道；
(e) 控制箱；(f) 分集水器

5.5.3 项目实际效果测试分析

(1) 单纯被动式太阳能建筑室内热环境

根据图 5-39，室外空气温度为 $-30 \sim -5$℃，平均温度为 -16.9℃。根据图 5-40，南外墙面太阳辐射日出时间总辐射平均值为 $477\text{W}/\text{m}^2$，水平面太阳辐射日出时间总辐射平均值为 $364\text{W}/\text{m}^2$，南墙面太阳辐射明显强于水平面，且总辐射中直射辐射占到 80% 以上，可见该地区冬季太阳辐射强烈，为太阳能热利用提供了丰富的热源。

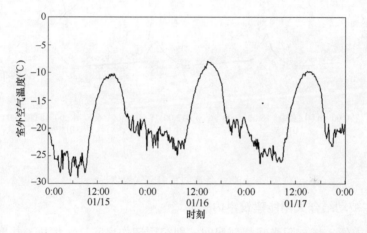

图 5-39 测试期间室外空气温度

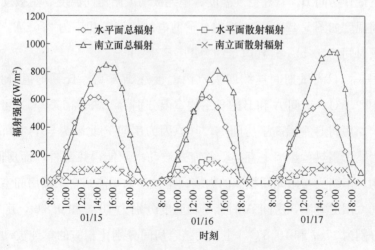

图 5-40 水平面和南立面太阳辐射强度

根据图 5-41，阳光间内温度白天最高可达 31.5℃，夜间最低为－15.8℃，温度波动幅度较大。12:00—18:00 温度均高于 5℃，且全天平均温度为－0.7℃，附加阳光间对客厅起到一定的保温和缓冲作用。集热蓄热墙卧室室内最高温度为 20℃，最低温度为－4.8℃，温度波幅明显小于附加阳光间，日平均温度为 0.7℃。卫生间位于建筑北面，室内日平均温度为－5.8℃。

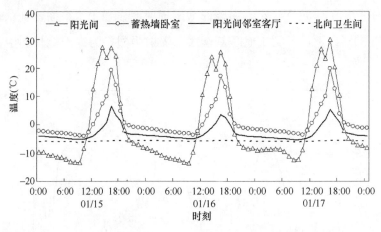

图 5-41　各房间室内空气温度

(2) 主被动结合太阳能建筑室内热环境

为表述方便，将与阳光间相邻房间，即客厅记作房间 A，集热蓄热墙＋直接受益窗式卧室记作房间 B。室外空气温度、单纯被动太阳房间温度、主被动太阳能结合采暖房间温度如图 5-42 所示。其中，辅助电加热设备功率为 2.6kW，测试期间日平均使用时间约 4～5h，日耗电量约为 11～13kWh。

根据图 5-42，测试期间连续四天室内温度逐渐升高，日平均值分别为 4.5、6.2、7.6 和 9.0℃；房间 A 和 B 的日平均室温分别为 16.8 和 17.7℃，可满足人体热舒适要求。房间 B 室温高于房间 A，其原因为房间 B 北墙为与卫生间相邻的内墙结构，南墙为集热蓄热墙＋直接受益窗式被动太阳能得热部件，而房间 A 北墙为外墙结构，南墙为与阳光间相邻的内墙；主被动太阳能结合采暖房间室温明显高于单纯被动太阳房室温，房间 A 的日平均温度分别为 16.8 和 9.8℃，房间 B 的日平均温度分别为 17.7 和 10.8℃，主被动结合房间分别比相应的单纯被动对比房间高 7.0 和 6.9℃，可见，主被动太阳能结合采暖房间与单纯被动太阳房相比，室内热环境有明显改善。

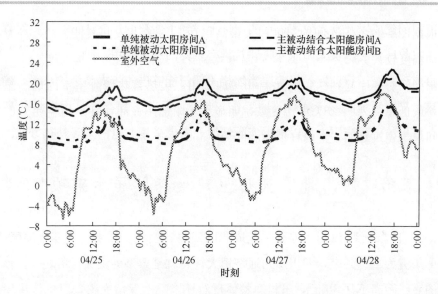

图 5-42 室外空气温度及各房间室内温度

综合测试分析可知：主被动结合太阳能采暖在 4 月份和 5 月份日平均可提供热量分别为 135.6MJ 和 119.6MJ，可完全满足采暖要求。最冷月 1 月份日平均可提供热量 185MJ，而满足室内热环境要求所需日供热量为 304.6MJ，约占 60.7%，其余热量由电辅助加热系统提供。针对整个采暖期平均而言，主被动结合太阳能采暖日提供热量为 164.5MJ，而采暖所需日供热量为 214.5MJ，则需电辅助系统日提供热量 50MJ，约为 13.9 kWh 电。示范工程存在日用电量较高的问题，需要在日后的工程应用中加以避免。主要由以下两个原因，其一：该地区采暖期寒冷，所需热量基准较高，主被动结合太阳能采暖难以完全满足要求；其二：考虑成本控制，设计集热器面积有限。

5.5.4 项目总结

示范工程综合运用建筑围护结构非平衡保温、被动太阳能与主动太阳能采暖系统组合优化设计等方法，在满足采暖期室内热环境要求的同时，实现了明显的节能效果。对于常规能源缺乏、太阳能和风能等自然资源相对丰富的青藏高原地区，在满足室内热舒适要求前提下，应充分使用自然资源降低建筑能耗和减少环境污染。青海省刚察县农牧区主被动太阳能采暖示范工程将此理念付诸实践，对解决该类地区常规能源缺乏、减少环境污染、提高人们生活水平具有积极意义。此外，随着该示范工程的建成以及投入使用，在实用性上得到了住户的广泛认可。这将对青藏高原地区农牧区住宅以及太阳能采暖建筑具有重要的示范作用。

目前该系统运行良好，但希望当地相关部门能够进一步提高维护水平，确保太阳能热水采暖系统能够持续高效地工作。此外，示范工程存在日用电量较高的问题，在日后的工程应用中可以根据实际情况，考虑采用非电的采暖补热方式。

5.6 四川地震灾后重建生态民居示范项目

2008年"5·12汶川大地震"造成我国四川、陕西、甘肃三省部分地区受灾，尤以四川省为重。其中，四川彭州通济镇大坪村就是典型的受灾村落之一。该村距汶川的直线距离不足30km，虽村寨整体自然环境基本保留完整，但单体房屋均遭到严重破坏，无法继续居住。本项目通过大坪村44户村民的整体原地易址重建，帮助村民重建家园，营造具有绿色生态理念与现代生活气息的生态民居。

大坪村重建示范工程始于2008年8月，至2008年底已全部建成。2009年年初，村民搬入新居。此后，该项目在大坪村又继续推广建设多达200余户。示范工程项目实景如图5-43所示。

图5-43 大坪村示范工程实景

5.6.1 灾后重建方案

(1) 地域与自然气候条件

大坪村隶属于四川省彭州市通济镇，位于东经103°49′，北纬30°9′，坐落在彭州市西北25km，成都以北65km处。地处川西龙门山脉之玉垒山脉的天台山、白鹿顶南麓，湔江之滨。通济镇海拔为805～2484m，大坪村所在地海拔约1400m，这里气候温和、雨量充沛、四季分明、无霜期长、日照短，平坝、丘陵、低山、中山、高山区气候差异明显，年平均气温为 15.6℃。全年无霜期 270 多天，气候温湿，雨量充沛，降雨主要集中在 6～9 月，年平均降雨量 960mm 左右。全年主导风向为北东风，年平均风速 1.3m/s，年瞬间最大风速 21m/s。

(2) 人文环境

大坪村共有居民 283 户，900 多人，分属 11 个村民小组，基本为世代栖居的本地原住汉族居民。村民大都信奉佛教，有祭祀佛祖与先辈的习惯，是典型的川西山区村庄。

(3) 当地原有民居存在的问题

原有民居建筑形式是在夏凉冬冷的山区发展与延续下来的，存在的主要问题是采用较简陋的门窗与木板围护墙体，围护结构的保温、隔热效果较差。建筑室内冬季的温湿度与室外接近，居民有两个月需要烤火越冬。

5.6.2 灾后重建方案

为了切实帮助大坪村居民建造适应地域气候、采用适宜技术的新型传统民居，在传统农宅的基础上，针对相关不利因素进行了改造，按建筑系统与庭院生态系统的设计策略进行了建筑方案的优化研究与设计。在新建民居建设设计时，吸收传统建房经验中较好的部分，从构造措施上提高了围护墙体的隔热性能，改善房间的保温效果，并尽可能地为居民创造较理想的光环境。

方案设计中建立了基本模块与多功能模块的基本单元，如图 5-44 所示。基本模块有：主房（堂屋）模块，次房（厢房）模块；多功能模块分为：厨房（餐厅），卫生间（储藏），阳光间（挑台）。利用两种类型的不同模块，优选出了分别适应三口之家（120m^2）、四口之家（150m^2）及五口之家（180m^2）居住的三种基本民居形式。同时，还优选出两种带有旅游接待功能的标准发展户型，作为风景旅游经济发展的示范户类型。

5.6.3 节能技术策略

(1) 自然通风组织

门窗设计考虑了夏季自然通风，在平面布局上有利于形成穿堂风，在堂屋和厨房空间组织上有利于形成竖向热压通风，适宜于大坪村夏季湿度较高的气候特点。

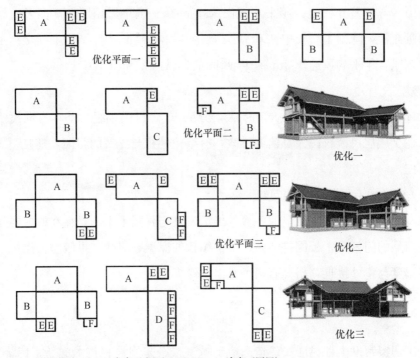

基本模块：A——主房（堂屋）；B,C,D——次房（厢屋）
多功能模块：E,F——厨房(餐厅),卫生间(储藏),阳光间(挑台)

图 5-44 平面模块组合

(2) 夏季遮阳

立面设计中采用挑檐解决了夏季遮阳问题，一般出挑水平长度在 2m 以上，有的达到 2.5m，这主要取决于挑檐对室内光线遮挡及屋顶高度。

(3) 冬季保温

设计依然采用土-木结构，木板竹篱敷土墙。为了改善传统墙体的冬季保温性能，将墙体改为夹土或夹聚苯板的保温墙。同时，选用密闭性良好的木窗。

(4) 光环境设计

新方案设计中除满足光环境舒适性要求外，为节约照明能耗，降低了房间的开间和进深，且增加了开窗，光环境比旧农宅有所改善。

(5) 竹木材料

当地因盛产竹木，居民广泛将其用于墙面围护构造。当地竹笆墙利用较多，但因其墙体较薄，且保温隔声效果较差，被大量应用于厨房单体围护。设计考虑将土、竹结合起来使用，在竹篱上抹土做围护墙，局部需要可单用竹笆墙作为隔墙，操作简单且居民可根据自己的喜好制作图案。以抹土作为隔墙，也可有效提高房间保温、隔声效果，降低建造成本和二氧化碳排放，保护大坪村地区生态环境。

(6) 可再生能源利用

在正房中采用了直接受益窗和附加阳光间等被动式太阳能技术，有效地改善了冬季室内热环境，减少对自然林木的砍伐作为取暖能源，为居民综合使用太阳能创造较好的条件。当地盛产黄连植物秸秆，每户村民均饲养牲畜，可作为沼气原料，为村民提供部分炊事能源。

(7) 庭院生态系统

庭院系统中的伴生种群是系统良性发展的重要因素，主要的饲养品种为：马、羊、鸡、鹅、鸭、兔等，应鼓励养殖。适当扩大庭院后，厕所采用独立卫生间，改善当地人传统简陋的卫生习惯，同时也可以加大伴生种群与人的居住距离，方便控制寄生种群的繁殖与危害，保证居民的健康。

5.6.4 室内环境测试结果

本项目分别选取了一栋新建的木结构建筑（图 5-45a）与一栋地震中尚存的旧建筑作为研究对象（图 5-45b），对其进行冬、夏季室内热环境对比测试分析。新民居为单层建筑，采用传统的穿斗式木构架结构体系；墙体构造分为两部分，1.5m以下采用200mm黏土砖砌筑，1.5m以上采用20mm柳沙松木板＋30mm聚苯乙烯

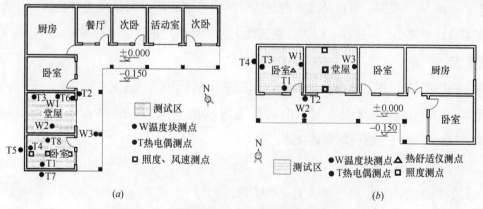

图 5-45 室内环境测试建筑平面图及布点图

(a) 新民居测试对象平面图及布点图；(b) 旧民居测试对象平面图及布点

泡沫塑料＋20mm 柳沙松木板；双坡屋面，木屋架上铺设小青瓦。旧民居为单层建筑，采用砖木结构，穿斗式木结构体系；120mm 砖墙围护结构；双坡屋面，木屋架上铺设小青瓦。

(1) 夏季新、旧民居测试

测试时间为 2009 年 7 月 22~25 日。

由图 5-46 可知，夏季测试期间室外空气温度变化范围为 19.1~28.2℃，平均温度为 23.2℃，波动较大；新建民居室内空气温度变化范围为 19.8~25.3℃，最低和最高温度分别出现于 7：00、12：00 和 13：00，平均气温为 22.7℃。而旧民居室内空气温度变化范围在 19.8~24.0℃，平均温度为 21.9℃。

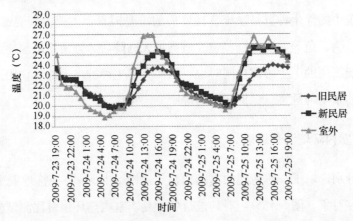

图 5-46　新、旧民居夏季室内、外温度

由图 5-47 可知，新建民居室内照度值从窗口随进深方向呈现递减趋势。尽管方案设计中减小房间进深，但为尊重当地人生活习惯，建筑后墙不开窗，因此造成该趋势。

由图 5-48 可知，夏季新民居室内风速在 0.045~0.148m/s 之间变化，平均风速 0.092m/s，通风状况良好。旧民居室内风速 0.022~0.098m/s，平均风速 0.067m/s，稍低于新民居室内风速。

(2) 冬季新、旧民居测试

冬季测试时间为 2010 年 2 月 7~11 日。

如图 5-49 所示，室外温度变化范围在 6.6~8.1℃。新民居室内最高温度为 8.3℃，出现在 16：00，最低温度为 7.4℃，出现在 8：00，平均温度 7.8℃。旧民

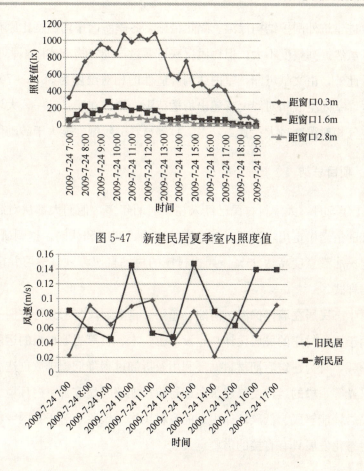

图 5-47　新建民居夏季室内照度值

图 5-48　新、旧民居夏季室内风速

居室内温度 6.4～6.9℃，平均温度 6.6℃。与旧民居相比，新民居室内温度提高了 1.2℃。

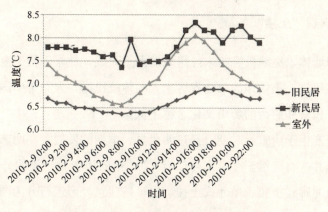

图 5-49　新、旧民居冬季室内、外温度

通过改进建筑外围护结构保温、隔热措施，冬季室内平均温度比原有砖木民居有所提高，虽然提高幅度不大，但村民反映可通过添加衣物方式而不采取任何采暖设施越冬。此外，由文献可知，室内达到舒适性的相对湿度为 30%～70%。可见，无论冬、夏，室内空气相对湿度都超出舒适范围，原因在于：其一，大坪村所处山区，室外空气相对湿度过大；其二，木、竹等材料的吸湿性能大于砖砌体材料。

5.6.5 项目总结

至 2011 年 5 月，大坪村村民已经入住新居两年多，他们大都从对震前家园的向往和留恋的情绪中走出，逐渐对新建家园产生了归属和认同。据调研结果统计，村民对新建民居满意度高达 95%。周边村庄的村民自愿参观、学习并模仿建造大坪村的民居样式。

大坪村生态民居在墙体保温、防潮、遮阳、自然通风与采光等方面的具体措施可直接应用于周边村庄的民居设计与建设。土、木、竹等当地材料的运用降低了能源资源的消耗，且为建筑后期材料循环利用及拆卸过程降低碳排放创造了可能。自然通风、采光等手段的运用使得建筑在运行阶段能够明显改善室内环境。依据该方案建造的民居，能够成为低碳环保生态的乡村民居与聚落，对于我国乡村建筑的节能减排、生态化发展具有直接的借鉴意义。

5.7　福建土楼建筑群

5.7.1　何谓"土楼"

土楼，即墙体以夹墙板夯筑未经焙烧的泥土而成，柱梁等构架全部采用木料的多层巨型居住建筑。土楼作为福建省客家人的传统民居，分布于中国闽粤地区，以其独特的建筑风格和悠久的历史文化著称于世。

福建土楼产生于唐宋元时期，经过明代早、中期的发展，在明末、清代、民国时期逐渐成熟并一直延续至今，迄今已有 1200 年的历史。土楼的分类可按建筑内部结构分为内通廊式土楼、单元式土楼，也可按建筑外形进行分为圆楼、方楼、五凤楼及变形的凹字形、半圆形与八卦形土楼等。其中，以圆楼与方楼最常见，也常常两形状并存。

土楼最初的功能是军事防御：外墙厚、低层不开窗，仅有的坚固大门一关，土楼便成为坚不可摧的堡垒；门上设有漏水漏沙装置防止火攻；紧急时有地下暗道供楼内居民逃出。随着时间的推移，土楼的功能逐渐由军事向生活转化，生活和居住已经成为土楼的主要功能。

土楼内纵向成户，楼梯共用。一般一层为厨房，没有外窗；二层为储物室，窗户常年不开；三层及以上为卧室，窗户根据住户需要进行开闭。窗户多内宽外窄。如今亦有住户将一层改为客厅，在室外做饭。

5.7.2 土楼独特的建筑特点

(1) 夯土墙体

土楼的墙体借助模夹板，经过反复的揉、捣、压、夯，筑成了厚实严密的墙体，厚度都在1m以上，起到了良好的隔热作用。热天可以防止酷暑进入，冬天可以隔绝冷风侵袭，在土楼内部营造出一个夏凉冬暖的小气候。

同时，土楼独特的墙体结构与材料使建筑具有防水、防震的功能。土楼外墙角用鹅卵石打造，布置专门疏散积水的排水沟槽，使土楼具有防御洪水的功能。土楼墙体下部较厚，向上延伸时略向内斜呈梯形状，且土的黏性大，墙内有藤条，使土楼墙体在地震中裂开以后能够自动愈合。

此外，土楼所处地区年降雨量多达1800mm，并且往往骤晴骤雨，室外湿度变化很大。厚实的夯土墙体在环境太湿时吸收水分，环境太干时自然释放水分，从而维持适宜的湿度，起到天然蓄湿的作用。

(2) 大屋檐

土楼建筑往往设有巨大的出檐，在炎热的夏日起到良好的遮阳效果，使土楼内房间的日照时间大大减少。同时，由于土楼一般为3~5层，高度高，具有一定的自遮阳效果。此外，土楼外窗面积小、外墙厚度大，在夏季可以有效减少外窗日射得热。

(3) 大天井

土楼中央都有一个大天井，天井中有一到两口水井，为集体共用。有的土楼中央有一个独立的祠堂，其他的祠堂则位于与门相对的开间里。

虽然土楼外窗面积十分有限，然而，太阳通过天井照入土楼，保证了楼内良好的采光条件。同时，由于土楼高度高，在热压的作用下，夏季容易形成纵向拔风，产生良好的通风效果。

5.7.3 低能耗下的冬暖夏凉

（1）案例概况

为了解土楼真实的室内环境情况，我们于 2011 年 8 月 1~7 日赴福建省南靖县，开展了为期一周的调研与测试。探究土楼是否确实可在低能耗基础上保持舒适的室内环境。

案例中涉及的土楼为分布在福建省南靖县的田螺坑土楼群、河坑土楼群、怀远楼、和贵楼，在 2008 年被列入世界保护遗产名录。同时调研了与土楼地理位置相邻的坎下村的普通农宅，与土楼进行对比（图 5-50）。

图 5-50　土楼及农宅外观

(a) 田螺坑土楼群；(b) 河坑土楼群；(c) 怀远楼；(d) 和贵楼；
(e) 对比农宅（土墙）；(f) 对比农宅（砖墙）

此次调研的土楼包括了圆形、椭圆形、方形和双环圆形土楼，平均外墙厚度为 1.2m，是普通农宅外墙厚度的 3 倍。此外，土楼的层数均为 3 层以上，而普通农宅的层数均为 1~2 层。调研建筑数量为 120 栋（23 座土楼，97 栋农宅），调研农户数量为 232 户（135 户土楼居民，97 户农宅居民）。

调研内容包括：①室内环境测试。通过实地测试获取两者室内外温度、风速数据并进行对比分析；②居民主观感受。通过入户问卷访谈形式获知居民主观感觉并进行对比分析。

(2) 调研结果与分析

1) 室内环境测试

使用温湿度自计议记录 2011 年 8 月 4 日室外温度变化情况及土楼、农宅卧室、客厅、厨房的温度变化情况，结果如图 5-51 所示。

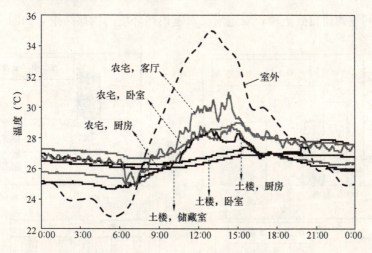

图 5-51　土楼与农宅室内温度对比（2011.08.04）

从上图可知，当日室外最低温度为 23℃，最高温度为 35℃。农宅客厅及卧室的室内温度波动在 25~31℃ 之间，而土楼的室内温度波动在 26~28℃ 之间，十分平稳。由此可见，即使夏季室外最高温度达 35.0℃，土楼室内最高温度仅为 28.0℃，较为舒适。

使用热球风速仪分别对土楼、农宅的门洞及室内风速进行测量，结果如图 5-52 所示。

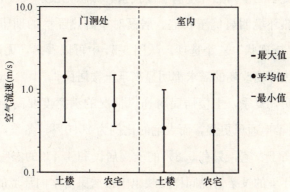

图 5-52　土楼与农宅夏季门洞风速实测结果

由上图可知，夏季，土楼门洞处的风速为 1.34m/s，远高于农宅 (0.65m/s)；土楼室内风速为 0.35m/s，略高于农宅的 0.32m/s。这说明夏季土楼内通风情况要优于普通农宅。

2）居民主观感觉

通过问卷调研得到土楼、农宅居民对室内热环境的投票结果，如图 5-53 所示。

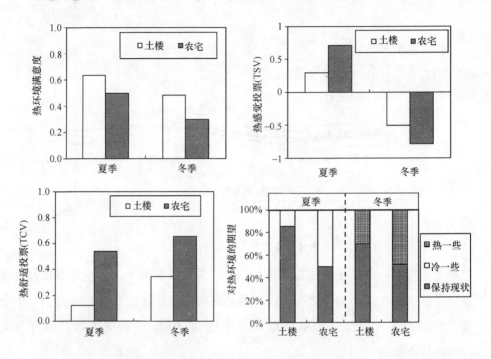

图 5-53　土楼与农宅居民热环境投票结果对比

居民对冬、夏季的室内热环境满意度投票、热感觉投票及热舒适投票结果均显示，土楼的室内热环境明显优于农宅。居民对室内热环境的期望有"更暖一些"、"更凉一些"、"保持现状"三个选项。从图 5-54 中可以看出，无论是夏季或冬季，农宅居民对室内热环境改变的需求都明显高于土楼居民。

以上结果表明，夏季，土楼居民对通风情况的满意度要高于农宅，并且只有 6.6% 的土楼居民希望通风更强，而农宅的比例为 20.0%。冬季，土楼居民对通风情况的满意度仍高于农宅，只有 5.8% 的土楼居民和 4.4% 的农宅居民希望冬季通风减弱。对通风环境的投票情况同样反映出土楼居民对室内环境的满意度要高于农宅居民。

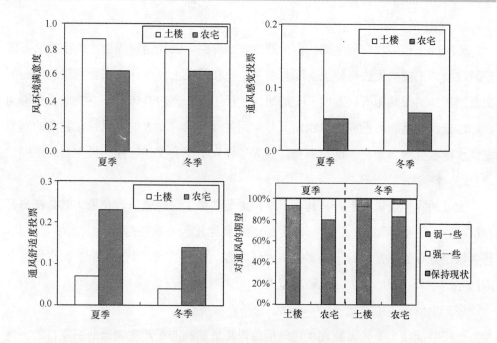

图 5-54 土楼与农宅居民通风情况投票结果对比

3）结论

由问卷及测试结果得到以下几点结论：

①实测结果显示，夏季土楼室内温度低、波动小，门洞与室内风速均高于普通农宅，土楼夏季热环境与风环境均优于农宅；

②主观投票结果显示，土楼内居民对室内热环境的感觉优于普通农宅，对室内环境改变的需求也较小。

5.7.4 总结

（1）土楼的优劣

大量的调研与测试数据还原了土楼真实的能耗水平与室内环境情况。在低能耗的基础上，土楼保持着舒适的室内环境。这与土楼独特的建筑形式息息相关。由于土楼厚实的土墙起到了良好的隔热作用，同时天井造成了良好的拔风效果，使得在炎热的夏季，土楼室内每天只需开几小时的电扇即可保持凉爽。而农宅中则需要长时间开电扇进行机械通风或通过开启空调降低室温。然而，土楼古老的建筑形式，也对现代生活造成了一定的不便。

1) 无排水系统

传统的土楼内没有卫生间。由于缺少排水管路，而作为世界遗产的土楼又不能轻易改造，土楼内无法新建卫生间与浴室。土楼居民上厕所往往在卧室里用尿壶解决或到楼外的公共厕所，造成了土楼居民生活不便，室内异味大、空气质量差等问题。由于没有浴室，男人们只能到天井中用井水冲澡，女人们则只好在各家的屋子里烧水坐盆洗澡。如厕、洗澡不易，成为年轻人不愿在土楼居住的最主要的原因。

2) 噪声大

土楼的隔声效果并不好，其环形结构更是加强了聚声效应。在采访时，住户普遍反映，为了不吵到别人，大家晚上说话都会比较轻，避免打扰他人。尽管如此，作为旅游景点的土楼，每天都要接待大量游客，熙熙攘攘、十分嘈杂。而在注重个人隐私的今天，噪声大更是土楼环境的一大缺陷。

(2) 土楼的应用前景

土楼节能技术是否可被现代建筑借鉴以降低能耗亦是此次调研的主要目的。调研分析发现，土楼在中国南方农村地区的借鉴意义有以下几点：

1) 隔热及蓄热墙体的选用。土楼"冬暖夏凉"的特性，很大程度上取决于其夯土墙体优良的隔热蓄热效果。南方农村在选择建筑材料时，应重点考虑围护结构的热工特性。

2) 天井与通风。土楼的大天井是其独特的建筑形式所特有的，起到了良好的自然通风效果。然而，现代建筑占地面积有限。如何将天井融合在建筑设计中，是值得探讨的一个问题。

3) 屋檐与遮阳。夏季，太阳辐射是室内负荷的一大组成。土楼的大屋檐有效的减少了日射得热。然而，现代建筑中，难以再见到中国传统建筑的大屋檐。如何将大屋檐与现代建筑相结合，从而产生良好的遮阳效果，是一个值得探讨的问题。

4) 增加排水系统。土楼发展最大的局限在于其缺少排水系统，对现代生活造成了很大的不便。事实上，只要在土楼上增加几根排水管、在土楼外增设化粪池，是可以解决这个问题的。然而，由于"世界保护遗产"的特殊身份，在土楼现有结构上做任何改动都十分困难。应当通过合理的排水系统设计，在保存土楼结构的同时为居民生活带来实质性的改进。

(3) 结语

土楼这一建筑形式,产生于独特的文化历史背景之下。然而其土墙、天井、屋檐作为建筑本体节能的一种形式,应当能够突破年代、突破空间,引发一定的思考与启示,为建造符合我国华南地区当前生活需求的农村住宅提供参考。

5.8　潮汕爬狮农村住宅演变[1]

5.8.1　概况

潮汕文化虽属岭南文化的一个分支,但除了受到中原文化、岭南文化的影响外,更多地受闽粤文化的影响,所以,潮汕建筑文化独具一格,与岭南建筑有很大的不同。潮汕地区约一半的现代农村住宅是在传统住宅的基础上进行了批判性的继承和发扬,从传统的爬狮建筑格局演变而来,在吸纳新技术的基础上对传统建筑进行适应性的变形,住宅由单层向多层组合转变,采用北向外墙开窗。

潮汕传统民居多呈现严谨方正的群体组合,保留了中国古代建筑强调布局对称均衡的传统特色,如图 5-55 所示。住宅为适应南方的气候,设有开敞的厅堂和形

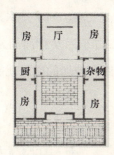

图 5-55　传统爬狮式平面及立面图(图片来源《广东民居》)

式多样的天井,建筑外墙极少开窗,一般只在山墙面上开气窗或其他小窗,北向墙面不开窗,大的窗户只开向内院天井,形成了外封闭而内开敞的平面格局,整栋建

---

[1] 本节主要参考文献有:
陆琦. 广东民居 [M]. 中国建筑工业出版社,2008.
林波荣,谭刚等. 皖南民居夏季热环境实测分析. [J] 清华大学报,2002.42 (8): 1071-1074.
林宪德. 热湿气候的绿色建筑. 詹氏书局.
曾志辉,陆琦. 广州竹筒屋室内通风实测研究 [J]. 建筑学报,2010: 89-91.

筑前低后高，既利于通风又便于排水。

5.8.2 爬狮农宅建筑特点

（1）梳式布局

潮汕农村的梳式布局如图 5-56 所示，这种布局是中国农村传统布局的延续，但又结合了本地区的自然气候地理条件。梳式布局空间组织的最大特点就是适合于湿热气候条件。

图 5-56　广东农村的梳式布局

梳式布局的村落，建筑物顺坡而建，前低后高，地高气爽，利于排水，坐北朝南，有阳光，利于通风。村落前有广阔的田野或者池塘，东西及背面通常围以山体。村落的主要巷道与夏季主导风向平行，这样掠过田野和池塘的凉风就能通过天井或敞开的大门进入室内。

（2）厅堂与天井

如图 5-57 所示，潮汕传统民居是以厅堂为中心的院落建筑，厅堂高大且南向不设墙面，完全向天井开放，使得厅堂既有遮阳，又不妨碍自然通风，同时能获得良好的采光效果，辅以精美的装饰，成为白天最主要的活动空间。

图 5-57　厅堂、天井和排水系统

潮汕民居的天井较小，当地人亦称其为"埕"，与南向完全开敞的厅堂连通。天井作为厅堂的延伸，使室内外融为一体，天井的功能为通风、采光和排水，在密集的住宅区中，不论风从哪个方向吹来，都能畅通无阻。

(3) 墙材及墙体遮阳

墙体主要有两种形式：蚝壳墙和贝灰墙。

潮汕地区靠海，人们自古喜食蚝，当地人利用蚝壳加黄泥浆粘合砌筑墙体，如图 5-58 所示，"蚝壳墙"外表不施抹灰，凸出的蚝壳像遮阳百叶，在阳光的照射下，呈现大片阴影，既起到遮阳效果，又美观。

图 5-58 蚝壳墙、板筑墙

贝灰墙以贝灰、砂、土为主要原料，把三者按一定比例加水和匀，贝灰是将贝壳经过煅烧、发灰、筛选等工艺流程加工而成的，贝灰墙又分贝灰板筑墙和塗角砌筑墙两种：贝灰板筑墙属于夯土墙的一种，坚固耐久、整体性好、抗震性能强，但抗拉性能差；塗角砌筑墙是用称为"塗角"的砌块砌筑而成的，制作塗角使用的原料与板筑墙类似，把三者按一定比例加水和匀，用模子夯实成方块，自然干燥，配比略有不同。

(4) 冷巷

冷巷是潮汕地区传统建筑内部与外部热交换的重要的风道，如图 5-59 所示，因为冷巷的高宽比大，冷巷下部温度较低，可以形成热压通风。加之巷道截面积小，风速会增大，达到良好的通风降温效果。

图 5-59 冷巷

5.8.3 室内环境测试

(1) 案例概况

为了了解潮汕地区传统继承型住宅的室内外环境，我们于 2011 年 5 月 25 日～8 月 15 日对汕头市金浦镇南门村的三个典型住宅进行了连续的室内热环境实测，收集了建筑布局、构造特点、建筑能耗等资料，同时对典型住宅进行了风环境实测。三个典型住宅分别代表传统的单层住宅（1 号见图 5-60a）、保留天井的多层住宅（2 号见图 5-60b）、取消天井开侧窗的多层住宅（3 号见图 5-60c）。

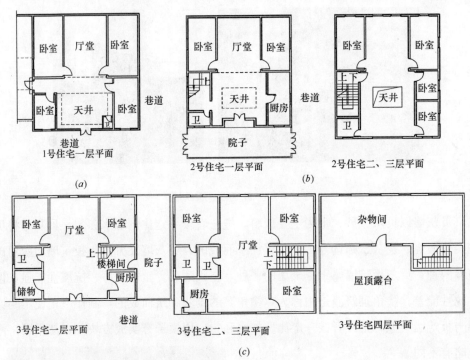

图 5-60 三个典型住宅的平面图
(a) 1 号住宅平面图；(b) 2 号住宅平面图；(c) 3 号住宅平面图

(2) 风环境测试结果

1) 室内外风环境

图 5-61 为 2011 年 8 月 11 日三户典型住宅室内外实测风速值，门口与巷道风速较大，平均值在 1.5m/s 左右，最大值可达到 4.5m/s，有明显的吹风感。天井

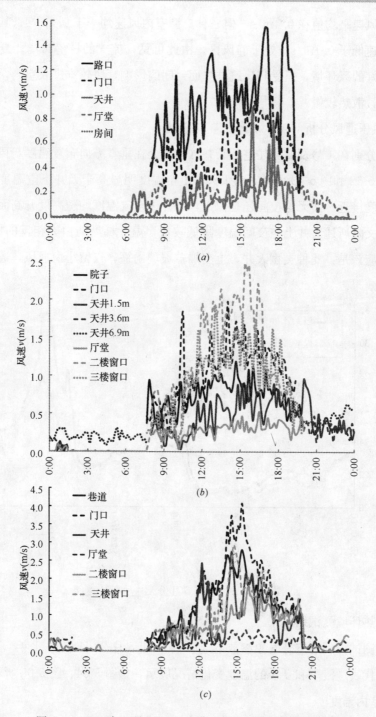

图 5-61　2011 年 8 月 11 日三个典型住宅室内外实测风速值

(a) 1 号住宅；(b) 2 号住宅；(c) 3 号住宅

与厅堂的风速平均值在 0.4m/s，但三种户型室内风速均小于 0.5m/s，其中 1 号住宅房间风速低于 0.1m/s，处于静风区。由此可见，梳式的村落布局，夏季室外可以形成良好的风环境，但受到建筑外立面封闭的影响，风较难进入室内，导致室内风速较低，散热较慢。

2）热压通风分析

测试分别在 1 号及 2 号住宅的天井（埕）处在垂直方向布置温度与风速测点。

由图 5-62 和图 5-63 可见，白天天井上空温度明显高于天井下空温度，夜间天井上下温度接近。而无论夜间还是白天，天井内空气温度均随高度升高而升高。与一些参考文献所述天井上空夜间温度降低较快，温度梯度与白天相反的情况不同，究其原因应该是：此种类型天井，上空加盖玻璃雨篷，仅留小窗通风，通风散热达不到预期效果。

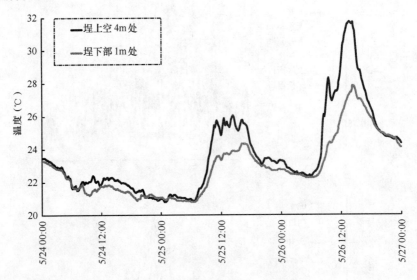

图 5-62　1 号住宅 5 月份天井垂直温度

(3) 热环境测试结果

根据测试得到的室外气象参数，选取 2011 年 5 月 28 日和 2011 年 7 月 31 日的数据分别代表过渡季和夏季的温度变化情况展示，如图 5-64、图 5-65 所示。

1）室内温度

通过实测结果可知，过渡季室内温度大多处于 25~28℃之间，室内热环境宜人。夏季室内温度基本处于 30℃以上，单层住宅的室内最高气温达到近 34℃。夏

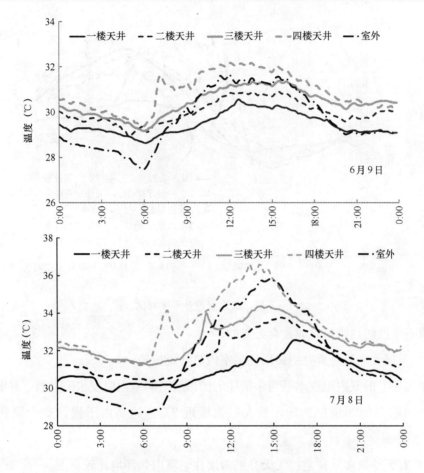

图 5-63 2号住宅 6月 9 日、7月 8 日天井垂直温度比较

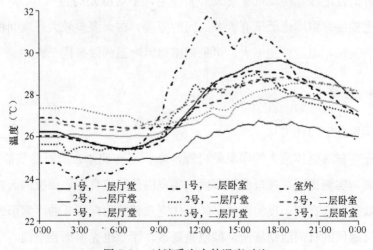

图 5-64 过渡季室内外温度对比

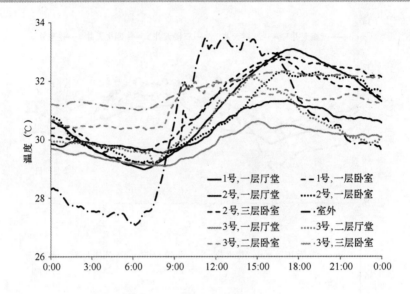

图 5-65　夏季室内外温度对比

季采取有效的防热措施是非常有必要的。

2) 单层住宅与有天井的多层住宅室内热环境比较

单层住宅的室内温度水平与多层住宅的顶层房间室内温度水平类似，并明显高于多层住宅中的非顶层房间，最大差值接近 2℃，这是由于屋顶缺少隔热措施所致。

3) 有天井的多层住宅与无天井的多层住宅室内热环境比较

无天井的住宅厅堂温度低于有天井的住宅，平均温差约为 0.7℃。大多数时间无天井住宅的卧室温度也低于有天井房间的温度，白天温差较大，夜间由于天井有一定的散热效果，温度差别不大。可见侧窗通风降温的效果优于天井。

5.8.4　总结

(1) 爬狮住宅的优劣

爬狮住宅村落整体给人的印象是机理清晰、富有韵律、新旧建筑能和谐相处。大量的调研与实测证明，在过渡季爬狮住宅室内热环境良好，传统的天井有较好的热压通风效果，且有利于夜间散热，爬狮住宅独特的面向天井的厅堂形式有利于形成既遮阳又通风的日间活动场所，即使是夏季，厅堂也无需加装空调。

然而，传统的爬狮住宅也有自身的局限和缺点，主要是北向墙面不开窗的传统影响了风压通风的效果和室内采光效果，尤其是卧室较为明显。

（2）应用前景

爬狮住宅的形式历经千年仍为很多居民所钟爱，即使是家境很好的家庭在近两年新建自住房屋时仍然愿意选择爬狮住宅的形式，兼顾遮阳和通风的厅堂是居民白天最主要的生活和工作空间，因此，有顶部遮阳，通风条件好的空间设计是营造潮汕地区良好环境的有效措施。

随着时代的发展，爬狮类住宅的住户在建造房屋时也是不断地与时俱进，在基本保持传统建筑的体型及立面的基础上，对平面进行功能性的调整，比如加入了现代的卫生间，天井内加了现代的导水设备，运用了瓷砖等新型建材。

人口增多，土地紧张是城乡居民都要面对的问题，住宅必然向多层发展，多层住宅非顶层房间的热环境优于单层住宅。住宅保留了传统建筑中天井的形式、屋顶变为平屋顶。

在爬狮类住宅演变的过程中，绝大多数住户都保留着首层北墙不开窗的传统，但也有少数居民为提高住宅的利用率，住宅的户型格局不变，将天井取消，同时开大的侧窗进行通风采光，实测结果显示，侧窗通风的效果优于天井，为爬狮类住宅提供了一个新的改进措施。

（3）结语

爬狮类传统住宅的发展演变是一个现代建筑对传统建筑继承和挖掘的成功案例，现代的爬狮住宅既有传统文化的丰厚积淀，又融入了现代生活的方便快捷，是建设社会主义新农村道路中的一朵奇葩。

5.9 太阳能空气采暖系统在北方农宅中的应用

5.9.1 项目概述

与太阳能热水采暖系统相比，太阳能空气采暖系统具有初投资和运行费低、维护运行方便，无冻结风险等特点，在北方农村地区具有较好的适用性。为了解其实际运行效果，我们于2008年在北京市怀柔区某农宅（图5-66）进行了示范和测试。该户夜间无人居住，仅白天有采暖需求。

图 5-66 测试房间外观

5.9.2 实施方案

建筑维护结构热工性能的改善是农宅冬季采暖的基础,因此在安装太阳能空气采暖系统的同时,对该农宅的墙体进行了保温改造,但除墙体以外的其他围护结构没有做任何改造,房屋围护结构热工性能如表5-7所示。另外,通过测试发现,在门窗密闭的情况下,房间换气次数约为0.7次/h,高于采用双层塑钢门窗的一般北方农宅,房间气密性能较差。

测试农宅围护结构热工性能　　　　表5-7

围护结构名称	构造	传热系数[W/(m²·K)]
墙体	370mm 实心砖+20mm 水泥砂浆	0.470
	50mm 聚苯板保温	
屋顶	平瓦 10mm	0.902
	碱土 160mm	
	高粱秸秆 80mm	
吊顶	石膏板 10mm	3.978
窗户	双层木窗	4.7(估计值)
楼地	水泥砂浆 50mm	—
	黏土 100mm	

该农宅为平屋顶建筑,房间采暖面积14m²。除太阳能空气采暖系统外,房间无其他主动采暖系统。如图5-67所示,集热器尺寸为2m×3m,集热面积6m²,相当于1m²集热面积为2.3m²的房间供热。集热器采用钢架支撑,水平面倾角为

50°,并在屋顶上打洞以敷设进、回风管,室外部分的风管都采用良好的外保温措施。系统采用自动控制运行模式,当集热器出口温度高于30℃时风机自动开启运行,低于25℃时风机自动停止运行。

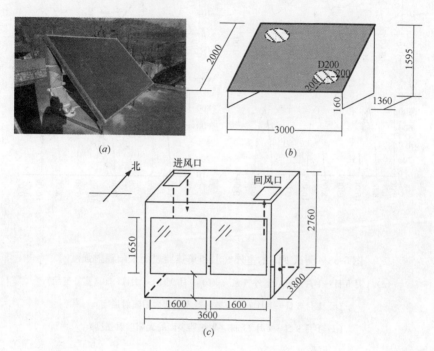

图 5-67 屋顶太阳能集热器

(a)屋顶上的太阳能空气集热器;(b)屋顶空气集热器尺寸以及风管位置;(c)房间尺寸以及进回风管

5.9.3 实际效果测试

入户测试时间为2009年1月,为全年最冷月,能够测量系统在最不利工况下的实际运行效果。测试期间天气寒冷且太阳能辐射强度较好,具体如图5-68所示,室外气温波动范围为-12~2℃,集热器表面的太阳能辐射强度最大值为870W/m²。其中,1月5日~7日期间,农宅仅采用太阳能空气采暖系统;1月9日~11日期间,农宅使用了"太阳能空气采暖系统+直接受益窗"的运行模式。

(1)室内采暖效果

图5-69所示为室内外空气温度随时间的变化。太阳辐射强度在中午13:00左

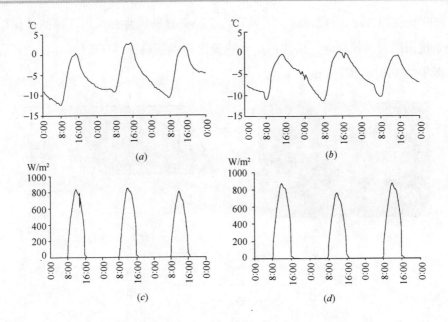

图 5-68 测试期间的室外气温和集热器表面太阳辐射强度

(a) 1月5日～1月7日（室外气温）；(b) 1月9日～1月11日（室外气温）；
(c) 1月5日～1月7日（集热器表面的太阳辐射强度）；
(d) 1月9日～1月11日（集热器表面的太阳辐射强度）

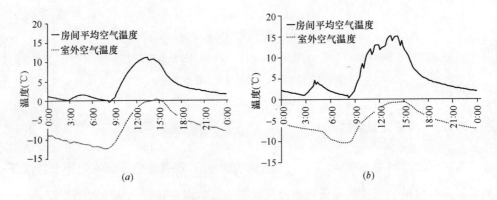

图 5-69 室内外气温随时间的变化

(a) 1月5日（仅太阳能空气采暖系统运行）；(b) 1月11日（直接受益窗＋太阳能空气采暖系统）

右最高，房间温度也在该时刻之后达到峰值。当仅采用屋顶太阳能空气采暖系统时，在系统运行阶段（8：45～15：30），室外平均气温－3.4℃，最高气温仅0℃，室内气温最高可达12.2℃左右，平均约8℃；当采用"直接受益窗＋太阳能空气采暖系统"时，在系统运行阶段（9：00～15：30），室外平均气温－3℃，最高气温仅－0.6℃时，室内气温最高可达15.1℃左右，平均约11℃。

虽然本项目的测试时间是全年最冷的时段，且房间内除太阳能空气采暖系统外，无任何其他补热装置，但即使在这样不利的条件下，农户对室内热环境也表示满意。由此可知，在太阳能辐射较好的情况下，太阳能空气采暖系统能够基本满足农宅白天的采暖需求。对于夜间，可以采用炕连灶系统，利用炊事余热满足夜间采暖需求，形成"白天太阳能空气采暖系统＋夜间炕连灶系统"的运行方式。因此，从能源利用和环境保护角度来说，使用太阳能这一清洁能源，可有效减少固体燃料的燃烧，进而降低了室内外的污染。从系统使用角度来说，避免了农户频繁"填火"，可提高农户的生活质量。

（2）系统热性能以及经济性分析

根据测试分析可知，太阳能空气采暖系统运行期间，系统实测全天平均热效率约为20%，测试结果如表5-8所示。较低的热效率是因所采用的集热器未经任何优化、透光盖板热损失过大等原因所致。

太阳能空气采暖系统热效率测试结果　　　　表5-8

运行工况	测试日期	太阳能集热器向室内供热量（MJ）	集热器表面太阳能辐照量（MJ）	集热系统效率（%）
太阳能空气采暖系统	1月5日	21.4	91.9	23
	1月6日	23.5	95.8	24
	1月7日	18.8	86.8	22
太阳能空气采暖系统＋直接受益窗	1月9日	17.3	102.4	17
	1月10日	14.7	84.7	17
	1月11日	21.7	92.8	23

该示范工程初投资约为2000元，其中包括：太阳能空气集热器初投资约1200元，风机、温控器以及散流器初投资约200元，施工辅料以及人工费用约600元。风机运行功率为30W，风量为80～120m^3/h，风机每天平均运行时间约6h，耗电量0.2kWh，日运行电费仅0.1元。由此可见该系统的初投资与运行费用极低。

此外，空气采暖系统的运行与维护非常方便。与水系统不同，不存在防冻、防漏等问题。并且，通过温控器可以控制风机自动启停，无需人工手动操作。当太阳能辐射不强或在夜间时，通过自动停止风机运行防止系统失热，从而保证太阳能空气采暖系统成为建筑的得热构件。

5.9.4 项目总结

该案例体现本书4.3.2节所述的相关内容，即不应该将系统热效率作为评判太阳能采暖系统是否适用的唯一指标，而是用"单位有效得热量的费用（元/MJ）"作为系统经济评价指标更为合理。此示范工程初投资2000元，每天约能获得20MJ热量，则系统的单位得热量的初投资为100元/MJ。如果采用相同集热面积的太阳能热水采暖系统，系统初投资（包括集热器、水泵、末端、辅料等相关费用）约为10000元，即使其采暖系统热效率能够达到空气采暖系统的2倍，即每天送入室内的供热量为40MJ，单位得热量的初投资为250元/MJ，是空气采暖系统的2.5倍。同时由于太阳能空气采暖系统不存在防冻问题，运行维护方便，因此是更加适用于农村地区的太阳能采暖系统。

实测数据表明，太阳能空气采暖系统在太阳能辐射较好的情况下，即使采用热效率较低的传统空气集热器，也可以解决农宅白天采暖问题，且在使用寿命年限内能够回收初投资，经济性较好。而通过后期研究与优化发现，通过提高透光盖板的透过率、合理选择封闭层高度、合理设计空气流通通道的结构（选择合理的翅片形式及结构参数），集热器的集热效率完全可以达到40%左右，系统单位有效输出热量的初投资更低，经济性更佳。

新型空气集热器的初投资为300元/m²（集热面积），再附加上风机、温控器、辅料等相关费用，新型太阳能空气采暖系统的造价约为400~500元/m²（集热面积），在大部分北方地区，集热面积与建筑面积比为1∶4~1∶5左右，即可以满足白天采暖需求。对于北京地区采暖面积为60m²的农宅来说，集热面积取12m²，系统初投资约为6000元，配以额定功率100W、额定风量1200m³/h的风机，12月~2月期间的风机运行电费约50元。相对于使用煤炭采暖，系统回收期约为6年，经济性较好。

目前，太阳能空气采暖系统仍处于示范阶段，仍未建立相关标准，通过该项目的实施为今后的推广也积累了一定的经验。

5.10 辽宁省"四位一体"生态模式实践案例简介

5.10.1 项目概况

"四位一体"生态模式是以沼气为纽带,以太阳能为动力,由沼气池、畜(禽)舍、厕所和日光温室四个部分组合而成,是产气、积肥同步,种植、养殖并举,能流、物流良性循环的能源生态综合利用体系,其结构及运行原理如图5-70所示。日光温室内的植被通过光合作用产生氧气供给牲畜呼吸生长,牲畜呼出的二氧化碳可作为植物生长的气体肥料,畜禽舍及卫生间排出的粪便可作为沼气池的发酵原料,沼气池产出的沼气可用于炊事及照明,产出的沼液可作为农作物的肥料,因而形成良性生态循环模式,是实施农业结构调整,促进农村经济繁荣,改善生态环境,提高人民生活质量的一项重要技术措施。

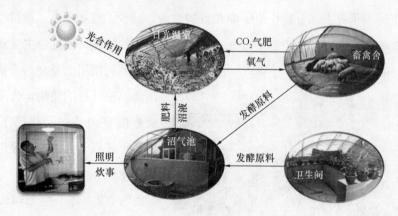

图5-70 "四位一体"结构及运行原理示意图

"四位一体"这种循环经济模式具有以下特点:

(1)沼气节煤节肥节电,提高能源利用率。一个$8m^3$沼气池平均年产气$300m^3$,折合标煤0.24t,约240元。沼液、沼渣经过厌氧发酵,可直接施用,每年节约化肥支出约200元,并且可以有效减少植物的病虫灾害。沼气灯照明每年可为用户节省50余元电费花销。

(2)提高种植业产量。由于修建了沼气池,温室中的肥料由过去施用化肥全部改施沼肥。沼渣可做基肥，沼液可做蔬菜生长期间的叶面肥。施用沼肥的蔬菜生长发育明显改善，果实增大，色泽亮，口感好，产量有所提高，商品率高，售价好，大大减少发病率，基本可以不使用农药。平均每年可节省农药、化肥费用200元。而蔬菜的产量提高，一年每户还可增加收入几千元。

(3) 增加养殖业收益。由于饲养技术提高了，饲养环境变好了，养殖业效益成倍提高。畜禽舍内温度适宜，生物的生长速度更加明显。牲畜呼出的 CO_2 与蔬菜光合作用产生的 O_2 形成互补，增加蔬菜产量的同时，又缩短了猪的育肥期，节省了饲料并增加了产值。

(4) 保护生态环境。采用"四位一体"生态循环模式后，沼气这种清洁能源的使用可减少燃煤和树枝的使用量，平均每户可节省柴草、树枝3t左右，从而有利于保护森林植被，减少乱砍滥伐现象，森林的覆盖率逐渐增加。同时，畜禽粪便等排泄物不再随意倒入附近河流中，减少了水体污染，改善生态环境。

(5) 改善卫生环境。生产、生活垃圾基本实现资源化利用，人畜粪便经厌氧发酵，可沉降和杀死大部分寄生虫、卵和致病细菌，减少了蚊蝇孳生。通过"四位一体"的建设，使社会主义新农村的农民顺利使用上安全、清洁的沼气能源。沼气灶的使用，告别了烟熏火燎的室内环境，提高了生活质量，更降低了人、畜呼吸道疾病的发病率。

"四位一体"生态模式是发展农村经济，改善生态环境，提高人民生活质量的一项重要技术措施，得到了国家和省级相关部门的重视，并予以大力支持，使辽宁省

图 5-71 大连普兰店市
"四位一体"生态模式集群图

"四位一体"生态模式建设工作得到更好的发展。2007年在大连普兰店市建立了"四位一体"示范工程，如图5-71所示。

5.10.2 实施方案

"四位一体"农村能源生态模式的标准化结构设计,包括确定沼气池体积、系统形式、工作方式、运行关键参数等问题,对后期的示范和推广具有重要的理论和实践意义。

其中,日光温室的总体布局❶主要应注意以下三个问题:

(1) 日光温室的方位朝向以有利于温室内作物的生长发育为宜,一般应坐北朝南,东西延长。北纬38°~40°之间,温室方位可为正南或南偏东5°~10°(抢阳);北纬40°以北地区温室方位以南偏西5°~10°为宜(抢阴)。

(2) 日光温室的面积依据场地大小而定,通常为200~600m²,在日光温室的一端修建20~25m²的畜禽舍,畜禽舍北侧一角修建1m²的厕所,地下建6~10m³的沼气池。

(3) 日光温室的间距应根据合理采光的时段理论合理设计,即要求节能型日光温室在冬至前后,每日应保持4小时以上的合理采光时间,一般以冬至日10时(真太阳时),前栋日光温室对后栋不遮光并有一定间距为宜。

此外,沼气池的结构示意图如图5-72所示,其进料口设置在猪舍地面以下。人畜粪便由进料口通过进料管注入沼气池内的发酵间。出料口与水压间设置在与池体相连的日光温室内。水压间的下端通过出料通道与发酵间相通,出料口布置有盖板,以防人、畜误入池内。沼气池的池底呈锅底形,在池底中心至水压间底部之间,下返坡度约为5%,便于底层出料。

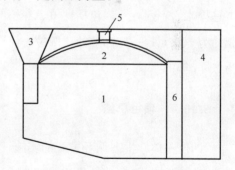

图 5-72 沼气池结构示意图
1—发酵间;2—贮气间;3—进料口;
4—水压间;5—导气管;6—出料口通道

---

❶ 唐春福,郭继业. 新农村生态家园建设500问(第四版). 北京:中国农业出版社,2009.

5.10.3 效果测试

通过前期的测试发现,在夏季昼夜24h内,每立方米池容约可产气0.1~0.15m^3,农村每人每天生活所需的实际耗气量约为0.25m^3。同时,考虑到生产用肥,因此,每人按1.5~2m^3设计有效容积计算为宜。沼气池容积大小如表5-9所示,一般的五口之家,养猪6~10头,温室面积200~600m^2,建6~10m^3的沼气池为宜。一个8m^3沼气池平均年产气量为300m^3,折合标煤0.24t,减少二氧化碳的排放量约1.0t。沼液、沼渣经过厌氧发酵,可直接作为肥料施用。

沼气池容积大小列表　　　　　　表5-9

沼气池容积（m^3）	6	8	10
每天可产沼气量（m^3）	1.2	1.6	2.0
可满足家庭人口数（个）	3	4~5	5~6

经济性上:建造一栋标准的"四位一体"需要资金约52000元左右;年生产成本总投入约16600元,包括种植、养殖两部分,经济效益约增加一倍;沼气节煤节肥约为500元;一栋标准的"四位一体"年纯利润在2.5万元以上。投资回收期约为2~3年。

5.10.4 项目总结

"四位一体"生态循环模式的实施,能够增加农民的经济收益,提高农民的生活质量,减少二氧化碳的排放和环境的污染,实现资源的优化配置,是适用于农村并且具有农村特色的能源利用体系。

但目前在应用方面还存在以下欠缺:1)沼气池配套服务技术匮乏,难以保证农(畜)产品的生产、销售一条链;2)农户自身管理水平落后,居住模式和猪舍卫生较差;3)土地资源、投资、基础设施等方面不够完善;4)在严寒和寒冷地区的冬季,沼气池产气量较低,畜禽舍地面温度低,不利于牲口的生长。因此,应当根据具体存在的问题提出适当的解决方案及对策,使"四位一体"生态循环模式的应用区域更加广泛。

5.11 四川省低碳生态示范村项目

5.11.1 项目背景

2008年5月12日汶川大地震发生后，北川羌族自治县作为地震重灾区，面临着民居重建的艰巨任务。在重建同时，探索南方地区低碳生态与民居建设相结合，同时切实改善村镇居民生活环境，实现农村地区快速可持续发展。基本原则是从可持续民生的思路出发，按照与北川县总体规划相结合的原则，在尊重群众意愿的基础上，体现生态性和可持续发展的理念，为政府大规模重建和后续发展工作以及国内其他类似地区提供参考和示范作用。

5.11.2 示范村落介绍

(1) 基本情况

本项目在进行前期充分调研，并认真考虑当地的自然资源特点和现有工作条件的基础上，选取北川羌族自治县曲山镇石椅村作为示范地，其地理位置如图5-73所示。

该村位于曲山镇南部，紧临安北公路。石椅村距北川老县城3.5km，距新县城约10余km。2009年全村有91户，共计328人，95%以上为羌族。全村总幅员面积0.61万亩，现有耕地面积215亩，人均耕地0.56亩。从1988年开始，该村实施了水果优化工程，以盛产早、中、晚熟绿色无公害李子、枇杷、梨等水果而闻名，枇杷、李子等水果的种植面积达到1000亩，成为"中国的李子之乡"，并通过省无公害水果生产示范基地的认证。

图5-73 示范点地理位置示意图

通过对全村农户进行的普查发现，该村的经济发展水平参差不齐，全年户均收入为24441元，年人均收入为6781元，而且由于在教育、医疗、住宅维护等方面花费比较大，所以在扣除家庭支出后的实际剩余收入很少，23%的农户家庭入不敷出。

(2) 能源消费总量及结构

通过入户调研，统计了石椅村每户每年的生活用能量情况，包括炊事、采暖、降温和照明的能耗，统计的能源种类主要包括：木柴、秸秆、液化石油气、电能。经统计得到该村全年能源消耗总量为267.9tce，其中商品能总量为10.3tce，仅占总量的3.8%。这是由于当地能源资源匮乏，山区运输不便所造成的。但同时也是当地实现低碳目标得天独厚的优势条件。

另外，根据调研所得的每户建筑面积进行计算，该村单位建筑面积生活用能消耗量为14kgce/m²。其中炊事能耗约占60%，冬季取暖能耗约占30%，家电和照明用电约占10%。

(3) 室内环境状况

通过对农民室内的冷热感觉的调研数据及分析发现，大部分农民感觉冬季室内偏冷，室内热舒适性较差，但夏季感觉舒适和凉爽，降温需求并不迫切。有40%的农户反映做饭的时候烟气呛人，同时，该村大多数农户仅采用火盆、火堆等敞口式采暖方式，超过有95%以上的农户冬季都有熏腊肉的习惯，且大多在室内进行，由此而产生的烟气已经成为当地室内环境中的主要污染物。

5.11.3 项目工作内容及效果

针对上述能源利用过程中存在的现实问题，项目确立了如表5-10所示的改善方案。目标是利用高效能源系统，使全村的生活用能总量降为100tce以下（户均约1tce），且有效避免采暖、炊事、熏制腊肉过程中所带来的烟气污染，使室内环境状况得到根本性提高。

石椅村农户主要生活能源利用改善方案　　　　　表5-10

能源需求	能源系统形式	对全村用能的贡献率
炊事	沼气灶	35%炊事用能
	生物质颗粒半气化炊事炉	65%炊事用能
采暖	生物质颗粒燃料采暖炉	50%采暖用能
	生物质壁炉	50%采暖用能
生活热水	太阳能热水器	90%生活热水用能
	生物质颗粒半气化炊事炉	10%生活热水用能
熏制腊肉	室外生物质腊肉熏制炉	100%熏腊肉用能

本项目从 2010 年至今经过 1 年多的实施，已完成了部分工作，取得了良好的示范效果，包括：

(1) 村级生物质固体燃料成型设备及运行管理模式探索

石椅村具有丰富的生物质资源，据初步统计，全村秸秆年产量约为 50t（主要为玉米秸秆），果树枝产量约为 200~300t，平均每户有相当于 1.5tce 的可再生资源量，完全可以满足生活用能需求。

但是，石椅村长期以来的能源收集和利用方式一直是靠人工上山捡柴、背柴，然后采用大柴灶直接燃烧，如图 5-74 所示，由于燃烧效率低下，需要额外消耗电、液化气等能源，既造成了浪费，又导致了严重的室内污染。为此，本示范项目计划在石椅村安装一套小型生物质固体燃料成型加工设备，并探索"一村一厂"的生物质颗粒燃料生产加工新模式，为农户提供清洁的燃料利用方式。生产流程是首先利用削片机将果树剪枝切成较小的木屑，然后利用粉碎机将木屑进行进一步粉碎，再利用压缩成型设备将粉碎后的粉末挤压成形状规则的颗粒燃料供炊事炉燃烧使用。目前已经完成了生物质颗粒燃料生产厂房的设计工作，生产设备也已经加工完成，生产能力约为 500~600kg/h，并利用石椅村当地的果树枝原料进行了加工试验，产品性能良好，说明技术的可靠性，如图 5-75 所示。2012 年春季厂房主体建设完工后，将进行加工设备的安装并投入正常使用。

图 5-74 石椅村传统的能源收集和利用方式

该项目将采用由村委会对生物质颗粒生产厂统一负责和管理的模式，安排 2~3 人进行运行管理和维护，在每年农户进行果树剪枝的秋冬季节，每天加工 8h 左右，集中加工两个月时间，共计可以生产燃料 200~300t，为全村进行生产服务。农户将自家的果树枝送到加工厂由其进行代加工并支付一定加工费用（120 元/t），

图 5-75　生物质颗粒生产加工试验

用于补贴生产工人的基本工资（约占 40%）、设备电费（约占 50%）和维修费用（约占 10%）等必要支出，如果农户原料较多，可以考虑以一定价格卖给村委会，然后由村委会统一将燃料销售给本村需求量较大的或邻村用户。

（2）推广小型生物质半气化高效炊事炉

本项目中配合上述生物质颗粒燃料的燃烧设备是小型的生物质半气化高效炊事炉（详见本书第 4.3.5 节），热效率可达 50% 以上，炉具采用上吸式气化原理，气化与燃烧一体，避免了焦油的产生，烟尘折算排放浓度仅为 $8mg/Nm^3$，CO 折算排放浓度仅为 400ppm。

生物质炊事炉上还加装了功率为 3W 的微型风机，实现了炉温和进风量可控，一、二次进风可调，使用三个月的用电量仅为 1kWh。在气化与燃烧的不同时段进行不同的配风，不但实现了生物质挥发分的气化，同时突破了对残留固定碳的完全气化，对提高燃烧效率具有突破性意义。炉具只要不是人为损坏表面搪瓷，寿命可达八年以上。一次装料 1~1.2kg，燃烧时间约 70min，可供四五口之家做一顿正餐。燃料点燃后，一分钟后开始气化，二分钟后就能座锅，12min 可烧开一壶水（约 5kg），火力强于传统液化气灶。

（3）太阳能、沼气与环境改善技术应用

由于该项目地处四川盆地周围山区，太阳能资源虽然不如北方地区，但与成都平原地区相比要丰富得多，能够利用太阳能满足日常洗澡生活热水需求；而且当地大部分农户都养猪，生产沼气的原料充足，因此这两种可再生能源在当地均能够推广。截至 2010 年 5 月 30 日，石椅村有 64 户具备条件（养猪 2 头以上）的农户完成了沼气池建设工作，普及面达到全村的 69.6%，每口沼气池的年总产气量可达

 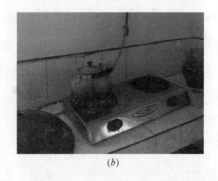

图 5-76　石椅村农户所安装的太阳能热水器和沼气灶

(a) 太阳能热水器；(b) 沼气灶

400m³，能够满足这些农户一半的炊事用能需求，再加上生物质半气化高效炊事炉，可全面解决整村的炊事用能问题；截至 2010 年 7 月 30 日，石椅村完成了 84 台太阳能热水器的安装工作，普及面达到全村的 91.3%，解决了长期困扰当地农户洗澡难的问题。

(4) 开展低碳节能技术和环境健康知识专项培训

本项目第一阶段工作临近结束前，项目负责单位在曲山镇石椅村开展了对村民的专项培训。

具体内容包括：在石椅村开展生物质半气化炊事炉使用方法现场培训，介绍生物质半气化炊事炉的使用方法，让村民现场体验生物质半气化炉的使用过程及其难易程度。通过专家的现场演示，农户充分认识到了生物质半气化炉的实用性和经济性。图 5-77 为生物质半气化炉使用方法培训现场。

现场演示活动结束后，来自国内五家知名单位的专家分别作了题为"生物质成型燃料技术及设备"、"生物质炊事炉介绍"、"我国农村户用沼气的基本池型介绍"、

图 5-77　生物质半气化炊事炉使用现场演示培训

"农村环境与健康"和"农村利用生物质成型燃料的技术和前景"的专题讲座。通过节能技术、环境卫生及健康知识的现场演示和专题讲座，起到了很好的科学宣传作用，提升了当地村民的节能环保意识，使村民更好地理解、掌握低碳和环保技术，也为后续工作的顺利开展奠定了良好的基础。

5.11.4 总结

该项目充分考虑当地的实际情况，从节约能源、改善环境与发展经济出发，提出了符合未来新农村发展方向和低碳节能要求的解决方案。特别是在生活用能方面建立了包括生物质、沼气、太阳能、水电的100%可再生能源消费结构，不仅可以解决该村传统的生物质直接低效燃烧所带来的能源浪费及室内空气污染问题，实现了建筑用能的"零碳排放"，也为其他类似地区的农宅生活用能的可持续发展提供了参考和示范。